U0730027

职业教育"岗课赛证"融通系列教材

高等职业教育建筑消防技术系列教材

消防设施监控操作与维护保养

方嘉淇　安佰平　主　编

中国建筑工业出版社

图书在版编目（CIP）数据

消防设施监控操作与维护保养 / 方嘉淇，安佰平主编. -- 北京 ： 中国建筑工业出版社，2025. 1. -- （职业教育"岗课赛证"融通系列教材）（高等职业教育建筑消防技术系列教材）. -- ISBN 978-7-112-30931-3

Ⅰ. TU998.13

中国国家版本馆 CIP 数据核字第 20251FX264 号

本教材共分为 13 个模块，包括消防技术服务机构与消防运维、管理人员；火灾自动报警系统；消防应急照明和疏散指示系统；消防给水及消火栓系统；自动喷水灭火系统；防烟排烟系统；电气火灾监控系统；可燃气体探测报警系统；防火门及防火卷帘；气体灭火系统；泡沫灭火系统；消防电梯；灭火器。教材在火灾自动报警与联动控制系统的安装与调试的初步认知基础上，系统地介绍了消防设施监控操作与维护保养的标准和检测方法。

本教材为高等职业院校建筑消防技术、建筑智能化工程技术、消防救援技术等专业的教材，也可作为职业本科院校、继续教育、中职学校及消防设施操作员培训班教材，同时也可供消防工程技术人员参考使用。

为方便本课程教学，作者自制免费课件资源，索取方式：1. 邮箱：jckj@cabp.com.cn；2. 电话：(010) 58337285；3. QQ 服务群：622178184。

责任编辑：王予芊　司　汉
责任校对：芦欣甜

职业教育"岗课赛证"融通系列教材
高等职业教育建筑消防技术系列教材
消防设施监控操作与维护保养
方嘉淇　安佰平　主　编
*
中国建筑工业出版社出版、发行(北京海淀三里河路 9 号)
各地新华书店、建筑书店经销
北京鸿文瀚海文化传媒有限公司制版
北京圣夫亚美印刷有限公司印刷
*
开本：787 毫米×1092 毫米　1/16　印张：21¼　字数：524 千字
2025 年 6 月第一版　　2025 年 6 月第一次印刷
定价：**56.00** 元（赠教师课件）
ISBN 978-7-112-30931-3
（44633）

本书编审委员会

主　编

方嘉淇　内蒙古建筑职业技术学院

安佰平　山东星科智能科技股份有限公司

副主编

蓝美娟　浙江安防职业技术学院

王　晋　南京市消防救援局

董烈菊　山东司法警官职业学院

杨文婷　广西建设职业技术学院

参　编

李秀成　内蒙古建筑职业技术学院

华婷婷　浙江安防职业技术学院

祁　烨　湖南城建职业技术学院

闫振华　包头铁道职业技术学院

黄　晓　山东司法警官职业学院

房　改　山东星科智能科技股份有限公司

主　审

牛建刚　内蒙古建筑职业技术学院

前　言

《中华人民共和国国民经济和社会发展第十四个五年规划和 2035 年远景目标纲要》中明确提出要"建设更高水平的平安中国"，给消防工作提出了更高标准、更严要求。消防系统安装调试完成后即进入运维阶段，消防设施监控操作与维护保养是一项技术性很强的工作，要求操作人员具备扎实的理论知识和熟练的实践技能。

本教材特色主要体现在：

1. 教材在编写时，注重落实立德树人根本任务，融入思想政治教育元素，推进中华民族文化自信自强，促进学生成为德智体美劳全面发展的社会主义建设者和接班人。

2. 教材资源多元化、立体化。基于消防工程典型工作任务，与消防企业共同开发多元化教学资源，并将国家级"建筑消防技术"专业教学资源库及在线课程等数字资源嵌入教材中。

3. 教材紧贴"岗课赛证"。根据国家职业教育教学改革要求，以培养能够胜任消防设施监控操作、检测与运维岗位的高素质技术技能型人才为目标，将职业岗位的素质、知识和能力要求融入本教材。教材内容可供世界职业院校技能大赛"消防灭火系统安装与调试"赛项竞赛、备赛训练使用。教材也可作为消防设施操作员考试的基础教材，涵盖了消防设施操作员职业资格培训和技能鉴定的必要内容，包括理论知识、消防控制室监控、建筑消防设施操作与维护等相关知识。

4. 教材对接主流消防产品，吸纳消防行业的新知识、新技术、新标准，是多所院校教师和企业技术人员共同合作的结晶。每个项目模块包含学习目标与思维导图、知识和技能、知识拓展等内容。

本教材由内蒙古建筑职业技术学院方嘉淇、山东星科智能科技股份有限公司安佰平主编，方嘉淇负责统稿。

具体编写分工为：

具体任务	编写人员	所在院校（单位）
模块 2、3 以及统稿	方嘉淇	内蒙古建筑职业技术学院
模块 12、完善部分模块内容	安佰平	山东星科智能科技股份有限公司
模块 4、模块 5	蓝美娟	浙江安防职业技术学院
模块 8、模块 10	董烈菊	山东司法警官职业学院
模块 1、模块 13	王晋	南京市消防救援局
模块 7	祁烨	湖南城建职业技术学院
模块 6	华婷婷	浙江安防职业技术学院
模块 11	杨文婷	广西建设职业技术学院
模块 9	黄晓	山东司法警官职业学院

具体任务	编写人员	所在院校（单位）
模块 1～13 的素质目标	闫振华	包头铁道职业技术学院
完善部分模块内容	李秀成	内蒙古建筑职业技术学院
模块 1～13 的数字化资源	房改	山东星科智能科技股份有限公司

本教材内容由内蒙古建筑职业技术学院牛建刚主审，对本教材内容提出了宝贵意见和建议，谨此表示感谢！

本教材在编写过程中，得到了浙江安防职业技术学院、山东司法警官职业学院和山东星科智能科技股份有限公司等单位的关心和大力支持，同时，在本教材的编写过程中给予了大量的数字化资源和资料的支持，在此表示衷心的感谢！

消防技术的相关标准和规范持续更新，虽然编者尽心尽力，但由于水平有限，书中不妥和错误之处在所难免，敬请读者批评指正。

目　　录

模块 1　消防技术服务机构与消防运维、管理人员 ……………………… **001**
　　项目1　消防技术服务机构 ……………………………………………… 002
　　项目2　消防运维与消防管理从业人员 ………………………………… 010

模块 2　火灾自动报警系统 ……………………………………………… **019**
　　项目1　火灾自动报警系统监控操作 …………………………………… 020
　　项目2　火灾自动报警系统维护保养 …………………………………… 046

模块 3　消防应急照明和疏散指示系统 ………………………………… **068**
　　项目1　消防应急照明和疏散指示系统监控操作 ……………………… 069
　　项目2　消防应急照明和疏散指示系统维护保养 ……………………… 078

模块 4　消防给水及消火栓系统 ………………………………………… **086**
　　项目1　消防给水及消火栓系统监控操作 ……………………………… 087
　　项目2　消防给水及消火栓系统维护保养 ……………………………… 097

模块 5　自动喷水灭火系统 ……………………………………………… **109**
　　项目1　自动喷水灭火系统监控操作 …………………………………… 110
　　项目2　自动喷水灭火系统维护保养 …………………………………… 121

模块 6　防烟排烟系统 …………………………………………………… **139**
　　项目1　防烟排烟系统监控操作 ………………………………………… 140
　　项目2　防烟排烟系统维护保养 ………………………………………… 149

模块 7　电气火灾监控系统 ……………………………………………… **160**
　　项目1　电气火灾监控系统监控操作 …………………………………… 161
　　项目2　电气火灾监控系统维护保养 …………………………………… 168

模块 8　可燃气体探测报警系统 ………………………………………… **178**
　　项目1　可燃气体探测报警系统监控操作 ……………………………… 179
　　项目2　可燃气体探测报警系统维护保养 ……………………………… 189

模块 9　防火门及防火卷帘 ……………………………………………… **199**
　　项目1　防火门及防火卷帘监控操作 …………………………………… 200
　　项目2　防火门及防火卷帘维护保养 …………………………………… 214

模块 10　气体灭火系统 …………………………………………………… **230**
　　项目1　气体灭火系统监控操作 ………………………………………… 231
　　项目2　气体灭火系统维护保养 ………………………………………… 245

模块 11　泡沫灭火系统 …………………………………………………… **267**
　　项目1　泡沫灭火系统监控操作 ………………………………………… 268
　　项目2　泡沫灭火系统维护保养 ………………………………………… 273

模块 12　消防电梯 ·· **283**

　　项目 1　消防电梯监控操作 ·· 284

　　项目 2　消防电梯维护保养 ·· 288

模块 13　灭火器 ·· **294**

　　项目 1　灭火器的检查操作 ·· 295

　　项目 2　灭火器的保养维修 ·· 309

【参考文献】 ··· **329**

模块1 消防技术服务机构
与消防运维、管理人员

项目1　消防技术服务机构

【学习目标】

【知识目标】	1. 了解消防技术服务机构概念和从业范围； 2. 熟悉消防技术服务机构从业条件； 3. 掌握消防技术服务机构活动内容
【能力目标】	具备消防技术服务机构活动的从业能力
【素质目标】	通过对消防技术服务机构及消防运维规定的学习,树立遵守国家消防法律法规意识,按照法律法规办事的原则。在从事社会消防技术服务活动和消防安全管理中做到行为规范,达到提高消防技术服务质量,消除消防安全隐患,保证社会消防安全的目标

【思维导图】

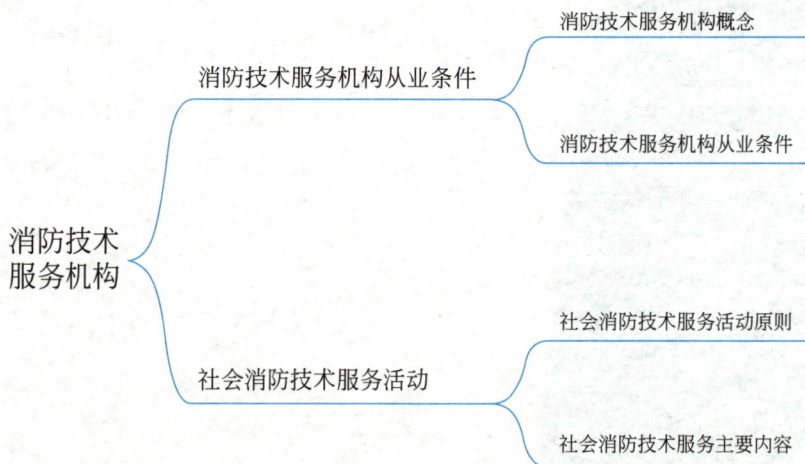

- 消防技术服务机构
  - 消防技术服务机构从业条件
    - 消防技术服务机构概念
    - 消防技术服务机构从业条件
  - 社会消防技术服务活动
    - 社会消防技术服务活动原则
    - 社会消防技术服务主要内容

【情景导入】

消防技术服务机构不具备从业条件

为进一步督促消防技术服务机构落实责任，营造依法依规执业、优质高效服务的社会消防技术服务市场环境，依据《中华人民共和国消防法》《社会消防技术服务管理规定》（应急管理部令第 7 号）及相关法律法规，某市消防救援支队 2024 年第二季度在对浙江某安全科技有限公司进行"双随机"检查时发现，该消防技术服务机构不具备从业条件从事消防技术服务活动（消防设施操作员人数仅有 3 人）。支队依据《中华人民共和国消防法》第六十九条第一款规定，给予该消防技术服务机构罚款人民币柒万元整的处罚；给予单位法定代表人杨某某罚款人民币壹万元整的处罚。

消防技术服务机构出具虚假文件

浙江某检测公司给武义某酒店管理有限公司装修项目出具了建筑消防设施检测报告，其结果与当时实际情况严重不符。经核查，该装修项目存在点型探测器未在探测区域内每间至少设置一只、未安装消防控制室图形显示装置、消防水泵吸水管未设置压力表、水泵接合器未设置永久性标志铭牌、末端试水装置的试水接头出水口流量系数不符合技术标准、配水干管未做红色或红色环圈标志等问题，均未如实进行记录。

某市消防救援支队依据《中华人民共和国消防法》第六十九条第一款之规定，给予该消防技术服务机构没收违法所得叁仟元整，并罚款人民币柒万元整的处罚；给予单位法定代表人丁某某罚款人民币叁万伍仟元整的处罚；给予该项目负责人（注册消防工程师）黄某某罚款人民币叁万伍仟元整的处罚；给予该项目消防设施操作员曹某某罚款人民币叁万伍仟元整的处罚。

任务 1.1　消防技术服务机构从业条件

为进一步规范社会消防技术服务活动，维护消防技术服务市场秩序，促进提高消防技术服务质量，应急管理部于 2021 年 9 月 13 日发布了《社会消防技术服务管理规定》（应急管理部令第 7 号，以下简称《规定》），自 2021 年 11 月 9 日起施行。《规定》对消防技术服务机构从业条件、社会消防技术服务活动、监督管理、法律责任等方面作出了系统性规定。《规定》的出台，对加强消防技术服务机构管理、规范社会消防技术服务活动、推进消防工作社会化、提升社会防控火灾能力具有十分重要的意义。

1.1.1　消防技术服务机构概念

消防技术服务机构是指从事消防设施维护保养检测、消防安全评估等社会消防技术服务活动的企业。由此可见消防技术服务机构包括两类，即消防设施维护保养检测机构和消防安全评估机构。

1.1.2　消防技术服务机构从业条件

一、从事消防设施维护保养检测的消防技术服务机构从业条件

1. 取得企业法人资格。

2. 工作场所建筑面积不少于 $200m^2$。

3. 消防技术服务基础设备配备应符合表 1-1-1 的要求；消防设施维护保养检测设备配备应符合表 1-1-2 的要求。

消防技术服务基础设备配备表　　　　　　　　　表 1-1-1

序号	设备名称	单位	配备数量	备注
1	计算机	套	3	每一套中包括光盘刻录机、移动存储器各一个
2	打印机	台	1	激光打印机
3	传真机	台	1	使用普通纸
4	照相机	台	3	不低于 800 万像素
5	录音录像设备	个	2	用于现场记录，记录时间不少于 10h
6	对讲机	对	2	通话距离不小于 1000m，含防爆型 1 对
7	消防技术服务专用车辆	台	2	满足装载相关专业设备和开展消防技术服务要求，并设置消防技术服务机构标识
8	个人防护和劳动保护装备			按照实际需要配备

注：打印机、传真机等可配备同时满足相应要求的一体机。

消防设施维护保养检测设备配备表　　　　　　　　　表 1-1-2

序号	设备名称	单位	设备数量	备注
1	秒表	个	3	量程不少于 15min；精度：0.1s
2	卷尺	个	2	量程不小于 30m；精度：1mm
3	卷尺	个	2	量程不小于 5m；精度：1mm
4	游标卡尺	个	3	量程不小于 150mm；精度：0.02mm
5	钢直尺	个	3	量程不小于 50cm；精度：1mm
6	直角尺	个	3	主要用于对消防软管卷盘的检查
7	电子秤	个	1	量程不小于 30kg
8	测力计	个	1	量程：50～500N；精度：±0.5%
9	强光手电	个	4	警用充电式，LED 冷光源
10	激光测距仪	个	3	量程不小于 50m；精度：3mm
11	数字照度计	个	3	量程不小于 2000lx；精度±5%
12	数字声级计	个	3	量程：30～130dB；精度：1.5dB
13	数字风速计	个	3	量程：0～45m/s；精度：±3%

续表

序号	设备名称	单位	设备数量	备注
14	数字微压计	个	1	量程:0～3000Pa;精度:±3%,具有清零功能, 并配有检测软管
15	数字温湿度计	个	1	用于环境温湿度检测
16	超声波流量计	个	1	测量管径范围:0～300mm;精度:±1%
17	数字坡度仪	个	1	量程:0°～±90°;精度:±0.1°
18	垂直度测定仪	个	1	量程:0～500mm;精度:±0.2μm
19	消火栓测压接头	套	3	压力表量程:0～1.6MPa;精度1.6级
20	喷水末端试水接头	套	3	压力表量程:0～0.6MPa;精度1.6级
21	接地电阻测量仪	个	2	量程:0～1000Ω;精度:±2%
22	绝缘电阻测量仪	个	2	量程:1～2000MΩ;精度:±2%
23	数字万用表	个	3	可测量交直流电压、电流、电阻、电容等
24	感烟探测器功能试验器	个	3	检测杆高度不小于2.5m,加配集烟罩, 内置电源线,连续工作时间不低于2h
25	感温探测器功能试验器	个	3	检测杆高度不小于2.5m,内置电源线; 连续工作时间不低于2h
26	线型光束感烟探测器滤光片	套	1	减光值分别为0.4dB和10.0dB各一片; 具备手持功能
27	火焰探测器功能试验器	套	1	红外线波长大于或等于850nm,紫外线波长小于或 等于280nm。检测杆高度不小于2.5m
28	漏电电流检测仪	个	1	量程:0～2A;精度:0.1mA
29	便携式可燃气体检测仪	个	1	可检测一氧化碳、氢气、氨气、液化石油气、 甲烷等可燃气体浓度
30	数字压力表	个	1	量程:0～20MPa;精度0.4级;具有清零功能
31	细水雾末端试水装置	套	1	压力表量程:0～20MPa;精度:0.4级

注:其他常用五金工具、电工工具等,按实际需要配备。

4. 注册消防工程师不少于2人,其中一级注册消防工程师不少于1人。

5. 取得消防设施操作员国家职业资格证书的人员不少于6人,其中中级技能等级以上的不少于2人。

6. 健全的质量管理体系。

二、从事消防安全评估的消防技术服务机构从业条件

1. 取得企业法人资格。

2. 工作场所建筑面积不少于100m^2。

3. 消防技术服务基础设备配备应符合表1-1-1的要求;消防安全评估设备配备应符合表1-1-3的要求。

消防安全评估设备配备表　　　　　　　　　　　　　　表 1-1-3

序号	设备名称	单位	配备数量	备注
1	计算机	套	2	满足评估业务需要
2	评估软件	套	2	满足评估业务需要［评估需要的软件包括而不仅限于：人员疏散能力模拟分析软件、烟气流动模拟分析软件（CFD）、结构安全计算分析软件等］
3	烟气分析仪	台	1	满足评估业务需要
4	烟密度仪	台	1	满足评估业务需要
5	辐射热通量计	台	1	满足评估业务需要

4. 注册消防工程师不少于 2 人，其中一级注册消防工程师不少于 1 人。

5. 健全的消防安全评估过程控制体系。

三、同时从事消防设施维护保养检测和消防安全评估的消防技术服务机构从业条件

1. 取得企业法人资格。

2. 工作场所建筑面积不少于 $200m^2$。

3. 消防技术服务基础设备配备应符合表 1-1-1 的要求；消防设施维护保养检测、消防安全评估设备配备应符合表 1-1-2 和表 1-1-3 的要求。

4. 注册消防工程师不少于 2 人，其中一级注册消防工程师不少于 1 人。

5. 取得消防设施操作员国家职业资格证书的人员不少于 6 人，其中中级技能等级以上的不少于 2 人。

6. 健全的质量管理和消防安全评估过程控制体系。

四、具备以上从业条件且在社会消防技术服务信息系统公示合格的消防技术服务机构可以在全国范围内从业（图 1-1-1）

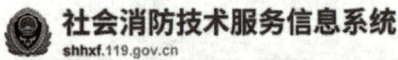

图 1-1-1　符合从业条件的消防技术服务机构示例

任务 1.2　社会消防技术服务活动

1.2.1　社会消防技术服务活动原则

消防技术服务机构及其从业人员开展社会消防技术服务活动应当遵循客观独立、合法公正、诚实信用的原则。

1. 客观独立：确保消防技术服务活动不受任何非正常因素干扰，能够独立地提供专业的消防技术服务；全面、真实、准确、客观地出具的技术服务成果文件，对存在的问题进行客观反映。

2. 合法公正：消防技术服务过程和结果应符合法律法规的要求，保证消防技术服务活动的公正性；做到服务公正、行为公正、程序公正、方法公正、出具的消防技术服务成果文件公正。

3. 诚实信用：在消防技术服务过程中应保持诚实和守信，不进行虚假宣传，不提供不实信息和虚假成果文件。

这些原则不仅有助于维护消防技术服务市场的秩序，还能促进消防技术服务质量的提高，保障社会消防安全。

1.2.2　社会消防技术服务主要内容

消防技术服务机构应当依照法律法规、技术标准和从业准则，开展社会消防技术服务活动，并对服务质量负责。消防设施维护保养检测机构可以从事建筑消防设施维护保养、检测活动。消防安全评估机构可以从事区域消防安全评估、社会单位消防安全评估、大型活动消防安全评估等活动以及消防法律法规、消防技术标准、火灾隐患整改、消防安全管理、消防宣传教育等方面的咨询活动。

一、消防设施维护保养检测

消防设施维护保养检测是确保消防设施正常运行的关键环节。通过对火灾自动报警系统、自动喷水灭火系统、消火栓系统等设施进行定期的检查、检测、测试、维护和保养，可以及时发现和解决问题，使消防设施处于良好的工作状态以及在出现故障时及时进行维修和保养，确保消防设施在火灾发生时能够发挥应有的作用。

二、消防安全评估

消防安全评估是对建筑物或场所的消防安全状况进行全面分析的过程。评估人员需要了解建筑物的结构、用途、人员密集程度等信息，识别潜在的安全隐患，提出针对性的改进措施和建议。消防安全评估有助于降低火灾风险，提高消防安全水平。

三、消防安全管理咨询

消防安全管理咨询是协助社会单位建立健全消防安全管理制度的过程。通过提供消防安全培训和教育，帮助社会单位员工掌握基本的消防安全知识和技能，提高自防自救能力。同时，还可以协助社会单位制定应急预案，提高应对突发事件的能力。

四、消防技术咨询

消防技术咨询是为建筑设计、施工和装修等提供专业的消防技术支持。在建筑设计阶段，咨询人员需要确保消防设计符合相关标准和规范；在施工和装修阶段，需要监督施工质量，确保消防设施的安装和使用符合规定。

五、消防安全宣传与教育

消防安全宣传与教育是提高公众消防安全意识的重要途径。通过开展各种形式的宣传活动，如讲座、展览、演练等，可以让公众了解火灾的危害性和预防措施，提高自防自救能力。同时，还可以普及消防知识和技能，提高公众应对火灾的能力。

总之，消防技术服务涵盖了多个方面的内容，旨在提高消防安全水平，降低火灾风险。通过专业的技术服务和咨询，可以帮助单位和个人更好地了解和应对消防安全问题，保障人们的生命财产安全。

消防技术服务机构出具的结论文件，可以作为消防救援机构实施消防监督管理和单位（场所）开展消防安全管理的依据。

【随堂练习】

一、单选题

1. 消防技术服务机构是指从事（　　　）、消防安全评估等社会消防技术服务活动的企业。

A. 消防设施维护

B. 消防产品生产

C. 消防设施检查

D. 消防设施维护保养检测

2. 从事消防设施维护保养检测的消防技术服务机构，要求取得消防设施操作员国家职业资格证书的人员不少于（　　　）人，其中中级技能等级以上的不少于（　　　）人。

A. 6，2　　　　　　　　　　　　　B. 6，3

C. 7，2　　　　　　　　　　　　　D. 5，3

3. 消防技术服务档案保管期限为（　　　）年。

A. 5　　　　　　　　　　　　　　B. 7

C. 6　　　　　　　　　　　　　　D. 4

二、多选题

1. 消防技术服务机构应当在其经营场所的醒目位置公示（　　　）、（　　　）、收费标准、（　　　）、注册消防工程师注册证书、（　　　）等事项。

A. 工作程序　　　　　　　　　　　B. 从业守则

C. 投诉电话　　　　　　　　　　　D. 营业执照

E. 操作规程

2. 消防技术服务机构及其从业人员开展社会消防技术服务活动应当遵循（　　　）的原则。

A. 合法公正　　　　　　　　　　　B. 诚实信用

C. 客观独立　　　　　　　　　　　D. 公平公开

E. 公正执法

三、判断题

1. 消防技术服务机构应当对服务情况作出客观、真实、完整的记录。（　　　）

2. 注册消防工程师可以同时在两个以上社会组织执业。（　　　）

四、简答题

请简述社会消防技术服务有哪些主要内容。

项目2　消防运维与消防管理从业人员

【学习目标】

【知识目标】	1. 了解消防运维与消防管理从业人员的重要性； 2. 熟悉消防运维与消防管理从业人员主要工作内容； 3. 掌握消防运维与消防管理从业人员相关知识
【能力目标】	具备消防运维与消防管理的从业能力
【素质目标】	通过对消防运维与消防管理从业人员规定的学习，树立遵守国家消防法律法规意识，按照法律法规办事的原则。在从事社会消防技术服务活动和消防安全管理中做到行为规范，达到提高消防技术服务质量，消除消防安全隐患，保证社会消防安全的目标

【思维导图】

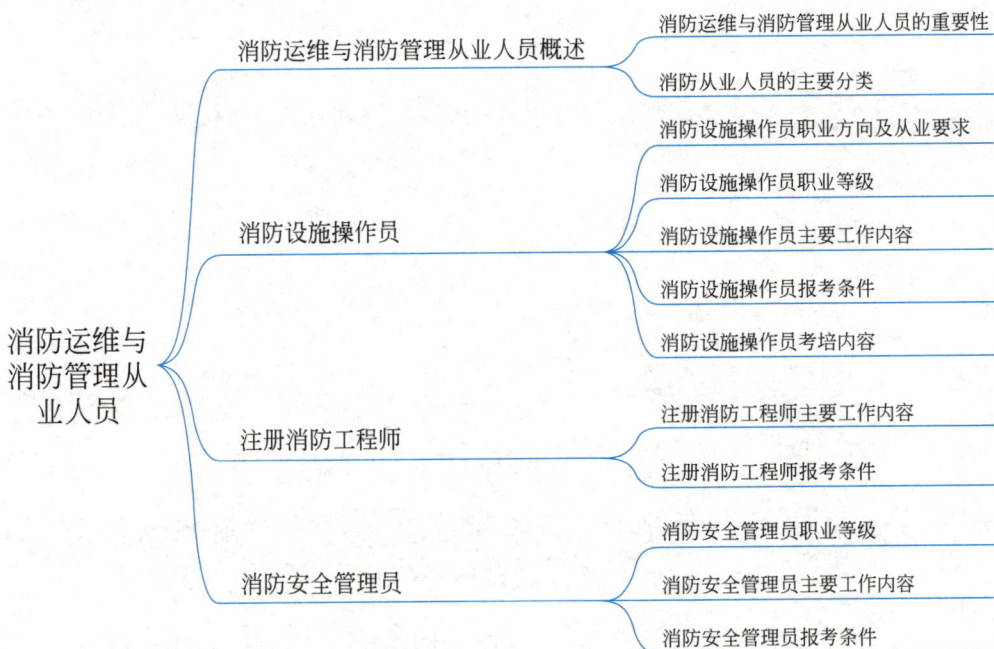

【情景导入】

2024年3月23日晚，北京市某区一小区的居民家中发生火灾，火灾原因初步认定为洗衣机电器故障所致。某消防救援支队在调查过程中发现，火灾发生时楼道内的报警器工作正常，当时居民按下报警按钮后，小区消防控制室主机收到了火情报警。但值守人员王某看到报警后，在未了解和核实具体情况下，却对主机报警进行了消音处理，也未及时拨打119报警，更未启动灭火疏散预案，因此，导致了火灾扩大，延误了灭火救援和人员疏散。

在这起事故中，因控制室值班人员王某心存侥幸，玩忽职守，不履行火警确认程序，致使正常运行报警和灭火的消防设施形同虚设，给群众的生命和财产安全带来了潜在威胁。对于王某的违法行为，公安机关依据《中华人民共和国消防法》第六十四条第一款第三项规定，对其处以12日拘留的处罚。

任务 2.1　消防运维与消防管理从业人员概述

随着我国国民经济建设的发展，国家对消防安全工作越来越重视，对消防人才的要求也越来越高，对技术性、专业性的消防人才需求量也越来越大。未来培养的消防工程专业人才就业将集中在政府相关部门，如住建部门的消防审验人员、消防救援部门的消防救援和消防安全监管人员；消防技术服务机构的消防安全评估、维护保养检测和消防培训等从业人员；大型企事业单位的消防控制室值班、消防安全巡查、消防隐患排查与消防安全管理等工作。

2.1.1　消防运维与消防管理从业人员的重要性

消防运维与消防管理从业人员（以下简称"消防从业人员"）在社会经济和国家政策的推动下变得日益重要，主要体现在以下几方面：一是消防安全是社会稳定的基石，直接关系人民生命财产安全，同时反映了一个地区的文明程度和治理水平。二是消防从业人员通过技术创新和知识分享，为提高公共安全领域的标准做出了重要贡献。此外，消防从业人员在火灾预防和应对中发挥着核心作用，通过风险评估、制定预案和应急准备等措施，显著降低了灾害的破坏力和可能性。三是在灾害应对中，消防从业人员凭借专业技能和勇敢行动，对减轻损失和保护民众安全至关重要。

消防从业人员的这些关键角色，不仅在紧急情况下至关重要，也为日常的消防安全管理提供了坚实的基础。他们的工作确保了社会的安全运行，保护了人民的生命财产安全，是维护社会稳定不可或缺的力量。随着社会对消防安全需求的不断增长，消防从业人员的重要性将更加凸显，他们的专业技能和贡献将对社会消防安全产生深远的影响。

2.1.2　消防从业人员的主要分类

消防从业人员根据其职责范围、技能水平以及在消防行业活动中的作用分为以下三个主要类别：

1. 消防技术服务从业人员

消防技术服务从业人员是指依法取得注册消防工程师资格并在消防技术服务机构中执业的专业技术人员，以及按照有关规定取得相应消防行业特有工种职业资格，在消防技术服务机构中从事社会消防技术服务活动的人员。包括从事消防设施维修、保养、检测、安全评估等工作的人员。

2. 消防设施监控操作和运行维护人员

消防设施监控操作和运行维护人员是指在国家机关、社会团体、企业、事业单位和其他组织中，从事建（构）筑物消防设施监控操作和运行维护人员。

3. 消防安全管理员

消防安全管理员是指在国家机关、社会团体、企业、事业单位和其他组织中，实施日常消防安全管理、组织扑救初起火灾和应急疏散等消防管理工作的人员。

任务 2.2　消防设施操作员

消防设施操作员是指从事建（构）筑物消防设施运行、操作和维修、保养、检测等工作的人员。《中华人民共和国职业分类大典（2022 年版）》规定，消防设施操作员职业编码为 4-07-05-04。

根据《国家职业资格目录（2021 年版）》，消防设施操作员属于准入类职业资格，相关人员必须持证上岗。

2.2.1　消防设施操作员职业方向及从业要求

一、职业方向

2020 年 1 月 1 日，国家职业技能标准《消防设施操作员（2019 年版）》正式实施，本标准根据实际工作岗位需要，设立了"消防设施监控操作"和"消防设施检测维修保养"两个职业方向。

1. 消防设施监控操作：可从事消防设施的监控、操作、日常保养和技术管理与培训等工作。

2. 消防设施检测维修保养：可从事消防设施的操作、保养、维修、检测和技术管理与培训等工作。

二、从业要求

根据《消防救援局关于贯彻实施国家职业技能标准消防设施操作员的通知》（应急消〔2019〕154 号）的要求：

1. 持初级（五级）证书的人员可监控、操作不具备联动控制功能的区域火灾自动报警系统及其他消防设施。

2. 监控、操作设有联动控制设备的消防控制室和从事消防设施检测维修保养的人员，应持中级（四级）及以上等级证书。

2.2.2　消防设施操作员职业等级

消防设施操作员职业一共设五个等级，见表 1-2-1。

消防设施操作员职业等级　　　　　　　　　　　　　　表 1-2-1

职业等级	职业方向	
	消防设施监控操作	消防设施检测维修保养
五级/初级工	√	—
四级/中级工	√	√
三级/高级工	√	√
二级/技师	√	√
一级/高级技师	—	√

注:"√"表示职业等级人员可在此职业方向进行从业。

2.2.3　消防设施操作员主要工作内容

1. 值守消防控制室。
2. 操作、维修保养火灾自动报警、自动灭火系统等消防设施。
3. 检测火灾自动报警器、自动灭火系统等消防设施。
4. 消防安全检查（包括定期防火检查和专项消防检查）。
5. 消防控制室监控（包括系统设置与检查和处置火灾与故障报警）。
6. 建筑消防设施操作与维护（包括操作与维护火灾自动报警系统、使用与维护固定灭火系统、使用与维护防烟排烟系统、使用与维护消防供配电设施等）。

2.2.4　消防设施操作员报考条件

消防设施操作员报考条件见表 1-2-2。

消防设施操作员报考条件　　　　　　　　　　　　　　表 1-2-2

职业等级	报考条件
五级/初级工	1. 累计从事本职业或相关职业工作 1 年(含)以上; 2. 本职业或相关职业学徒期满
四级/中级工	1. 取得本职业或相关职业五级/初级工职业资格证书(技能等级证书)后,累计从事本职业或相关职业工作 4 年(含)以上; 2. 累计从事本职业或相关职业工作 6 年(含)以上; 3. 取得技工学校本专业或相关专业毕业证书(含尚未取得毕业证书的在校应届毕业生);或取得经评估论证、以中级技能为培养目标的中等及以上职业学校本专业或相关专业毕业证书(含尚未取得毕业证书的在校应届毕业生)
三级/高级工	1. 取得本职业或相关职业四级/中级工职业资格证书(技能等级证书)后,累计从事本职业或相关职业工作 5 年(含)以上;

职业等级	报考条件
三级/高级工	2. 取得本职业或相关职业四级/中级工职业资格证书(技能等级证书),并具有高级技工学校、技师学院毕业证书(含尚未取得毕业证书的在校应届毕业生);或取得本职业或相关职业四级/中级工职业资格证书(技能等级证书),并具有经评估论证、以高级技能为培养目标的高等职业学校本专业或相关专业毕业证书(含尚未取得毕业证书的在校应届毕业生); 3. 具有大专及以上本专业或相关专业毕业证书,并取得本职业或相关职业四级/中级工职业资格证书(技能等级证书)后,累计从事本职业或相关职业工作 2 年(含)以上

2.2.5 消防设施操作员考培内容

一、基础知识

消防设施操作员基础知识考培内容见表1-2-3。

消防设施操作员基础知识考培内容　　　　　　　　　　表 1-2-3

序号	考培内容	序号	考培内容	序号	考培内容
1	职业道德	4	建筑防火基本知识	7	初期火灾处置知识
2	消防工作概述	5	电气消防基本知识	8	计算机基础知识
3	燃烧和火灾基本知识	6	消防设施基本知识	9	相关法律法规知识

二、技能（初级）

初级消防设施操作员技能考培内容见表1-2-4。

初级消防设施操作员技能考培内容　　　　　　　　　　表 1-2-4

序号	考培内容	序号	考培内容	序号	考培内容	序号	考培内容
1	火灾自动报警系统	2	消火栓系统	3	消防供水设施	4	其他消防设施

三、技能（中级）

中级消防设施操作员技能考培内容见表1-2-5。

中级消防设施操作员技能考培内容　　　　　　　　　　表 1-2-5

序号	考培内容	序号	考培内容	序号	考培内容
1	火灾自动报警系统	2	自动喷水灭火系统	3	其他消防设施

四、技能（高级）

高级消防设施操作员技能考培内容见表1-2-6。

高级消防设施操作员技能考培内容　　　　　　　　　　表 1-2-6

序号	考培内容	序号	考培内容	序号	培训内容	序号	考培内容
1	火灾自动报警系统	2	自动灭火系统	3	其他消防设施	4	技术管理和培训

任务 2.3　注册消防工程师

注册消防工程师是指经考试取得相应级别消防工程师资格证书，并依法注册后，从事消防技术咨询、消防安全评估、消防安全管理、消防安全技术培训、消防设施检测、火灾事故技术分析、消防设施维护、消防安全监测、消防安全检查等消防安全技术工作的专业技术人员。

根据《国家职业资格目录（2021 年版）》，注册消防工程师属于准入类职业资格，相关人员必须持证上岗。

注册消防工程师分为一级注册消防工程师和二级注册消防工程师。一级消防工程师资格考试合格，由中华人民共和国人力资源和社会保障部、中华人民共和国应急管理部批准颁发，该职业资格证书可在全国范围内使用。二级消防工程师资格考试合格，由所在省、自治区、直辖市人力资源和社会保障行政主管部门批准颁发，该职业资格证书可在所在行政区域内使用。

2.3.1　注册消防工程师主要工作内容

一、一级注册消防工程师主要工作内容

1. 编制消防规划。
2. 进行消防工程设计、施工管理。
3. 进行消防安全监测与检查。
4. 研究、设计建筑防火材料、构件和消防产品。
5. 进行消防设施技术检测和维修保养。
6. 进行消防安全技术咨询和消防安全评估。
7. 进行火灾事故技术分析。
8. 组织消防安全管理与技术培训。

二、二级注册消防工程师主要工作内容

1. 除 100m（含）以上公共建筑、大型的人员密集场所、大型的危险化学品单位外的火灾高危单位消防安全评估。
2. 除 250m（含）以上高层公共建筑、大型的危险化学品单位外的消防安全管理。
3. 单体建筑面积 4 万 m^2 及以下建筑的消防设施检测与维护。
4. 消防安全监测与检查。
5. 省级消防救援机构规定的其他消防安全技术工作。

2.3.2　注册消防工程师报考条件

一、一级注册消防工程师报考条件

一级注册消防工程师报考条件见表 1-2-7。

一级注册消防工程师报考条件   表 1-2-7

序号	学历或学位	工作年限满	其中:从事消防安全技术年限满
1	消防工程专业大学专科学历	6 年	4 年
	消防工程相关专业大学专科学历	7 年	5 年
2	消防工程专业大学本科学历或学位	4 年	3 年
	消防工程相关专业大学本科学历或学位	5 年	4 年
3	含消防工程专业在内的双学士学位或者研究生班毕业	3 年	2 年
	含消防工程相关专业在内的双学士学位 或者研究生班毕业	4 年	3 年
4	消防工程专业硕士学历或学位	2 年	1 年
	消防工程相关专业硕士学历或学位	3 年	2 年
5	消防工程专业博士学历或学位	—	1 年
	消防工程相关专业博士学历或学位	—	1 年
6	其他专业相应学历或者学位的人员	其工作年限和从事消防安全技术工作年限 均相应增加 1 年	

二、二级注册消防工程师报考条件

二级注册消防工程师报考条件见表 1-2-8。

二级注册消防工程师报考条件   表 1-2-8

序号	学历或学位	从事消防安全技术年限满
1	消防工程专业中专学历	3 年
2	消防工程相关专业中专学历	4 年
3	消防工程专业大学专科学历	2 年
	消防工程相关专业大学专科学历	3 年
4	消防工程专业大学本科学历或者学位	1 年
	消防工程相关专业大学本科学历或者学位	2 年
5	其他专业相应学历或者学位的人员	从事消防安全技术工作年限均相应增加 1 年

任务 2.4　消防安全管理员

消防安全管理员是指在国家机关、社会团体、企业、事业单位和其他组织中,实施日常消防安全管理、组织扑救初起火灾和应急疏散等消防管理工作的人员。《中华人民共和国职业分类大典(2022 年版)》规定消防安全管理员职业编码:3-02-03-04。

2.4.1　消防安全管理员职业等级

根据中国消防协会于 2021 年 7 月 31 日发布的团体标准《消防安全管理员》T/CFPA

005—2021，本职业共设 3 个等级，分别为五级/初级工、四级/中级工、三级/高级工。

2.4.2　消防安全管理员主要工作内容

1. 制订消防工作计划，组织实施日常消防安全管理。
2. 组织制订消防安全制度、操作规程、灭火和应急疏散预案，并检查督促落实。
3. 编制消防安全资金投入和组织保障方案。
4. 进行消防安全巡查，组织实施火灾隐患整改。
5. 检查消防设施、灭火器材和消防安全标志的完好有效，疏散通道和安全出口畅通无阻。
6. 组织管理专职消防队、志愿消防队，开展消防宣传教育和培训，组织灭火和应急疏散预案演练。
7. 组织扑救初起火灾和应急疏散。
8. 进行其他消防安全管理。

2.4.3　消防安全管理员报考条件

消防安全管理员报考条件见表 1-2-9。

消防安全管理员报考条件　　　　　表 1-2-9

职业等级	报考条件
五级/初级工	1. 累计从事本职业或相关职业工作 1 年(含)以上； 2. 本职业或相关职业学徒期满
四级/中级工	1. 取得本职业或相关职业五级/初级工职业资格证书(技能等级证书)，累计从事本职业或相关职业工作 2 年(含)以上； 2. 累计从事本职业或相关职业工作 3 年(含)以上； 3. 取得技工学校本专业或相关专业毕业证书(含尚未取得毕业证书的在校应届毕业生)；或取得经评估论证、以中级技能为培养目标的中等及以上职业学校本专业或相关专业毕业证书(含尚未取得毕业证书的在校应届毕业生)
三级/高级工	1. 取得本职业或相关职业四级/中级工职业资格证书(技能等级证书)后，累计从事本职业或相关职业工作 5 年(含)以上； 2. 取得本职业或相关职业四级/中级工职业资格证书(技能等级证书)，并具有高级技工学校、技师学院毕业证书(含尚未取得毕业证书的在校应届毕业生)； 3. 取得本职业或相关职业四级/中级工职业资格证书(技能等级证书)，并具有经评估论证、以高级技能为培养目标的高等职业学校本专业或相关专业毕业证书(含尚未取得毕业证书的在校应届毕业生)； 4. 具有大专及以上本专业或相关专业毕业证书，并取得本职业或相关职业四级/中级工职业资格证书(技能等级证书)后，累计从事本职业或相关职业工作 2 年(含)以上

【随堂练习】

一、单选题

1. 消防技术服务从业人员是指依法取得（　　）资格并在消防技术服务机构中执业的专业技术人员。

A. 注册建筑师   B. 注册消防工程师

C. 注册安全工程师   D. 注册建造师

2.《消防设施操作员（2019 年版）》中根据实际工作岗位需要，设立了"消防设施监控操作"和"（   ）"两个职业方向。

A. 消防设施检测   B. 消防设施保养

C. 消防设施维修   D. 消防设施检测维修保养

二、多选题

1. 消防设施操作员是指从事建（构）筑物消防设施（   ）等工作的人员。

A. 保养   B. 维修

C. 操作   D. 检测

E. 运行

2. 消防安全管理员是指在国家机关、社会团体、企业、事业单位和其他组织中，实施日常消防（   ）等消防管理工作的人员。

A. 组织扑救初起火灾   B. 安全管理

C. 消防设施检测   D. 应急疏散

E. 编制消防安全资金投入

三、判断题

1. 消防设施操作员属于准入类职业资格，相关人员必须持证上岗。（   ）

2. 消防安全管理员共设 3 个职业等级，分别为五级/初级工、四级/中级工、三级/技师。（   ）

四、简答题

请简述消防设施操作员的主要工作内容。

【数字资源】

资源名称	消防行业职业道德	建筑消防安全布局
资源类型	视频	视频
资源二维码		

模块2　火灾自动报警系统

项目1　火灾自动报警系统监控操作

【学习目标】

【知识目标】	了解火灾自动报警系统各主要组件的运行内容,熟练掌握集中型火灾报警控制器(联动型)控制方式、切换方法及总线盘和多线盘的操作
【能力目标】	具备火灾自动报警系统各主要组件运行操作的能力
【素质目标】	通过对火灾自动报警系统调试知识的学习,坚定不移地贯彻我国"预防为主、防消结合"的消防方针。提高防火意识、确保防火安全;树立遵守国家规范,培养学生按照规范规程办事的意识

【思维导图】

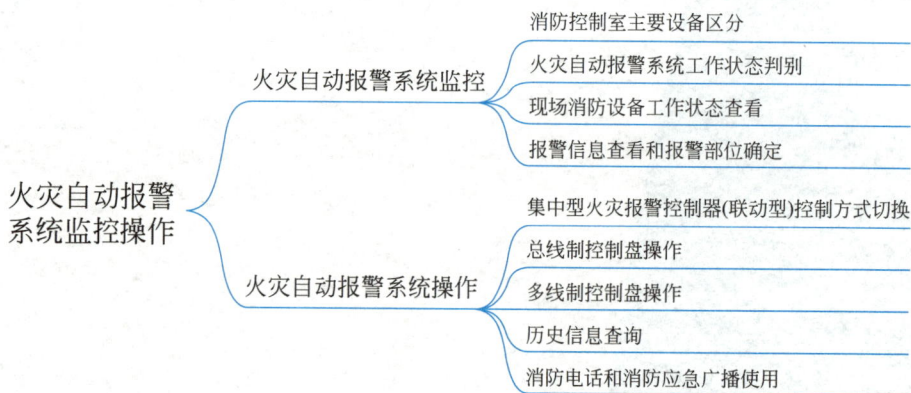

火灾自动报警系统监控操作
- 火灾自动报警系统监控
  - 消防控制室主要设备区分
  - 火灾自动报警系统工作状态判别
  - 现场消防设备工作状态查看
  - 报警信息查看和报警部位确定
- 火灾自动报警系统操作
  - 集中型火灾报警控制器(联动型)控制方式切换
  - 总线制控制盘操作
  - 多线制控制盘操作
  - 历史信息查询
  - 消防电话和消防应急广播使用

【情景导入】

　　某晚10时许,某工业生产车间发生火灾。园区消防控制室于10时05分接到生产车间感烟火灾探测器的报警信号,但现场值班人员未按操作流程及时将火灾报警控制器(联动型)控制方式由"手动"切换为"自动"状态,导致消防联动控制系统未能正常按照预设逻辑程序启动,错过灭火的最佳时段,造成3人死亡、15人受伤的惨剧。

任务 1.1　火灾自动报警系统监控

1.1.1　消防控制室主要设备区分

集中型火灾报警控制器、消防联动控制器、消防控制室图形显示装置（CRT）的功能：

集中型火灾报警控制器、消防联动控制器、消防控制室图形显示装置（CRT）均属于火灾自动报警与联动控制系统的重要组成部分，一般应设置在有人值班的消防控制室内，如图 2-1-1 所示。

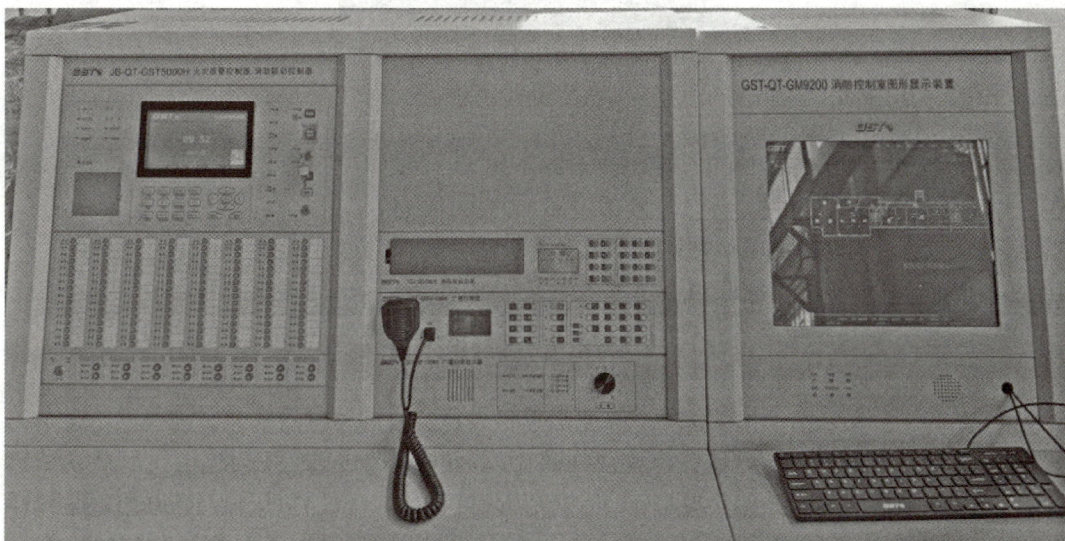

图 2-1-1　集中型火灾报警控制器、消防联动控制器、消防控制室图形显示装置（CRT）

1. 集中型火灾报警控制器的功能

集中型火灾报警控制器是火灾自动报警的核心组件，用于接收火警信号、集中显示其他控制器信息、发出控制信号，并具有对声光警报装置和输入/输出模块直接监控功能的控制指示设备，如图 2-1-2 所示。

集中型火灾报警控制器首要功能是火灾报警功能，即接收和显示来自火灾探测器和其他报警触发器件的火警信号，并发出火灾报警声、光信号，显示火灾报警位置和时间，向消防联动控制器发出控制信号。此外，还具有监管报警、故障报警、屏蔽、自检、信息显示与查询、主/备电切换、系统兼容和软件控制（仅适用于软件实现控制功能的控制器）等功能。

2. 消防联动控制器的功能

消防联动控制器是消防联动控制系统的核心组件，通过接收火灾报警控制器发出的火灾报警信息，按预设的逻辑程序对受控的消防设备实施联动控制，如图 2-1-3 所示。

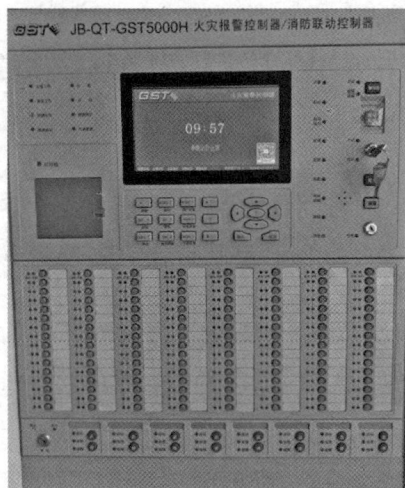

图 2-1-2　集中型火灾报警控制器（联动型）操作面板

图 2-1-3　消防联动控制器操作面板

　　消防联动控制器首要功能是联动控制功能，即能按预设的逻辑程序直接或间接控制其连接的所有受控消防设备。消防联动控制器有"自动"和"手动"两种方式实现控制功能。当消防联动控制器处于"自动"时，在收到火灾报警控制器送来的火警信号后，能在3s内发出启动信号，控制水泵启动、防烟排烟风机启动、防火卷帘下降、常开式防火门关闭等。此外，消防联动控制器还具有故障报警、自检、信息显示与查询和主/备电切换等功能。

　　3. 消防控制室图形显示装置（CRT）的功能

　　消防控制室图形显示装置用于接收、传输、显示和记录防护区域内火灾探测报警装置、各相关受控系统、各类消防设施设备运行的动态信息和消防管理信息，如图 2-1-4 所示。

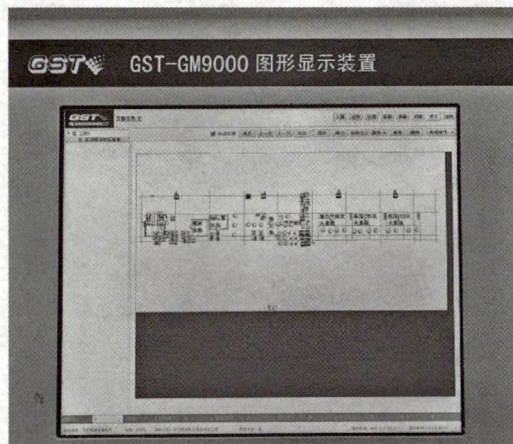

图 2-1-4　消防控制室图形显示装置（CRT）操作面板

消防控制室图形显示装置首要功能是显示建筑总平面布局图、建筑平面图和系统图。当有火灾报警信号、联动信号输入时，应能显示报警部位对应的建筑位置、建筑平面图，并在建筑平面图上指示报警部位的具体位置，记录报警部位和时间等信息。消防控制室图形显示装置作为一个信息显示、查询和传输的装置，不能对相关的受控设备进行复位、启动和停止等操作。此外，消防控制室图形显示装置应能接收火灾报警控制器及其他消防设施设备发出的监管、故障和屏蔽等报警信号，并显示监管、故障和屏蔽等状态信息。

1.1.2　火灾自动报警系统工作状态判别

由于设备功能的不同，工作状态可分为正常、火警、监管、故障、屏蔽、启动、反馈、消音和主/备电工作状态等。工作状态可通过提示音、显示屏文字和面板指示灯等形式显示出来。

一、通过面板指示灯判别火灾自动报警系统工作状态（图 2-1-5～图 2-1-15）

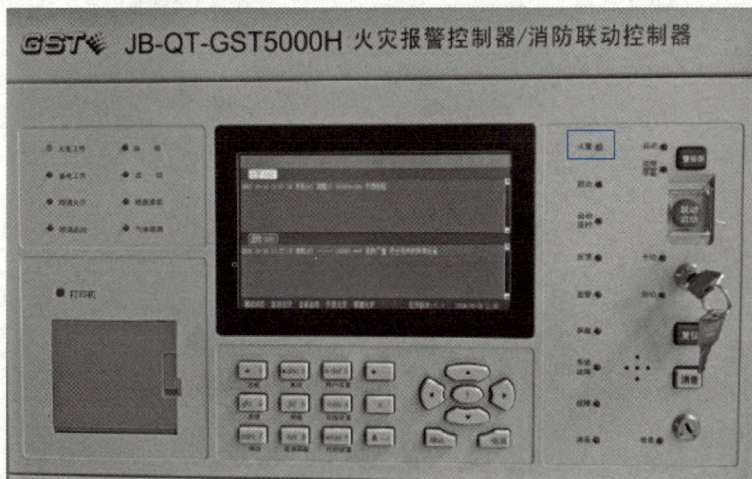

图 2-1-5　火警指示（红灯）：控制器收到火警信号时，指示灯亮

图 2-1-6　监管指示（红灯）：有监管设备报警时，指示灯亮

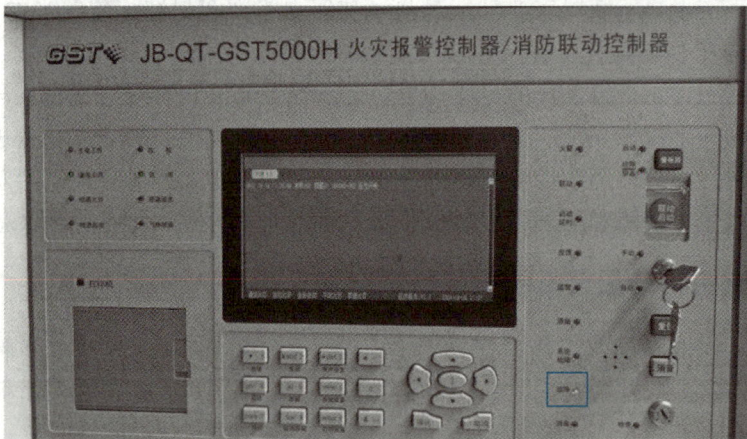

图 2-1-7　故障指示（黄灯）：控制器任何一部分发生故障时，指示灯亮

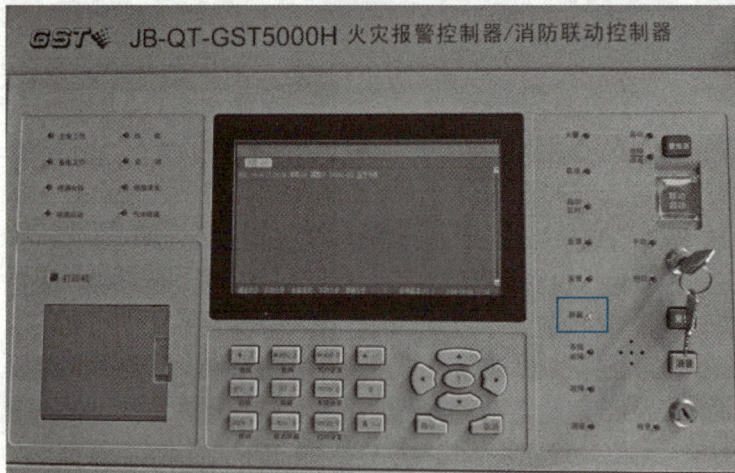

图 2-1-8　屏蔽指示（黄灯）：总线上有设备处于离线状态时，指示灯亮

图 2-1-9　启动指示（红灯）：控制器发出输入/输出模块启动指令后，指示灯亮

图 2-1-10　反馈指示（红灯）：输入/输出模块收到联动控制设备反馈时，指示灯亮

图 2-1-11　主电工作（绿灯）：主电源给控制器供电时，指示灯亮

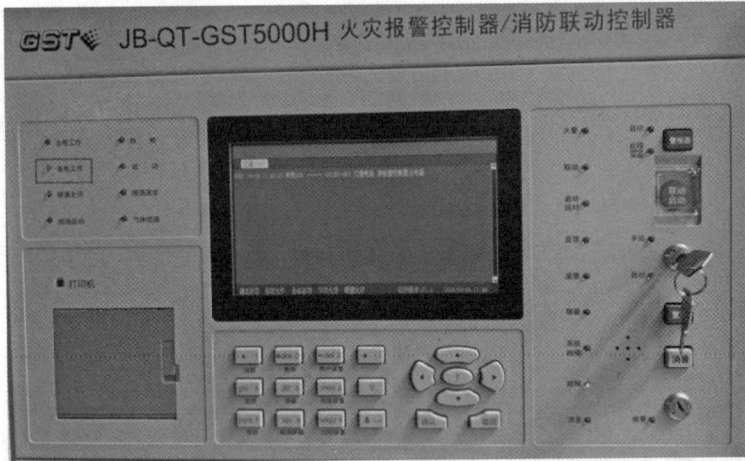

图 2-1-12　备电工作（绿灯）：备用电源给控制器供电时，指示灯亮

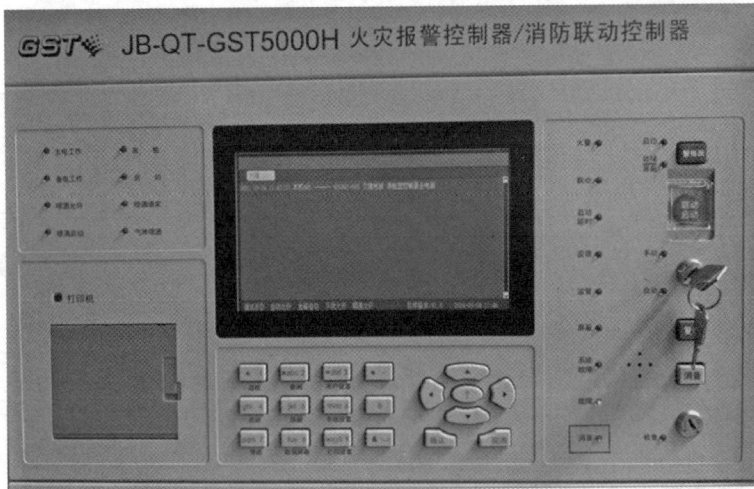

图 2-1-13　消音指示（绿灯）：消除控制器报警声信号后，指示灯亮

图 2-1-14　全局手动（绿灯）：所有控制模块处于"手动"启动方式时，指示灯亮

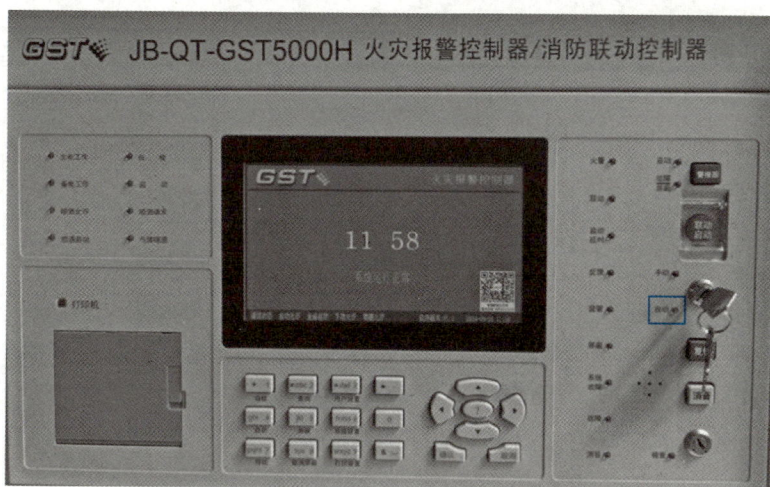

图 2-1-15　全局自动（绿灯）：所有控制模块处于"自动"启动方式时，指示灯亮

二、通过显示屏上文字信息判别火灾自动报警系统工作状态

火灾自动报警系统工作状态可通过火灾报警控制器显示屏所显示的文字信息进行查看，如图 2-1-16 所示，以上信息分别按不同颜色显示。

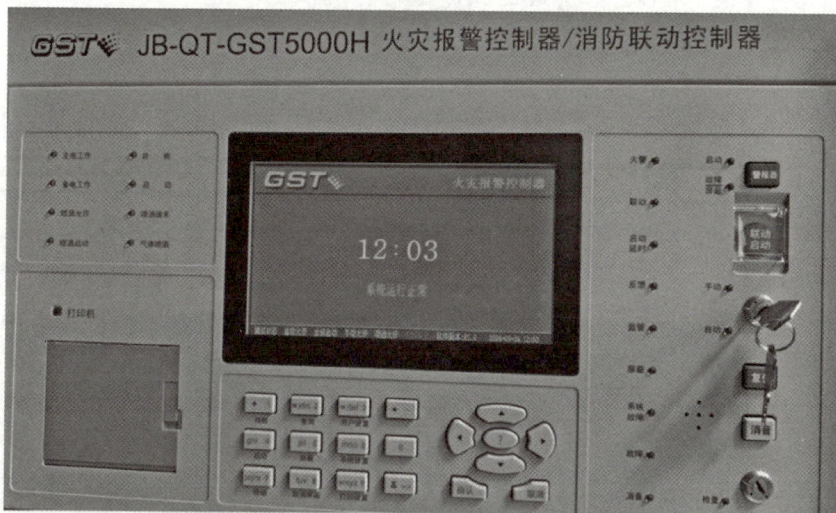

图 2-1-16　火灾报警控制器显示屏（不同颜色信息）

1.1.3　现场消防设备工作状态查看

下面以某机型为例进行说明，产品不同，查看方法不尽相同。

设备信息查看分为三种方式，分别为"设备查看""分类查看""分区查看"。如图 2-1-17 所示，下面仅介绍"设备查看"。在运行主界面下，点击"设备查看"，进入"设备查看"界面，查看系统中配置的所有设备。如图 2-1-18 所示的本机所带设备和网络所带设备（如有网络设备连接）。

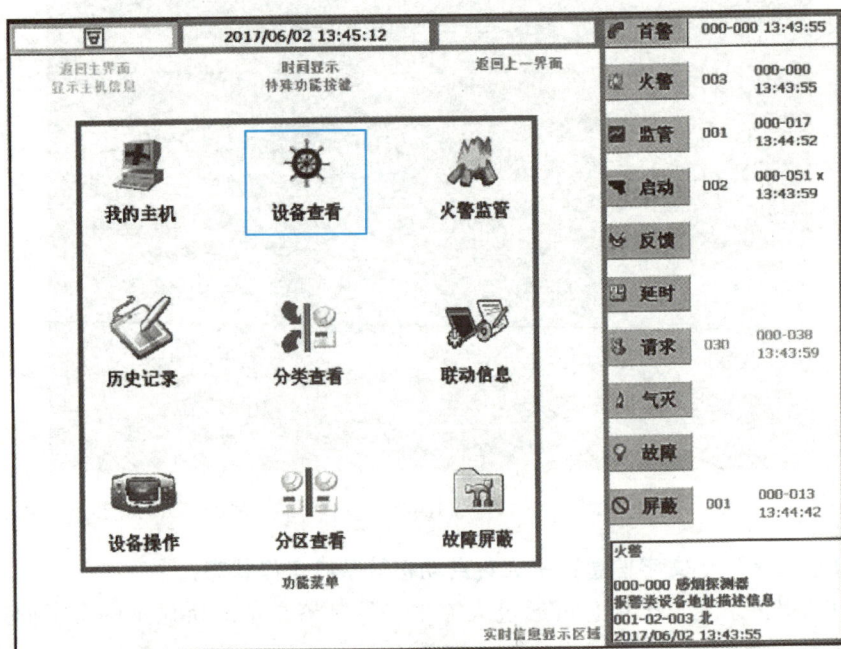

图 2-1-17　运行主界面

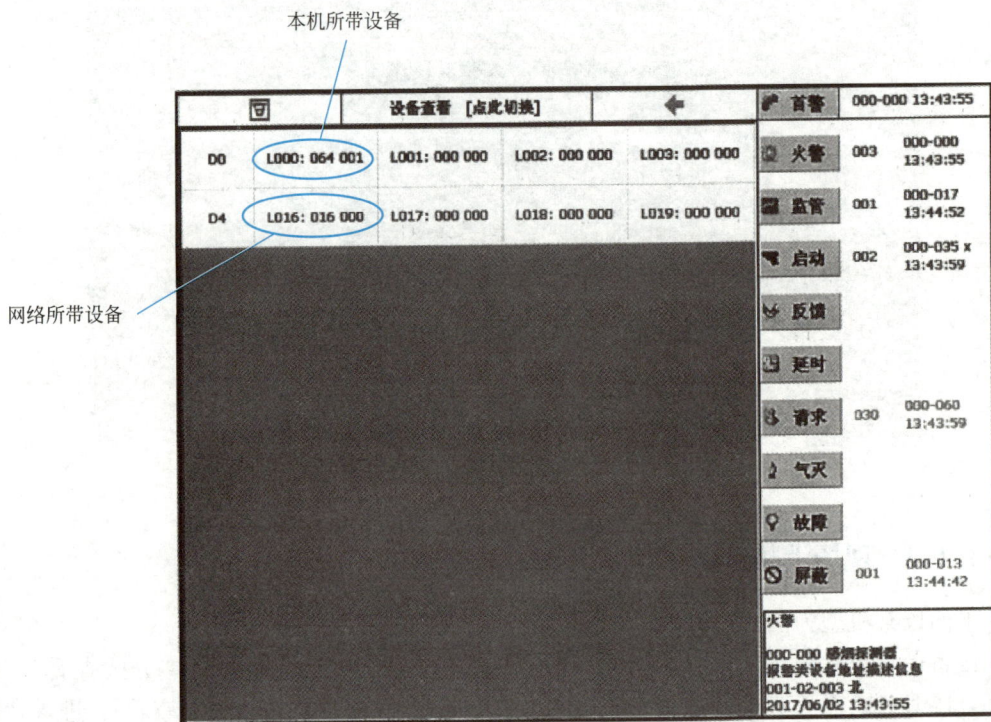

图 2-1-18　"设备查看"界面

其中"LXXX：YYY ZZZ"的"XXX"表示回路号，"YYY"表示配置的设备数，"ZZZ"表示发生事件的设备数。如"L000：064 001"表示 0 回路，一共有 64 个配接设备，有 1 个设备发生事件。点击一个有负载的回路，出现回路配接设备的位图信息。

在位图显示方式下（图 2-1-19），"T"为报警类型，"H"为手动按钮，"X"为消火栓按钮，"P"为压力开关，"W"为水流指示器，"D"为楼层显示器，"J"为监管类型，"p"为监管压力开关，"w"为监管水流指示器，"M"为模块类型，"G"为气体灭火，"B"为消防广播，"S"为声光警报，"m、g、b、s"为对应的多线类型。位图节点状态背景颜色对应屏幕右侧条目栏信息事件。

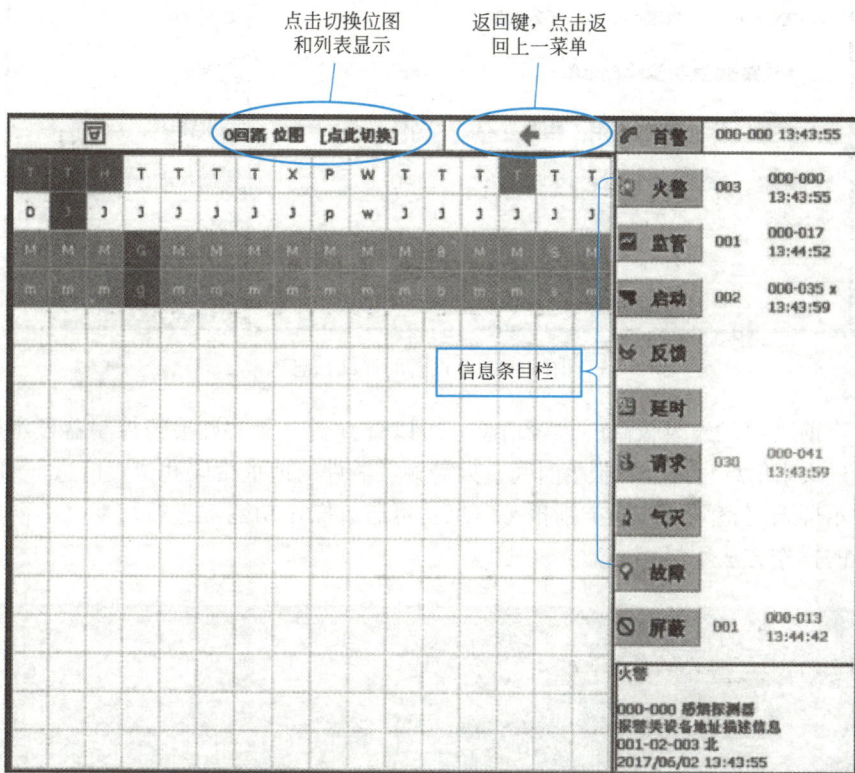

图 2-1-19 位图显示

点击切换键，回路配接设备位图显示切换为列表显示，列表显示可以方便地查看每一个地址的详细信息。第一列为回路-地址以及设备所在的 X 和 Y 分区，第二列为描述信息和楼层位置等信息，第三列为设备类型以及对应的盘号键值，第四列为当前状态。

无论是在位图显示还是列表显示下，点击相应的节点设备会显示设备的详细信息（图 2-1-20）。此界面根据设备类型的不同显示信息和按键功能有所不同。如位图显示下，点击模块（位图中"M"处）。

1.1.4 报警信息查看和报警部位确定

一、通过集中型火灾报警控制器查看报警信息和确定报警部位

查看信息列表的火警信息直接确定报警部位：

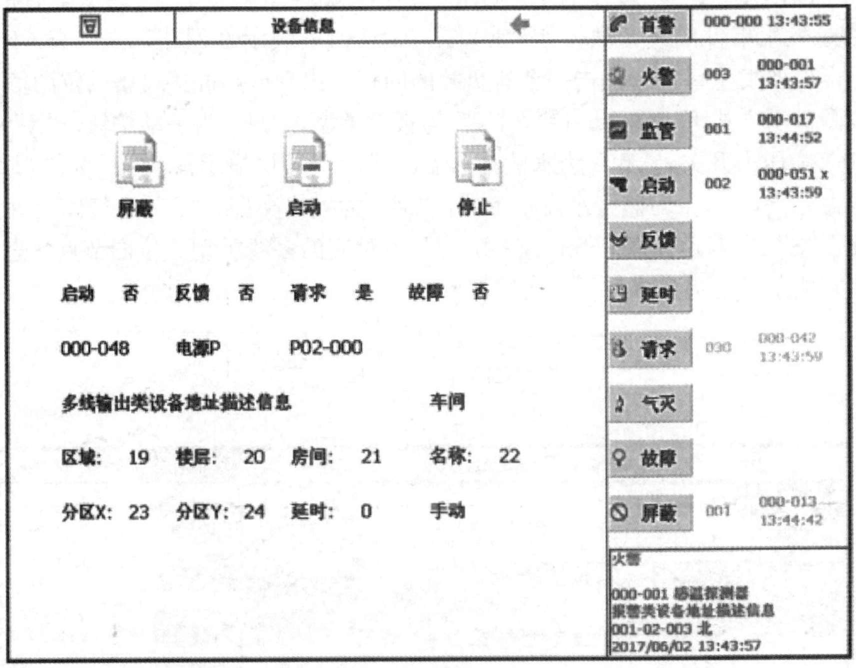

图 2-1-20　设备的详细信息

对于当前显示优先级较高的火警信息，可以查看集中型火灾报警控制器显示屏的信息列表，通过文字信息直接查看报警时间、火警触发器件的地址编码和位置信息，如图 2-1-21 所示。显示屏未完整显示的同类别报警信息，可通过操作功能键进行切换（不同品牌和型号控制器的操作方法不尽相同）。

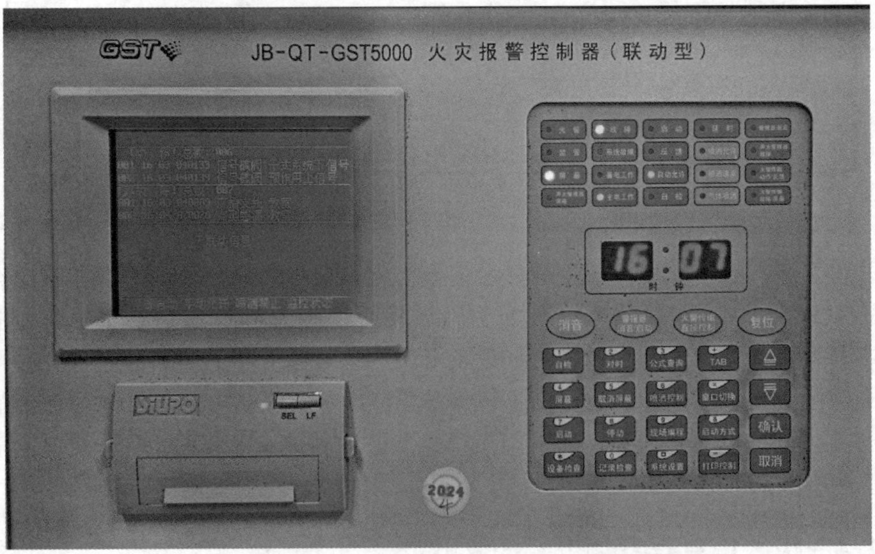

图 2-1-21　集中型火灾报警控制器报警信息显示界面示例

二、通过消防控制室图形显示装置查看报警信息和确定报警部位

当有火警、监管、故障、屏蔽、启动或反馈等某一种或几种报警信号输入时，在消防控制室图形显示装置上直接查看状态的专用总指示，总平面布局图中的建筑位置、建筑平面布置图上指示相应部位的物理位置显示情况，确定报警时间和部位等信息。在消防控制室图形显示装置平面图上直接查看报警信息示例如图 2-1-22 所示。

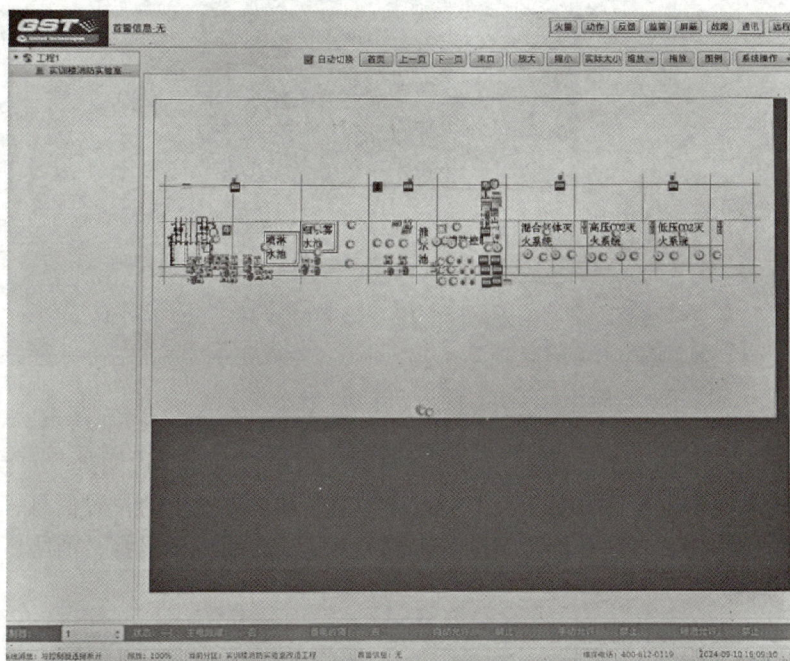

图 2-1-22　在消防控制室图形显示装置平面图上直接查看报警信息示例

任务 1.2　火灾自动报警系统操作

1.2.1　集中型火灾报警控制器（联动型）控制方式切换

一、集中型火灾报警控制器（联动型）工作状态的判别

为了提高消防联动控制系统的工作可靠性，在对每个受控消防设备设置自动控制方式的同时，还设置了手动控制方式。在自动控制状态下，可以插入手动操作，控制受控消防设备的启动或停止。

通过查看集中型火灾报警控制器（联动型）显示屏文字信息，结合面板上手动/自动状态指示灯，能够确定集中型火灾报警控制器（联动型）当下的控制方式。

如控制器显示屏显示"手动允许"且"手动"指示灯点亮，说明处于"手动"状态。此时控制器收到火灾报警信息时，会在屏幕上显示火灾发生的位置信息、点亮火警指示灯、发出火警报警音，但不会联动启动声光报警、消防广播及所控制的现场消防设备。

某集中型火灾报警控制器（联动型）处于"手动"状态时，如图 2-1-23 所示。

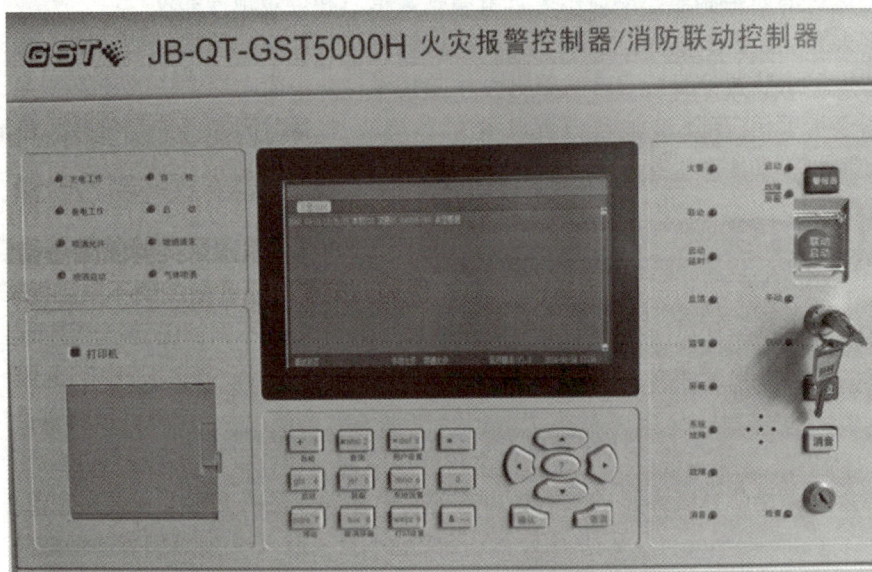

图 2-1-23 "手动"状态

如控制器显示屏显示"自动允许"且"自动"指示灯点亮，说明处于"自动"状态。此时控制器收到火灾报警信息时，不但会在屏幕上显示火灾发生的位置信息、点亮火警指示灯、发出火警报警音，还会按照预设的逻辑关系联动启动声光报警、消防广播及所控制的现场消防设备。

某集中型火灾报警控制器（联动型）处于"自动"状态时，如图 2-1-24 所示。

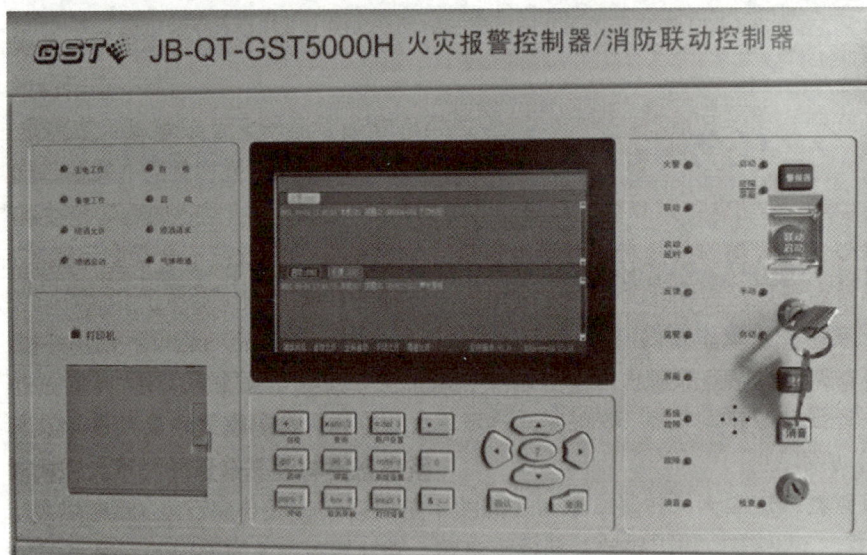

图 2-1-24 "自动"状态

二、集中火灾报警控制器、消防联动控制器的切换方法

由于不同品牌及型号的控制器存在较大差异，关于集中火灾报警控制器（联动型）的

手动/自动切换方法也略有不同。本教材以某型号控制器菜单操作为例。

1. 手动状态切换为自动状态

当控制器处于监控状态时，按下面板上"启动方式"键，输入系统操作密码后按确认键获得操作权限，通过上下键或窗口切换键调整光标位置，手动方式设置为"不允许"，再按下"TAB"键切换到自动方式选择模式，通过上下键或窗口切换键调整光标位置，自动方式设置为"全部自动"，最后按下"确认"键，即可保存设置。控制器控制状态由"手动"状态切换为"自动"状态，如图2-1-25所示。

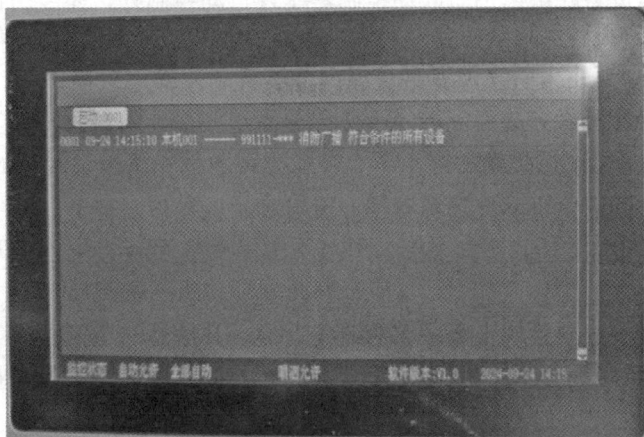

图2-1-25 控制器控制状态由"手动"状态切换为"自动"状态

2. 自动状态切换为手动状态

当控制器处于监控状态时，按下面板上"启动方式"键，输入系统操作密码后按确认键获得操作权限，通过上下键或窗口切换键调整光标位置，手动方式设置为"允许"，再按下"TAB"键切换到自动方式选择模式，通过上下键或窗口切换键调整光标位置，自动方式设置为"自动禁止"，最后按下"确认"键，即可保存设置。控制器控制状态由"自动"状态切换为"手动"状态示例如图2-1-26所示。

图2-1-26 控制器控制状态由"自动"状态切换为"手动"状态

当控制器处于火警状态时，确认现场发生火灾后，不允许将控制器从"自动"状态切换为"手动"状态。此外，很多新型控制器采用面板上可直接操作旋转钥匙开关，实现手动/自动快速、便捷切换。

1.2.2 总线制控制盘操作

为提高消防联动控制系统工作的可靠性和稳定性，消防受控设备不仅可以通过消防联动控制器实现自动控制，也可通过消防联动控制器设置的总控制控制盘实现手动操作。对于一些重要的消防设备除可由消防联动控制器实现自动控制外，还专门设置了直接手动控制单元即多线制控制盘，保证重要的消防设备在火灾发生时能够可靠运行。

一、消防联动控制器对消防设备的控制方式

总线控制是指在总线上的配接控制模块，当消防联动控制器接收到火灾报警信号并满足预设的逻辑时，发出启动信号，通过总线上所配接的控制模块完成消防设备联动控制功能。通过总线制控制盘也可实现对各类受控设备的手动操作功能，其每一组"启动/停止"按钮对应一个受控设备控制模块，完成对该受控设备便捷的手动启停控制。

二、总线控制盘的工作原理

目前的火灾报警控制系统主要采用总线控制盘，其信号线由两根线组成，信号与供电共用一个总线，同时负责火灾探测器、手动火灾报警按钮、火灾声光警报器以及各类模块的通信和供电，如图 2-1-27 所示。

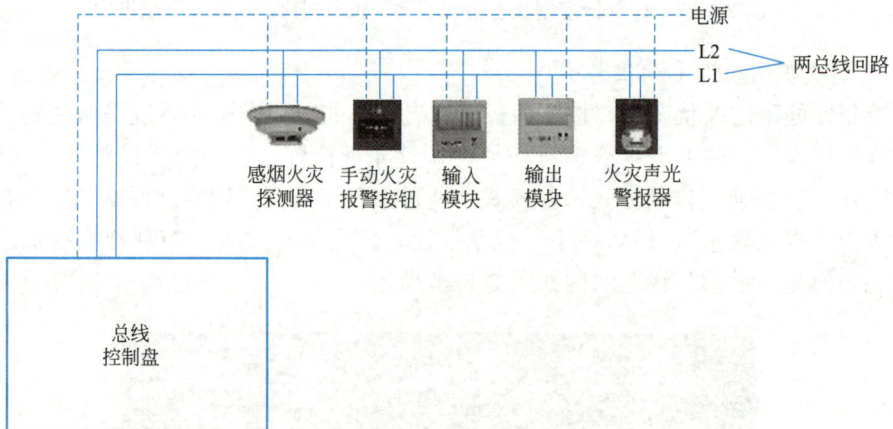

图 2-1-27　总线控制盘连线方式示意

总线控制盘的每一个按键对应一个总线控制模块，对消防设备的控制是由控制模块实现的，即消防联动控制器按预设逻辑和时序通过控制模块自动控制消防设备动作，或通过操作总线控制盘的按键、控制模块手动控制消防设备的动作。

对于一些需要及时操作的受控消防设备，可以通过总线控制盘进行控制，控制方式示意如图 2-1-28 所示。总线控制盘具有对每个受控消防设备进行手动控制的功能。一台集中型火灾报警控制器（联动型）可以设置多个总线控制盘。总线控制盘为启动和停止受控消防设备提供了一种便捷的手动操作方式，可以代替烦琐的菜单操作。

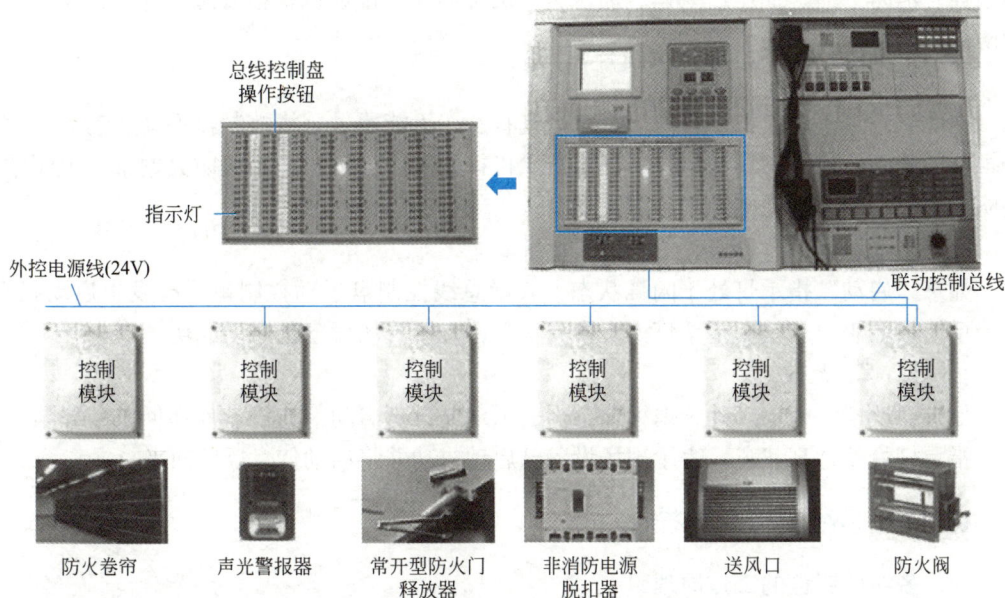

图 2-1-28　总线控制盘对消防设备的控制方式示意

三、总线控制盘的操作方法

总线控制盘每个操作按钮对应一个控制输出，控制火灾声光警报器、加压送风口、加压送风机排烟阀、排烟机、防火卷帘、常开型防火门、非消防电源和电梯等消防设备的启动，可根据需要按下目标操作按钮启动对应的消防设备。

总线控制盘操作面板上设有多个手动控制单元，每个单元包括一个操作按钮和两个状态指示灯，每个操作按钮均可通过逻辑编程实现对各类、各分区、各具体设备的控制。每个操作按钮分别对应一个"启动"指示灯和一个"反馈"指示灯，分别用于提示按钮状态、显示设备运行状态。有的总线控制盘设有手动锁，用于选择手动工作模式，分手动"允许"和手动"禁止"两种工作状态，如图 2-1-29 所示。

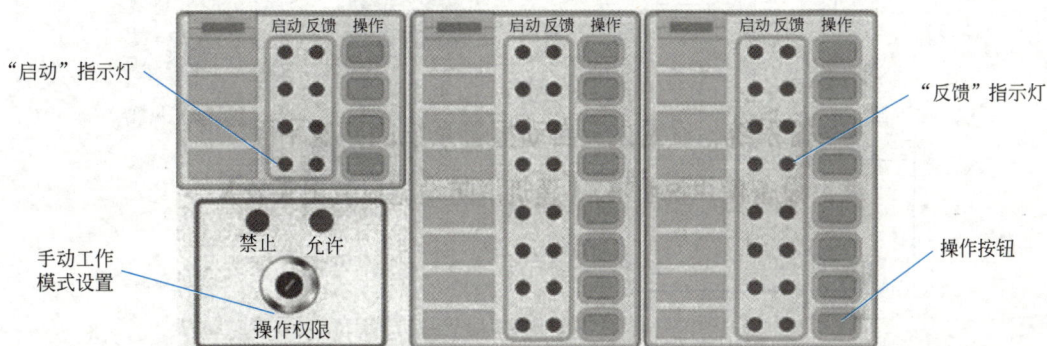

图 2-1-29　总线制控制盘手动控制单元

1. "允许"状态

在此状态下，工作指示灯处于绿灯运行状态，通过总线控制盘可以手动启动火灾声光警报器、消防广播、加压送风口、加压送风机排烟阀、排烟机，释放防火卷帘，关闭常开型防火门，切断非消防电源和迫降电梯等。

2. "禁止"状态

在此状态下，工作指示灯处于红灯运行状态，不能通过总线控制盘手动启动火灾声光警报器、消防广播、加压送风口、加压送风机排烟阀、排烟机，释放防火卷帘、关闭常开型防火门、切断非消防电源和迫降电梯等。

3. "启动"状态

如果"启动"指示灯处于闪烁状态，表示总线控制盘手动控制单元已发出启动指令，等待反馈；如果"启动"指示灯处于常亮状态，表示现场设备已启动成功。

4. "反馈"状态

如果"反馈"指示灯处于熄灭状态，表示现场设备启动信息没有反馈回来；如果"反馈"指示灯处于常亮状态，表示现场设备已启动成功并将启动信息反馈回来。

1.2.3 多线制控制盘操作

一、多线控制盘的工作原理

多线制控制盘也称作多线制手动控制盘或直接手动控制单元，属于直线控制，即采用独立的手动控制单元，每个控制单元通过直接连接的导线和控制模块对应控制一个受控消防设备，属于点对点控制方式。

为确保操作受控消防设备的可靠性，对于一些重要联动设备（如消防水泵、防烟和排烟风机）的控制，除采用联动控制方式外，火灾报警控制器还应采用多线控制盘控制方式，实现直接手动控制，如图 2-1-30 所示。

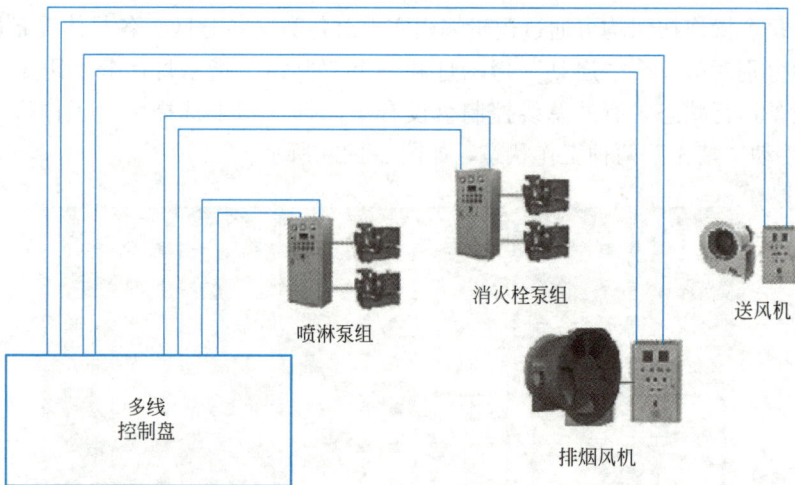

图 2-1-30　多线制控制盘连线方式示意

多线控制盘的操作按钮与消防泵组（喷淋泵组、消火栓泵组）、防烟和排烟风机的控制柜控制按钮直接用控制线或控制电缆连接，实现对现场设备的手动控制，多线控制盘对重要消防设备的控制方式示意如图 2-1-31 所示。

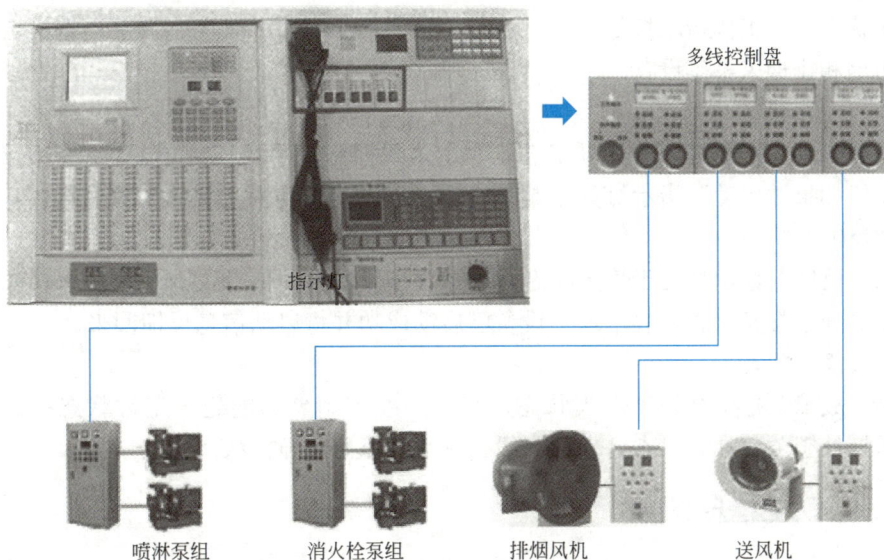

图 2-1-31　多线控制盘对重要消防设备的控制方式示意

二、多线控制盘的操作方法

多线控制盘每个操作按钮对应一个控制输出，控制喷淋泵组、消火栓泵组、防烟和排烟风机等消防设备的启动，可根据需要按下目标操作按钮启动对应的消防设备。

多线控制盘操作面板上设有多个手动控制单元，每个单元包括一个操作按钮和启动、反馈、故障三个状态指示灯，每个操作按钮均可控制具体设备的动作。每个操作按钮分别对应一个启动指示灯和一个反馈指示灯，分别用于提示按键状态、显示设备运行状态。多线控制盘的手动锁用于选择手动工作模式操作权限，"允许"和"禁止"状态可根据需要通过面板钥匙手动切换，如图 2-1-32 所示。

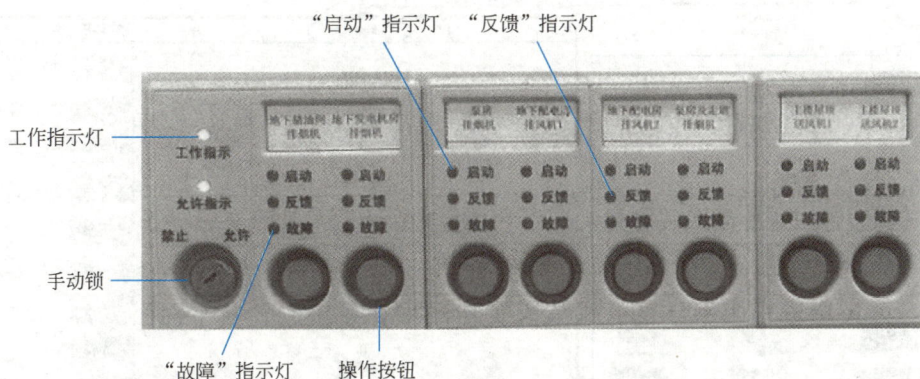

图 2-1-32　多线制控制盘手动控制单元

1."允许"状态

在此状态下，工作指示灯处于绿灯运行状态，通过多线控制盘可以手动直接启动消防泵组、防烟和排烟风机等设备。

2. "禁止"状态

在此状态下，工作指示灯处于红灯运行状态，不能通过多线控制盘手动直接启动消防泵组、防烟和排烟风机等设备。

3. "启动"状态

如果"启动"指示灯处于闪烁状态，表示多线控制盘手动控制单元已发出启动指令，等待反馈；如果"启动"指示灯处于常亮状态，表示现场设备已启动成功。

4. "反馈"状态

如果"反馈"指示灯处于熄灭状态，表示现场设备启动信息没有反馈回来；如果"反馈"指示灯处于常亮状态，表示现场设备已启动成功并将启动信息反馈回来。

5. "故障"状态

如果"故障"指示灯处于熄灭状态，表示多线控制盘功能处于正常状态；如果"故障"指示灯处于黄色常亮状态，表示多线控制盘功能处于异常状态。

1.2.4 历史信息查询

一、通过集中火灾报警控制器查询历史信息

以某机型为例，运行主界面下点击"历史记录"，进入事件"历史记录"界面，如图 2-1-33 所示。

历史记录包括火警记录、设备故障记录、请求记录、启动记录、反馈记录、操作记录、监管记录、气灭记录和其他故障记录，每种数量最多为 1000 条，存满后新事件产生时覆盖一个最远的事件。选择相应的事件点击按键后，显示所有此事件的列表，点击相应设置可以查看详细信息。在每种记录列表中，点击功能按键两次可以打印当前显示的 10 条记录。

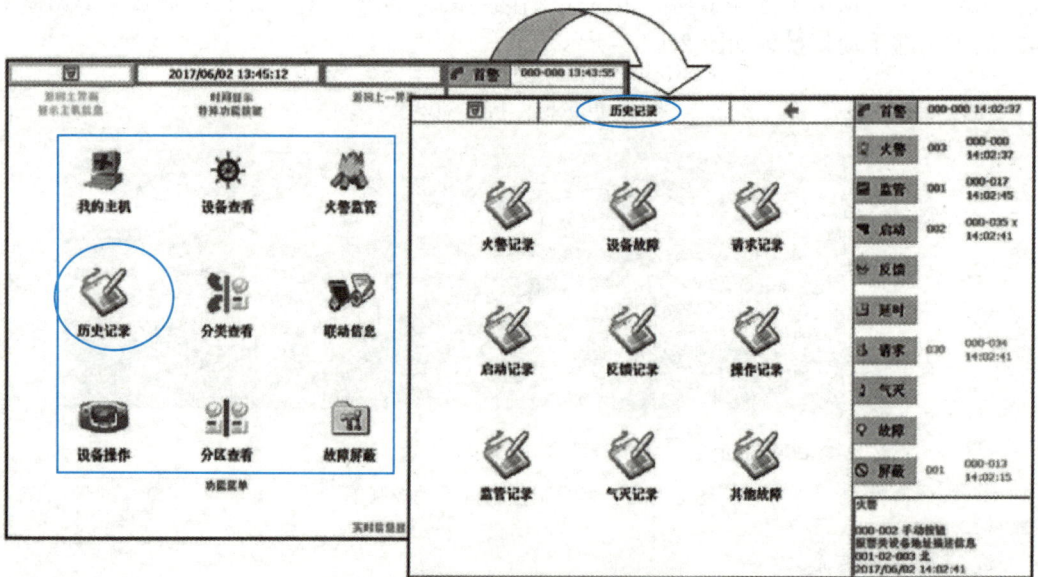

图 2-1-33 "历史记录"界面

如点击"火警记录"，界面如图 2-1-34 所示。

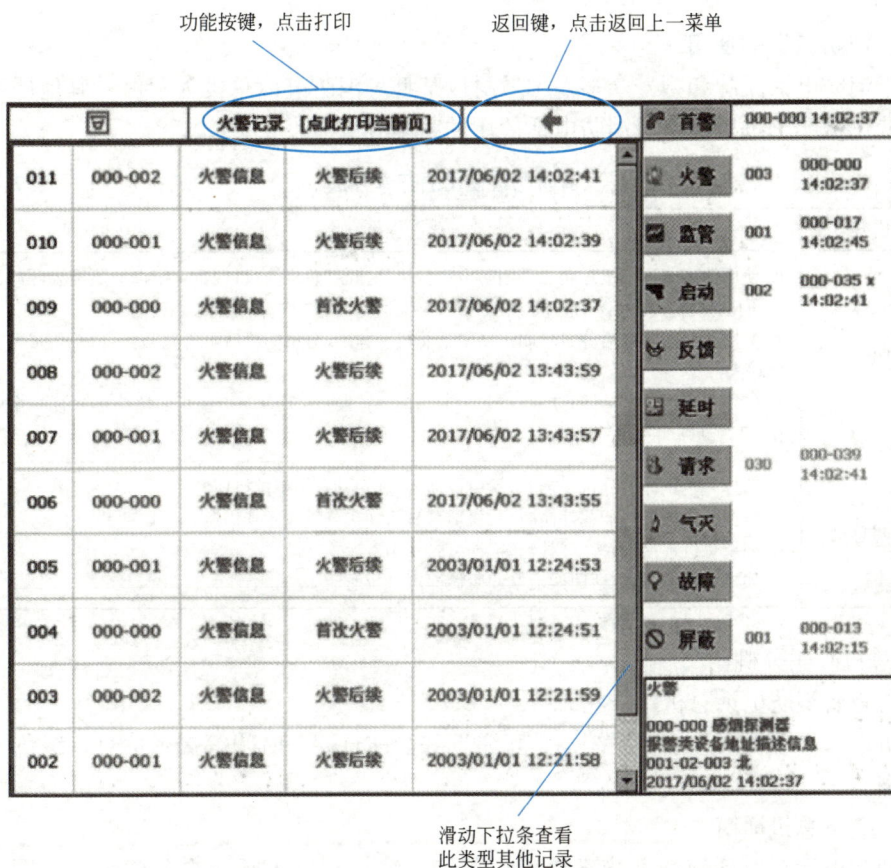

功能按键，点击打印　　　　　返回键，点击返回上一菜单

滑动下拉条查看
此类型其他记录

图 2-1-34　"火警记录"界面

二、通过消防控制室图形显示装置查询历史信息

运行消防控制室图形显示装置软件，点击"查看"选项，有三个子菜单，分别为"报警历史记录查询""操作和系统记录查询""设备（设施）查询"。

点击"报警历史记录查询"，可查询火警、监管、反馈，是否消除、启动，是否停止、故障，是否恢复、屏蔽及是否解除、其他事件。可按不同时间段、设施、楼层等条件查询，可打印。

通过集中火灾报警控制器、消防控制室图形显示装置查询历史信息的操作流程如图 2-1-35 所示。

控制器/图形显示装置正常 → 进入历史记录查询界面 → 进行历史记录组合筛选查询 → 获得所需要的历史记录信息

图 2-1-35　查询历史信息操作流程

1.2.5 消防电话和消防应急广播使用

一、消防电话的使用

由于消防电话品牌和型号众多，本教材以某型号消防电话总机为示例，其他厂家产品请参照使用说明书进行操作。消防电话使用的基本方法见表 2-1-1。

消防电话使用的基本方法　　　　　　　　　　　　　　　　表 2-1-1

操作内容	操作方法
总机呼叫分机	1. 使用消防电话总机呼叫 1 部消防电话分机并挂断(总机摘机,按数字键选择所需要呼叫的分机或插孔,选择一个具体的分机,如按下 01 或 02 或 03 进行选择,按接通键); 2. 使用 1 部消防电话分机呼叫消防电话总机并挂断(分机摘机后可听到回铃音,总机屏幕显示分机呼入); 3. 使用 1 个消防电话插孔呼叫消防电话总机并挂断(将手柄连接线端部插头插入任一个电话插孔,可自动呼叫总机)
分机呼叫总机	1. 选择一个具体的分机或插孔,摘机或插入电话手柄,等待主机应答; 2. 当有分机或电话插孔呼叫时,总机屏幕显示呼叫分机或插孔信息; 3. 如果总机不接听,按下"挂断"键即可; 4. 如果总机接听,在话筒架上拿起听筒即可进行通话

1. 总机呼叫分机

（1）查看消防电话总机工作状态

总机液晶显示屏应显示"系统运行正常"和当前日期、时间等提示信息，绿色工作指示灯常亮。

（2）摘下总机话筒

从消防电话总机话筒架上摘下总机话筒，系统自动进入呼叫准备状态，如图 2-1-36 所示。

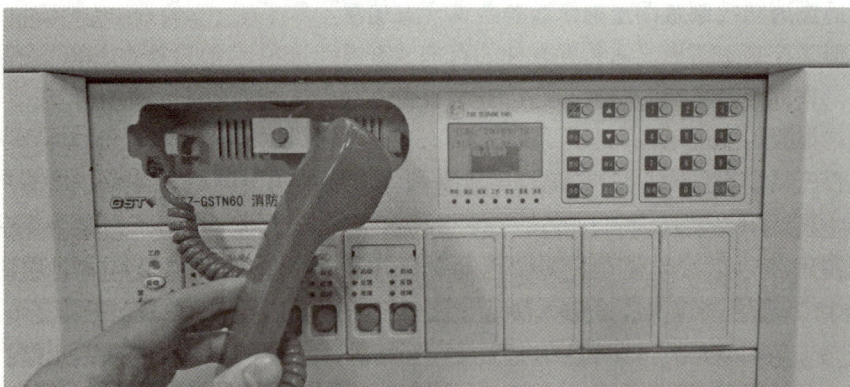

图 2-1-36　系统自动进入呼叫准备状态

（3）拨打分机

按数字键选择所需要呼叫的分机或插孔，选择一个具体的分机号，以呼叫编号为 03 号的消防水泵房电话分机为例，按下键盘区第 03 号按键，按接通键。对应的分机指示灯应闪亮，该分机振铃，如图 2-1-37 所示。

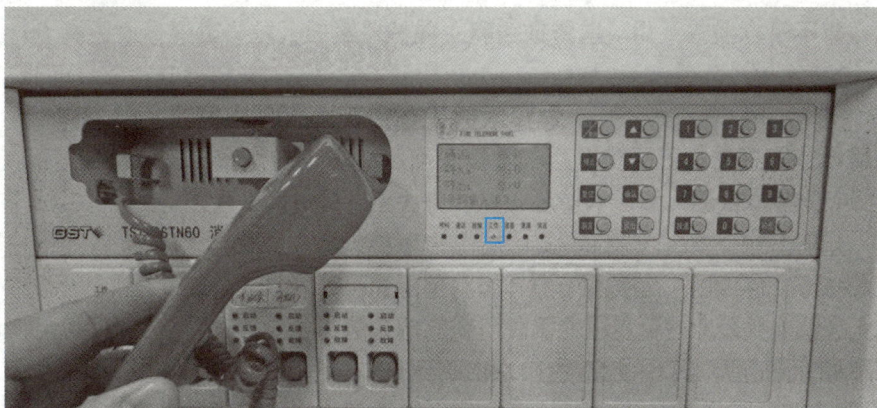

图 2-1-37　对应的分机指示灯应闪亮

（4）通话同时自动录音

编号为 03 号的分机摘机后，即自动进入全双工通话过程。此时总机控制面板上对应的分机指示灯应由闪亮变为常亮，总机"通话"和"录音"指示灯应点亮，总机会对通话内容进行自动录音，通话时间和内容被记录保存。液晶显示屏显示通话分机和该段录音序号等信息，如图 2-1-38 所示。

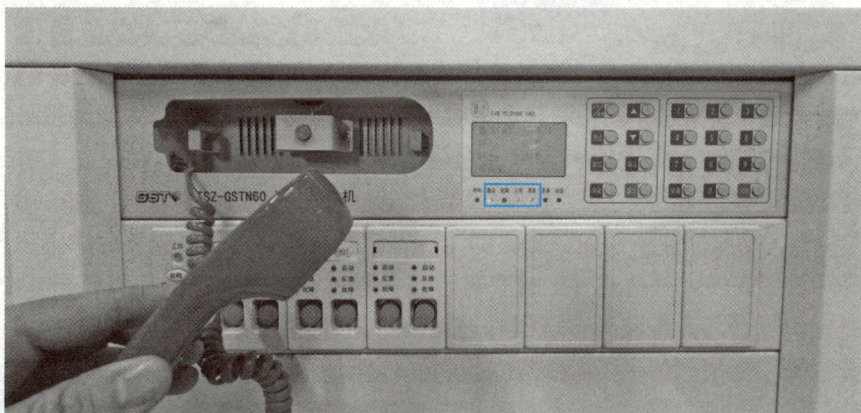

图 2-1-38　总机"通话"和"录音"指示灯点亮

（5）结束通话操作

通话结束后，将分机或总机话筒挂断，或按总机"挂断"键，总机将停止与该分机通话，对应分机部位指示灯熄灭，录音自动停止，消防电话恢复到正常工作状态。

2. 分机呼叫总机

（1）将设置在消防水泵房编号为 03 号的分机摘机后可听到回铃音，消防电话总机显示屏显示呼入编码为 03 号和消防水泵房部位，如图 2-1-39 所示。

（2）摘下消防电话总机听筒，声光报警停止，总机和分机即进入全双工通话过程，通话语音应清晰。此时"通话"和"录音"指示灯同时点亮，分机部位指示灯变为常亮，总

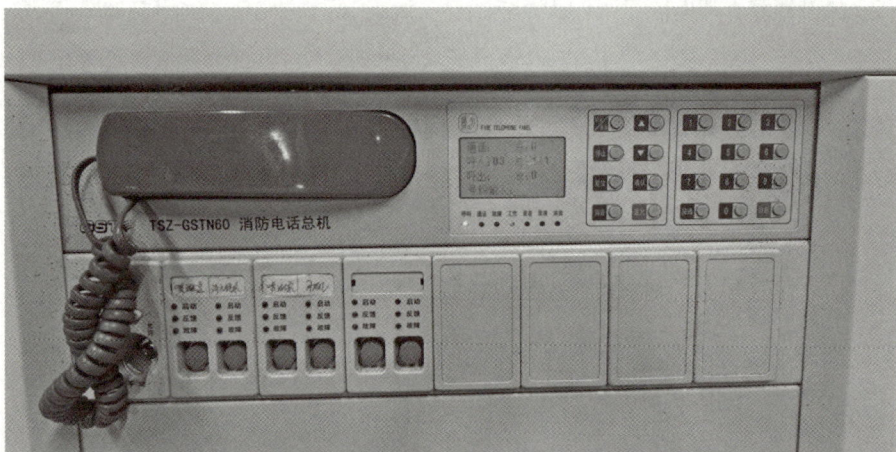

图 2-1-39 消防电话总机显示屏显示呼入编码为 03 号和消防水泵房部位

机对通话自动录音。如图 2-1-40 所示。

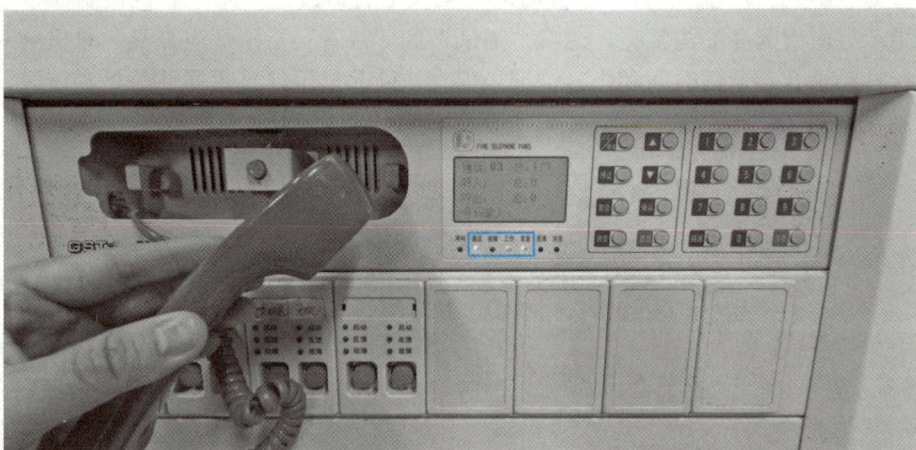

图 2-1-40 消防电话分机和总机通话时通话灯和录音灯点亮

(3).将消防电话分机话筒挂机，挂断电话，消防
电话系统恢复正常工作状态。

3.使用电话插孔

将消防电话手柄连接线端部插头插入任意一个消
防电话插孔，如图 2-1-41 所示，可自动呼叫消防电话
总机，此时能在分机听筒中听到回铃音，消防电话总
机应答后，通话语音应清晰。

二、消防应急广播的使用

由于消防应急广播品牌和型号众多，本教材以某
型号消防应急广播为示例，其他厂家产品请参照使用
说明书进行操作。

图 2-1-41 消防电话插孔

1. 确认系统处于正常监视状态

接通电源，观察系统主机面板指示灯，主机绿色工作状态指示灯常亮，无故障信号，说明消防应急广播处于正常监视状态，如图 2-1-42 所示。

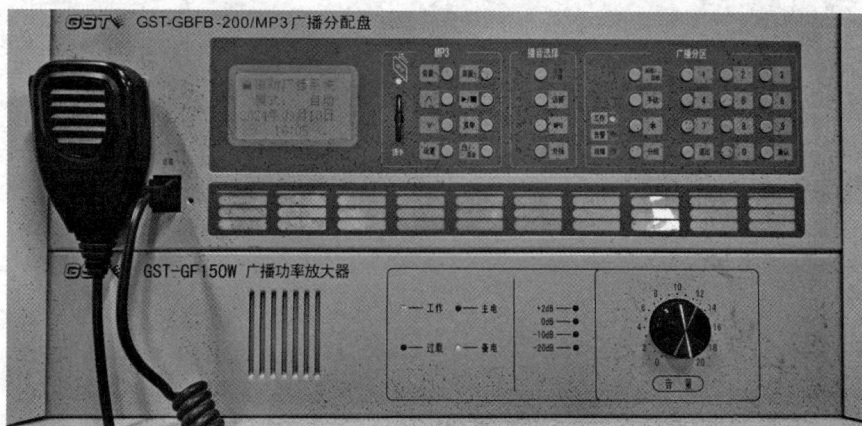

图 2-1-42　消防应急广播正常监视状态

2. 录制疏散指令

（1）SD 卡录制

在计算机中将要导入的文件复制在 SD 卡根目录内；将 SD 卡插入消防应急广播主机 SD 卡槽中，按下"导入电子语音"键，进度条显示文件导入进度，设备自动进行音频文件导入；进度条读满后返回待机界面，如图 2-1-43 所示，文件导入完毕；按"退出"键返回主界面，再按"应急广播"键，此时播放刚刚导入的音频声音。

（2）使用话筒录制

摘下主机话筒，按下话筒的播话键，"话筒"工作指示灯点亮；按下"导入电子语音"键，话筒录音计时开始；松开话筒的播话键（话筒右侧的按键），自动退出话筒录音模式；按"退出"键返回主界面，再按"应急广播"键，此时应急广播播放的声音为话筒录制的内容。

3. 使用话筒播放紧急事项

拿起主机上的话筒，按下话筒的播话键，"话筒"工作指示灯点亮，如图 2-1-44 所示；对着话筒按所选广播分区进行紧急事项广播，录放盘自动进入语音播报状态，并对播报内容自行录音。

4. 自动启动消防应急广播

火灾报警控制器（联动型）处于"自动允许"控制方式，可通过联动控制器自动启动消防应急广播。当广播自动启动后，如需要人工播报紧急事项时，拿起主机上的话筒，按下话筒的播话键，话筒工作指示灯点亮，广播自动播放停止，对着话筒进行紧急事项广播完成后，松开播话键，应急广播系统又切换回自动播放状态。

5. 手动控制消防应急广播

火灾报警控制器（联动型）处于"自动禁止""手动允许"控制方式时，根据火灾报警控制器显示屏上的火警信息及位置，操作广播分配盘上的按钮选择广播分区。一般情况

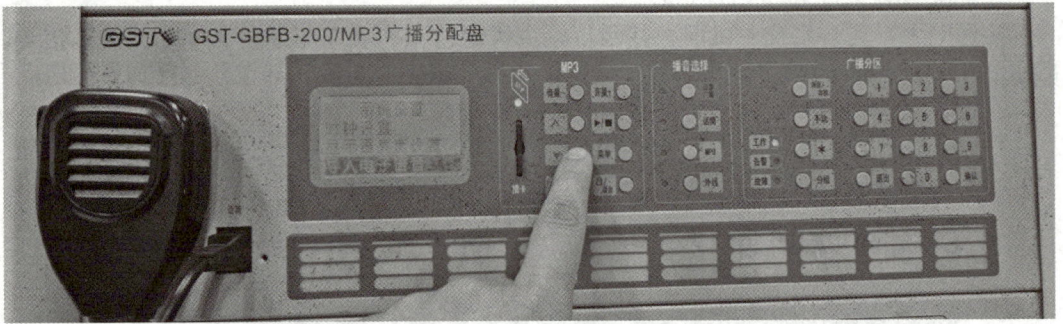

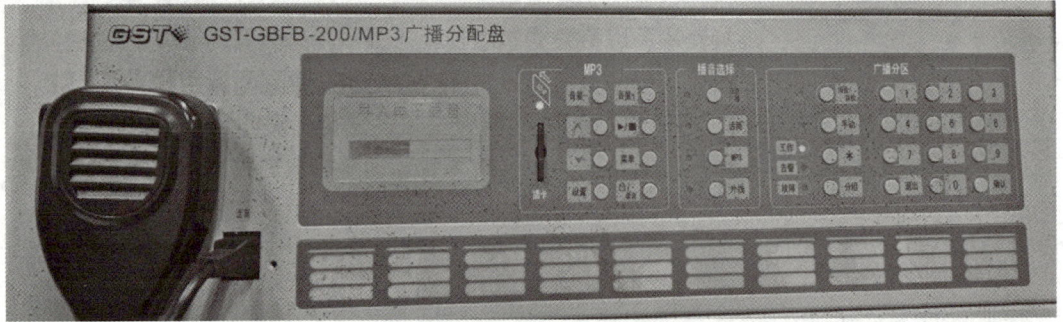

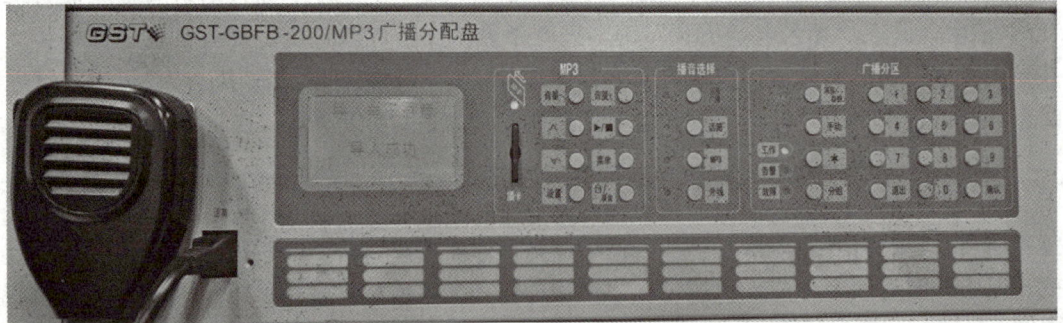

图 2-1-43　消防应急广播 SD 卡导入操作流程

图 2-1-44　话筒工作指示灯点亮

下，当选择播放分区后，广播录放盘上"应急广播"自动启动，广播按预先录制的信息进行播音，若广播未自动启动时，可手动按下"应急广播"键，消防广播按预先导入的信息进行播音。

【随堂练习】

一、单选题

1. 下列哪些设备和组件不属于火灾自动报警系统的组成组件？（　　　）

A. 火灾报警控制器　　　　　　　　B. 手动火灾报警按钮

C. 消防联动控制器　　　　　　　　D. 火灾声光警报器

2. （　　　）担负着为火灾探测器提供稳定的工作电源；接收、处理火灾探测器输入的报警信号；指示报警的具体部位及时间，同时执行响应辅助控制等任务。

A. 消防控制室图形显示装置　　　　B. 火灾报警控制器

C. 消防联动控制器　　　　　　　　D. 火灾声光警报器

3. 根据《火灾自动报警系统设计规范》GB 50116—2013，（　　　）不应作为联动启动火灾声光警报器的触发器件。

A. 输出模块　　　　　　　　　　　B. 手动火灾报警按钮

C. 点型感烟火灾探测器　　　　　　D. 点型感温火灾探测器

二、多选题

1. 判别现场消防设备工作状态时，设备信息查看的方式包括（　　　）。

A. 设备查看　　　　　　　　　　　B. 分类查看

C. 分组查看　　　　　　　　　　　D. 分别查看

E. 分区查看

2. 火灾报警控制器历史记录包括（　　　）。

A. 火警记录　　　　　　　　　　　B. 设备故障记录

C. 反馈记录　　　　　　　　　　　D. 气灭记录

E. 维护保养记录

三、判断题

1. 消防控制室可以通过输入模块控制喷淋泵的启、停，并显示其动作反馈信号。（　　　）

2. 直接控制是指控制信号通过消防电气控制装置间接作用到连接的消防电动装置，进而实现对受控消防设备的控制。（　　　）

3. 消防控制室图形显示装置的显示屏上一般都有各楼层平面示意图，上面标明了各消防设施的名称、类型、所在位置等信息。（　　　）

项目2 火灾自动报警系统维护保养

【学习目标】

【知识目标】	掌握火灾自动报警系统组件检查及功能测试内容,熟练掌握常见故障及维修的内容,掌握火灾自动报警系统的保养项目
【技能目标】	具备火灾自动报警系统各主要组件功能测试的能力,具备常见故障及维修的能力,能进行火灾自动报警系统的保养
【素质目标】	通过对火灾自动报警系统维护保养知识的学习,强化安全意识和责任感。精专业、奉严谨;维护保养对于保障火灾自动报警系统的稳定运行至关重要,在日常的维护保养中要确保系统始终处于良好的运行状态

【思维导图】

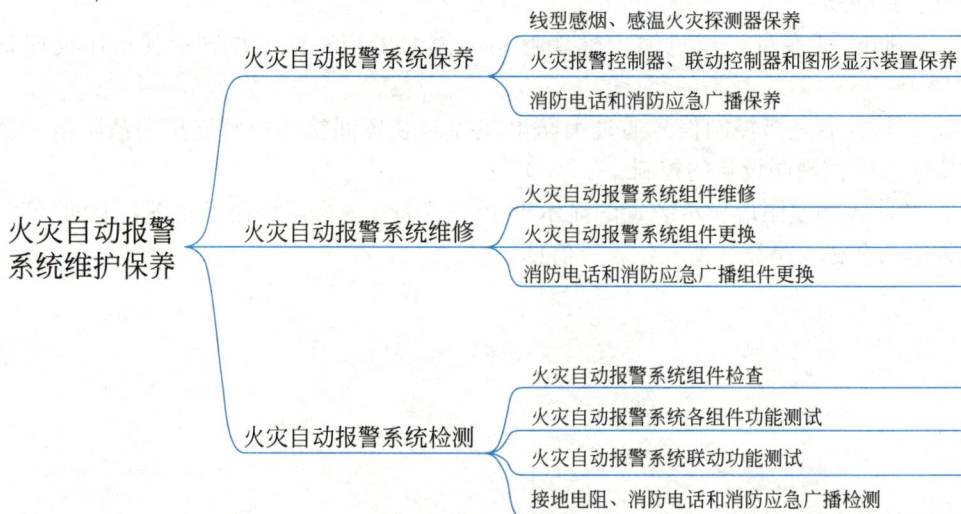

任务 2.1　火灾自动报警系统保养

2.1.1　线型感烟、感温火灾探测器保养

线型感烟、感温火灾探测器保养项目和方法见表 2-2-1。

线型感烟、感温火灾探测器保养项目和方法　　　　表 2-2-1

设备名称	保养项目	保养方法
线型感烟、感温火灾探测器保养	1. 外壳外观保养	用专用清洁工具或者清洁的干软布及适当的清洁剂清洗外壳、指示灯
	2. 底座稳定性检查	检查底座与墙体之间连接处是否松动,用螺丝刀紧固
	3. 接线端子检查	检查接线端子是否有松动、锈蚀、脱焊等情况,如果有用螺丝刀紧固、喷除锈剂除锈、用焊枪重新焊锡
	4. 探测器功能检查	1. 将探测器响应阈值标定到探测器出厂设置的阈值; 2. 对可恢复的探测器采用专用检测仪或模拟火灾的办法检查其能否发出火灾报警信号; 3. 对不可恢复的线型缆式感温火灾探测器,模拟火灾和故障信号,检查探测器能否发出火警报警和故障报警信号

一、操作准备

安装有线型感烟、感温火灾探测器的火灾自动报警系统;清洁的干软布、酒精和螺丝刀;消防工程竣工图纸、火灾自动报警系统相关材料以及"建筑消防设施维护保养记录表"。

二、操作步骤

1. 外观保养

使用清洁的干软布和酒精擦拭线型感烟火灾探测器的发射端口、接收端口或反射端口以及指示灯表面的污染物。

2. 稳定性检查

线型光束感烟火灾探测器应紧紧固定在墙壁上,探测器的发射端、接收端或反射端不偏移;线型缆式感温火灾探测器的信号处理单元、输入模块和信号处理单元应牢固。若发生松动,用螺丝刀紧固。

3. 接线及接线端子检查

检查线型感温、感烟火灾探测器的接线是否正确;检查接线端子是否有松动、锈蚀、脱焊等情况,如果有用螺丝刀紧固、喷除锈剂除锈、用焊枪重新焊锡连接。

4. 调试

将线型缆式感温火灾探测器能自动监测感温元件之间的绝缘电阻值,电阻值应能满足要求。线型光束感烟火灾探测器响应阈值标定到探测器出厂设置的阈值,使探测器重新进入正常监视状态。

5. 测试

用不低于54℃的热源对线型缆式感温火灾探测器的感温元件进行加温，测试30s内电气火灾监控器是否收到火警报警信号；拆开信号处理单元与感温元件或终端盒与感温元件任一侧的连接端，测试100s内电气火灾监控器是否收到故障报警信号。用减光率为0.9dB/m的减光片靠近接收端一侧遮挡光通路，测试30s内火灾报警控制器是否收到火警报警信号；用减光率为11.5dB/m的减光片遮挡光通路，测试100s内火灾报警控制器是否收到故障报警信号。

6. 填写"建筑消防设施维护保养记录表"。

三、注意事项

1. 具有报脏功能的探测器在报脏时应该及时清洁保养。没有报脏功能的探测器，应按产品说明书的保养周期进行维护；产品说明书没有明确要求的，应每2年清洁或标定一次。

2. 线型光束感烟火灾探测器每半年进行一次报警功能测试。

2.1.2 火灾报警控制器、联动控制器和图形显示装置保养

集中火灾报警控制器、消防联动控制器、消防控制图图形显示装置的保养项目和方法见表2-2-2。

集中火灾报警控制器、消防联动控制器、消防控制图图形显示装置的保养项目和方法

表 2-2-2

设备名称	保养项目	保养方法
集中火灾报警控制器、消防联动控制器、消防控制图图形显示装置	1. 检查确认需要保养的部件和线路	手动检查集中报警控制系统中各控制与显示类设备的显示器、打印机、声音器件和指示灯的功能是否正常，用万用表测量控制器总线回路最末端探测器或模块的供电电压，锁定需要保养的线路
	2. 保养前先断开主、备电	先断开备电开关，再断开主电开关。对消防控制室图形显示装置应断开交流电源、UPS电源和网络连接，使装置完全处于断电状态
	3. 设备内部和外观吹尘擦拭	用除尘器吹扫设备各电路板、组件、线路及箱体内的灰尘，擦拭外部的操作面板（含控制开关、指示灯、按键、显示屏），直至无积尘、水渍和污垢
	4. 对设备部件进行维护处理	除尘和擦拭后，仔细检查电路板和组件有无松动，对接线端子进行检查（是否有松动、锈蚀、脱焊等情况，如果有用螺丝刀紧固、喷除锈剂除锈、用焊枪重新焊锡），打印机是否缺纸，对需要维护的部件及时处理并恢复
	5. 设备通电检查后复位	保养结束后，确保箱体（柜体）干燥清洁后，先打开主电开关，再打开备电开关，待火灾报警控制器（联动型）开机后，对其各项功能进行测试，看其是否恢复到正常的工作状态

2.1.3　消防电话和消防应急广播保养

一、消防电话的保养

消防电话的保养项目和方法见表 2-2-3。

消防电话的保养项目和方法　　　　　　　　　　表 2-2-3

设备名称	保养项目	保养方法
1. 消防电话总机的保养	消防电话总机的保养	与集中型火灾报警系统控制与显示类设备保养内容基本一致
2. 消防电话分机和电话插孔的保养	1. 外观检查保养	用除尘器、清洁的干软布等清除电话总机表面、电话插孔内及所有接线端子处的灰尘。外壳标识不清晰或涂覆层脱落、气泡严重的,应进行涂补或更换外壳组件
	2. 接线检查保养	紧固松动的接线端子,接线端焊锡接牢。喷除锈剂除掉接线端子或垫片上的生锈部分,若无法彻底除掉锈蚀痕迹,则需要更换新的接线端子和垫片
3. 接入复检	1. 通话功能	在消防控制室用消防电话总机与所有消防电话分机、电话插孔互相呼叫与通话,检测群呼功能时,消防总机同时呼叫不少于两部消防电话分机
	2. 显示功能	检查消防电话总机是否能显示每部消防电话分机或消防电话插孔的位置,呼叫时的回铃音和通话语音是否清晰
	3. 录音功能	选择录音回放选项,播放电话录音,检查录音功能是否符合要求
4. 复位到正常监视状态	复位和自检	保养完毕后,对消防电话总机进行复位和自检操作,等待 2min 后观察其是否恢复到正常的工作状态
5. 填写记录	填写记录	填写"建筑消防设施维护保养记录表"

二、消防应急广播的保养

1. 操作准备

安装消防应急广播系统的火灾自动报警系统;清洁的干软布、声级计、焊枪、焊锡和螺丝刀;消防工程竣工图纸、消防应急广播系统相关材料、"建筑消防设施维护保养记录表"。

2. 操作步骤

(1) 外观保养。对消防应急广播设备的外观进行检查,并对消防应急广播设备外观进行擦拭除尘清洁保养,如图 2-2-1 所示。检查消防应急广播设备的主机外壳,确保消防应急广播设备的产品标识清晰,外壳表面无锈蚀、涂覆层无脱落或起泡等现象,如图 2-2-2 所示。

(2) 接线保养。检查接线端子是否有松动、锈蚀、脱焊等情况,如果有上述情况,用螺丝刀紧固、喷除锈剂除锈、用焊枪重新焊锡连接。

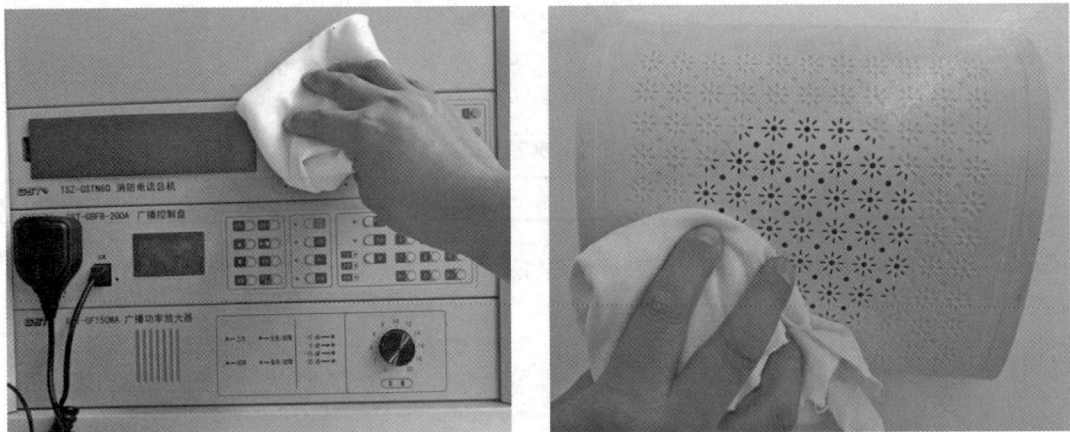

图 2-2-1　用软布擦拭应急广播设备主机外壳和扬声器

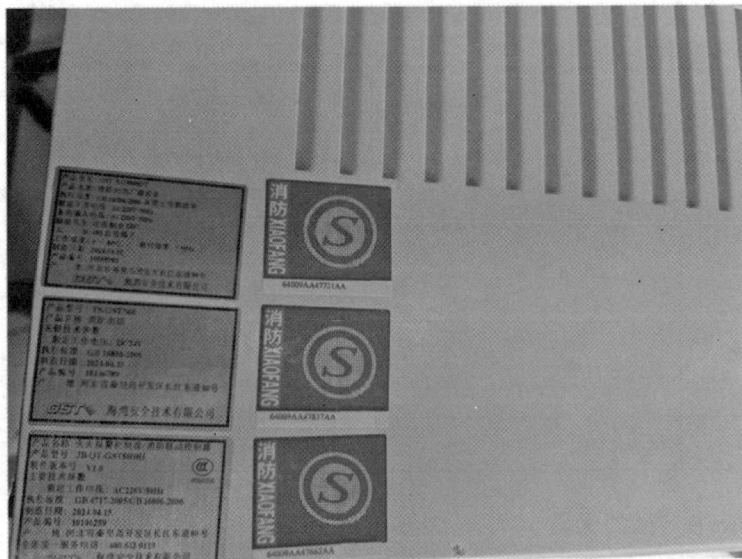

图 2-2-2　检查主机外壳和铭牌

（3）功能检查。对扩音机进行全负荷试验，在手动状态和自动状态下测试应急广播功能，监听扬声器的声音输出，语音应清晰；在火灾报警控制（联动型）在"自动允许"状态下，联动启动广播系统，测试消防应急广播与声光警报分时交替循环播放的功能；在扬声器正前方 3m 处，用声级计测量应急广播声压级（A 计权）。消防应急广播声压级不应小于 65dB，且不应大于 115dB；在环境噪声大于 60dB 的场所，在其播放范围内的最远点的声压级应高于背景噪声 15dB。对声压级测试不符合要求的扬声器应进行更换。

（4）填写"建筑消防设施维护保养记录表"。

任务 2.2　火灾自动报警系统维修

2.2.1　火灾自动报警系统组件维修

火灾自动报警系统组件常见故障和维修方法：

1. 点型火灾探测器、手动火灾报警按钮和消火栓报警按钮常见故障现象和维修方法见表 2-2-4。

点型火灾探测器、手动火灾报警按钮和消火栓报警按钮常见故障和维修方法　表 2-2-4

设备名称	故障现象	维修方法
1. 点型火灾探测器	火灾报警控制器显示相应组件故障	1. 用无水酒精擦拭除去探测器内部的积尘； 2. 更换老化的探测器，并重新编码
2. 手动火灾报警按钮、消火栓报警按钮	控制器显示相应组件故障，但"巡检灯"闪亮	1. 对编码或类型设置错误的探测器重新编码； 2. 更换新器件，然后重新编码
	控制器显示相应组件故障，且"巡检灯"不闪亮	1. 重新安装，拧紧底座接线端子； 2. 修复故障总线线路，使电压供电正常； 3. 更换损坏的按钮器件

2. 线型光束感烟火灾探测器常见故障和维修方法见表 2-2-5。

线型光束感烟火灾探测器常见故障和维修方法　　　　　表 2-2-5

设备名称	故障现象	维修方法
线型光束感烟火灾探测器	1. 探测器工作指示灯不亮	1. 修复故障供电线路，使供电电压正常； 2. 更换老化损坏的探测器组件
	2. 探测器火警灯常亮	1. 清除探测器上的积尘，重新调试复位； 2. 移除发射端和接收端之间的遮挡物
	3. 探测器故障灯常亮	1. 重新调整光通路偏移的发射端和接收端的安装角度，探测器恢复正常； 2. 更换老化损坏的探测器组件

3. 火灾警报装置常见故障和维修方法见表 2-2-6。

火灾警报装置常见故障和维修方法　　　　　表 2-2-6

设备名称	故障现象	维修方法
火灾警报装置	1. 火灾报警控制器显示"模块故障"	1. 修复总线或电源故障致供电电压稳定； 2. 重新对编码错误的组件进行编码； 3. 重新安装火灾警报装置，拧紧底座接线端子
	2. 火灾警报装置不发出声光警示信息；火灾声光警报装置无法同时启动	1. 更换新火灾警报装置； 2. 修复电压过低的电源，使供电电压正常； 3. 重新安装火灾警报装置，拧紧底座接线端子

4. 总线短路隔离器和模块常见故障和维修方法见表 2-2-7。

总线短路隔离器和模块常见故障和维修方法　　　　表 2-2-7

设备名称	故障现象	维修方法
总线短路隔离器和模块	1. 火灾报警控制器显示"模块故障"，模块"巡检灯"闪亮	1. 检查设备"反馈端"输出，反馈类型要求为"无源反馈"； 2. 重新对编码错误的模块进行编码； 3. 检修模块的启动控制线路致正常
	2. 火灾报警控制器显示"模块故障"，模块"巡检灯"不闪亮	1. 更换新模块； 2. 修复总线故障或修复电源使电压正常； 3. 重新安装模块，拧紧底座接线端子

2.2.2　火灾自动报警系统组件更换

一、火灾自动报警系统组件更换准备

1. 确定发生故障的组件部位

根据火灾报警控制器（联动型）显示的故障信息，对照系统平面布置图，确定发生故障的组件部位，并记录故障组件的编码。

2. 确定组件故障的原因

分析组件故障产生的原因，如组件损坏、底座接触不良、线路故障、供电故障等，有针对性地进行维修，如果是组件自身损坏，则需更换同类型的新组件；如果是底座接触不良，应重新安装并拧紧底座接线端子；如果是线路故障，应对相应的线路进行排查故障；如果是供电故障，应修复故障供电线路，使供电电压正常。

二、火灾自动报警系统组件更换方法

1. 更换点型感烟（温）火灾探测器

首先逆时针方向旋转点型感烟（温）火灾探测器，使其与探测器底座分离，如图 2-2-3 所示，然后用编码器对拆下来的探测器进行读码。按原编码对待更换的新探测器进行编码，再进行读码确认，将其对准底座卡扣，顺时针旋入底座并安装牢固。

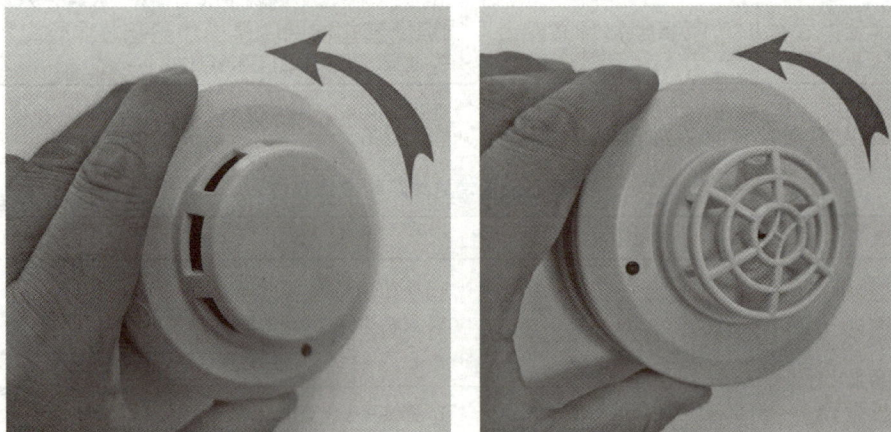

图 2-2-3　点型感烟（温）火灾探测器旋转脱离底座

2. 更换手动火灾报警按钮、消火栓报警按钮

使用工具插入手动火灾报警按钮或消火栓报警按钮的拆卸孔，向上撬起使其与底座分离，如图 2-2-4 所示。按原编码对待更换的新按钮进行编码，再进行读码确认。将按钮与底座卡扣对准，垂直于底座方向用力按下。对更换后的手动火灾报警按钮、消火栓报警按钮进行报警功能测试，按下按钮触发信号，通过火灾报警控制器查看报警信息，核对报警类型和编码是否一致。测试完毕后用专用工具对其复位，再对火灾报警控制器进行复位。

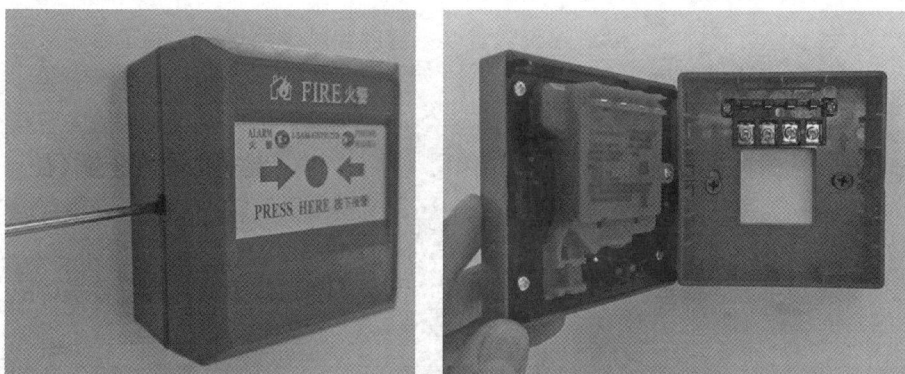

图 2-2-4　拆卸手动火灾报警按钮、消火栓报警按钮

3. 更换线型光束感烟火灾探测器

用专用工具将线型光束感烟火灾探测器的发射端和接收端拆下。更换并调试新的线型光束感烟火灾探测器。调整线型光束感烟火灾探测器的光路调节装置，使其处于正常的监视状态，如图 2-2-5 所示。检查确认已更换的探测器处于正常监视状态，对火灾探测器的报警功能进行测试，使系统处于正常状态。

图 2-2-5　使用专用工具矫正线型光束感烟火灾探测器发射端

4.更换火灾警报装置

使用拆卸工具插入火灾警报装置的拆卸孔，向外撬开将其与底座分离，如图 2-2-6 所示。对更换的新火灾警报装置按原码进行编码，再对其进行读码确认。编码后将火灾警报器对准底座卡扣，垂直于底座方向用力按下。手动和联动启动火灾警报装置，测试火灾警报器的声光报警功能，查看火灾报警控制器启动信息、显示的地址编码是否一致。测试后对火灾报警控制器进行复位和自检。

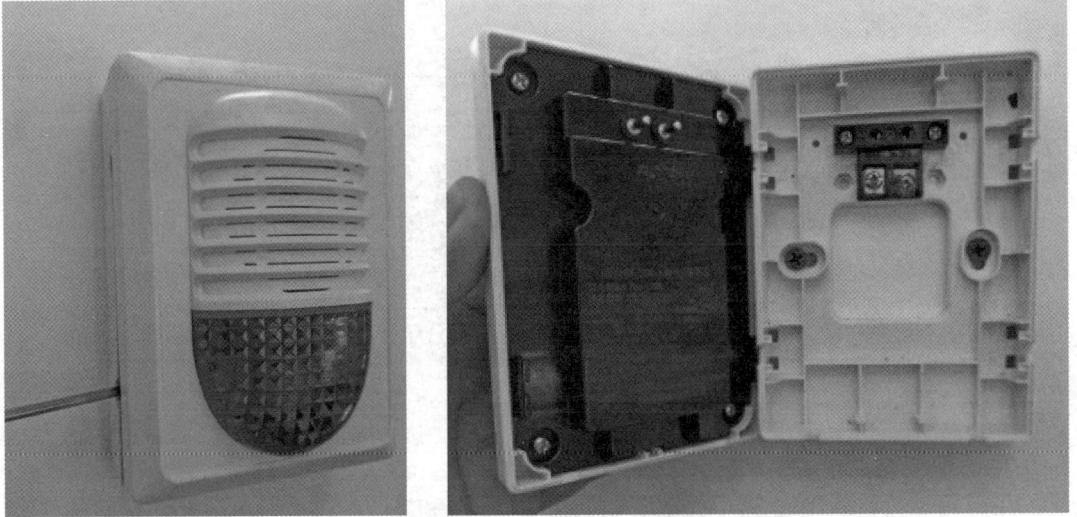

图 2-2-6　更换火灾警报装置

5.更换总线短路隔离器和模块

使用专用工具插入拆卸孔，撬起总线短路隔离器或模块与底座分开，如图 2-2-7 所示。对新更换的总线短路隔离器或模块进行编码，再对其进行读码确认。将底座上的接线端子断开，拆下底座，更换新的底座，重新按照原顺序进行接线。将总线短路隔离器或模块对准底座卡扣，垂直于底座方向用力按下。

图 2-2-7　更换总线短路隔离器

2.2.3　消防电话和消防应急广播组件更换

一、消防电话和消防应急广播系统组件更换准备

1. 确定发生故障的组件部位

根据火灾报警控制器（联动型）显示的故障、屏蔽、报警等信息，确定发生故障的组件部位，并记录故障组件的编码。

2. 确定组件故障的原因

分析组件故障产生的原因，如组件损坏、底座接触不良、线路故障、供电故障等，有针对性地进行维修，如果是组件自身损坏，则需更换同类型的新组件；如果是线路故障，应对相应的线路进行故障排查；如果是供电故障，应修复故障供电线路，使供电电压正常。

二、消防电话和消防应急广播系统组件更换方法

1. 更换消防电话分机、消防电话插孔和消防电话模块

使用工具拆下消防电话分机，向上托起消防电话分机，如图 2-2-8 所示。从墙上卸下，将电话线拔出。消防电话插孔和消防电话模块的拆卸方式相同，先利用工具撬起盖板，再旋出固定螺栓即可拆下消防电话插孔或消防电话模块。对要更换的消防电话分机和消防电话插孔进行拨码，将消防电话分机和消防电话插孔对准底座卡扣，垂直于底座方向按下。测试消防电话分机和消防电话插孔与总机的通话功能，消防电话总机应显示所有分机和插孔的位置信息，通话语音应清晰。对消防电话总机进行自检和复位操作，等待 2min 后，系统应恢复到正常工作状态。

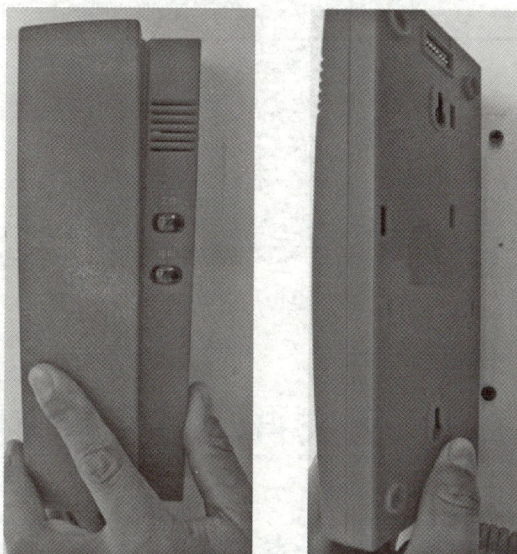

图 2-2-8　更换消防电话分机

2. 更换消防应急广播模块和扬声器

使用专用工具撬起模块与底座分离，对新更换的模块按原码进行编码，再对其进行读码确认。确认后将新模块对准底座卡扣，垂直于底座方向按下，如图 2-2-9 所示。

图 2-2-9　更换消防应急广播模块

更换扬声器（图 2-2-10）的步骤与更换应急广播模块的步骤基本一致，但扬声器无须编码。

图 2-2-10　扬声器

任务 2.3　火灾自动报警系统检测

2.3.1　火灾自动报警系统组件检查

一、火灾自动报警系统组成

火灾自动报警系统一般由火灾探测报警系统、消防联动控制系统、可燃气体探测报警系统和电气火灾监控系统等全部或部分构成。

二、火灾自动报警系统各组件的设置和安装要求

1. 火灾报警控制器和消防联动控制器的设置和安装要求

（1）火灾报警控制器、消防联动控制器等控制器类设备在墙上安装时，其主显示屏高度宜为 1.5～1.8m，其靠近门轴的侧面距墙不应小于 0.5m，正面操作距离不应小于 1.2m；落地安装时，其底边宜高出地（楼）面 0.1～0.2m。

（2）控制器应安装牢固；安装在轻质墙上时，应采取加固措施。

（3）控制器的主电源应有明显的永久性标识，并应直接与消防电源连接，严禁使用电源插头。控制器与其外接备用电源之间应直接连接。

2. 火灾探测器的设置和安装要求

（1）点型火灾探测器在探测区域内每区域至少应设置一只，保护面积与半径应符合要求。

（2）点型火灾探测器在宽度小于 3m 的内走道顶棚上宜居中布置，感温火灾探测器的安装间距不应超过 10m，感烟火灾探测器的安装间距不应超过 15m，探测器至端墙的距离不应大于探测器安装间距的 1/2。

（3）点型火灾探测器距墙壁、梁边及遮挡物不应小于 0.5m，距空调送风口最近边的水平距离不应小于 1.5m，距多孔送风顶棚孔口的水平距离不应小于 0.5m。

（4）点型火灾探测器的确认灯应面向便于人员核查的主要入口方向。

（5）当梁凸出顶棚的高度超过 0.6m 时，被梁隔断的每个梁间区域应至少设置一只探测器。

（6）线型感温火灾探测器在保护电缆、堆垛等类似保护对象时，应采用接触式布置。

（7）火灾探测器宜水平安装，当确需倾斜安装时，倾斜角不应大于 45°。

（8）线型红外光束感烟火灾探测器的安装，应符合下列要求：

1）当探测区域的高度不大于 20m 时，光束轴线至顶棚的垂直距离宜为 0.3～1.0m；当探测区域的高度大于 20m 时，光束轴线距探测区域的地面高度不宜超过 20m。

2）发射器和接收器之间的探测区域长度不宜超过 100m。

3）相邻两组探测器光束轴线的水平距离不应大于 14m。探测器光束轴线至侧墙水平距离不应大于 7m，且不应小于 0.5m。

4）发射器和接收器之间的光路上应无遮挡物或干扰源。

5）发射器和接收器应安装牢固，并不应产生位移。

（9）在顶棚下方的线型感温火灾探测器至顶棚距离宜为 0.1m，相邻探测器之间水平距离不宜大于 5m，探测器至墙壁距离宜为 1～1.5m。

3. 手动火灾报警按钮的设置和安装要求

（1）每个防火分区应至少设置一只手动火灾报警按钮，应设在明显和便于操作的部位；从一个防火分区内的任何位置到最邻近的手动火灾报警按钮的步行距离不应大于 30m；手动火灾报警按钮宜设置在疏散通道或出入口处。

（2）当采用壁挂方式安装时，其底边距地高度宜为 1.3～1.5m，且应有明显标识。手动火灾报警按钮应安装牢固，不应倾斜。

4. 火灾警报器的设置和安装要求

（1）火灾警报器应设置在每个楼层的楼梯口、消防电梯前室、建筑内部拐角等处的明

显部位，且不宜与安全出口指示标志灯具设置在同一面墙上。

（2）每个报警区域内应均匀设置火灾警报器，其声压级不应小于60dB；在环境噪声大于60dB的场所，其声压级应高于背景噪声15dB。

（3）当火灾警报器采用壁挂方式安装时，底边距地面高度应大于2.2m。

5. 模块的设置和安装要求

（1）每个报警区域内的模块宜相对集中设置在本报警区域内的金属模块箱中。模块（或金属箱）应独立支撑或固定，安装牢固，并应采取防潮、防腐蚀等措施。

（2）严禁将模块设置在配电（控制）柜（箱）内。

（3）未集中设置的模块附近应有尺寸不小于100mm×100mm的标识。

2.3.2　火灾自动报警系统各组件功能测试

一、火灾自动报警系统组件功能测试操作准备

火灾自动报警系统、加烟器、温枪、测量范围0～120dB（A计权）声级计、测量范围0～500lx的照度计和秒表；火灾自动报警系统图、设置火灾自动报警系统的建筑平面布置图、设备的使用说明书以及"建筑消防设施检测记录表"。

二、火灾自动报警系统组件功能测试流程

确认火灾自动报警系统组件与火灾报警控制器连接正确并接通电源，处于正常监视状态。

1. 点型感烟火灾探测器

对可恢复的探测器，应采用专用的加烟仪器，向点型感烟火灾探测器侧面烟窗施加烟气，使探测器监测区域的烟雾浓度达到探测器的报警设定阈值，火灾探测器的报警确认灯应点亮，并保持至复位，如图2-2-11所示。对不可恢复的探测器，应采取模拟报警方法使探测器处于火灾报警状态。

图2-2-11　测试点型感烟火灾探测器

点型感烟火灾探测器应输出火灾报警信号，火灾报警控制器应接收火灾报警信号并发

出火灾报警声、光信号并显示发出火灾报警信号探测器的地址注释信息，如图 2-2-12 所示。

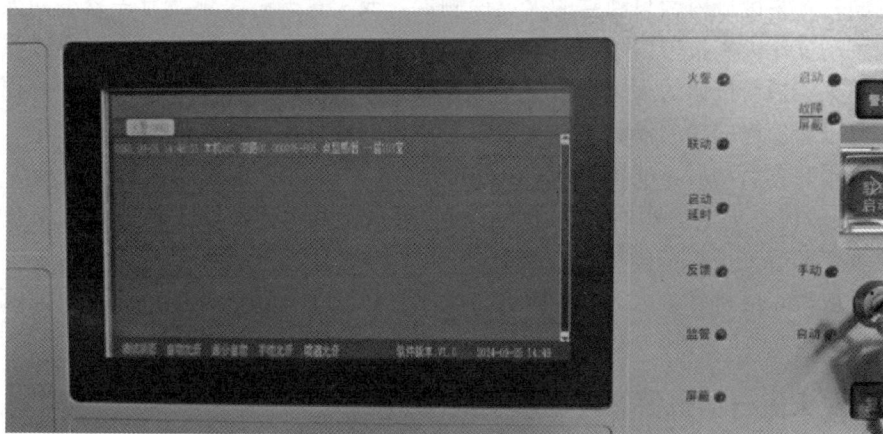

图 2-2-12　火灾报警控制器显示地址注释信息

消除感烟探测器内及周围的烟气，复位火灾报警控制器，通过报警确认灯显示探测器其他的工作状态时，被显示状态应与火灾报警状态有明显区别。

2. 点型感温火灾探测器

采用专用的加温器，向点型感温火灾探测器的感温元件加热，使探测器监测区域的温度达到探测器的报警设定阈值，火灾探测器的报警确认灯应点亮，并保持至复位，如图 2-2-13 所示。

图 2-2-13　测试点型感温火灾探测器

点型感温火灾探测器应输出火灾报警信号，火灾报警控制器应接收火灾报警信号并发出火灾报警声、光信号并显示发出火灾报警信号探测器的地址注释信息。

3. 测试手动火灾报警按钮

按下手动火灾报警按钮的启动零部件，红色报警确认灯应点亮，并保持至被复位。手动火灾报警按钮应输出报警信号，火灾报警控制器应接收火灾报警信号并发出火灾报警声、光信号并显示发出火灾报警信号的手动火灾报警按钮的地址注释信息。

4.测试火灾警报装置

触发同一报警区域内两只独立的火灾探测器，或一只火灾探测器与一只手动火灾报警按钮，或手动操作火灾报警信号，启动火灾声光警报装置。火灾报警控制器应接收火灾探测器和手动火灾报警按钮的火灾报警信号并发出火灾报警声、光信号，火灾报警控制器显示发出火灾报警信号的探测器和手动火灾报警按钮的地址注释信息。

火灾警报装置启动后，使用声级计测量火灾报警装置的声信号，至少在一个方向上3m处的声压级应不小于75dB（A计权），同时具有光警报功能的，光信号在100～500lx环境光线下，25m处应该清晰可见。

检测完成后，应将各个火灾自动报警系统组件恢复至原状，并填写"建筑消防设施检测记录表"。

2.3.3 火灾自动报警系统联动功能测试

一、火灾自动报警系统联动控制要求

1.消防联动控制器应能按设定的控制逻辑向各相关受控设备发出联动控制信号，并接收相关设备的联动反馈信号。

2.需要火灾自动报警系统联动控制的消防设备，其联动触发信号应采用两个独立的报警触发装置报警信号的"与"逻辑组合。

3.消防联动控制器联动控制排烟口、排烟窗或排烟阀的开启，联动控制排烟风机的启动，同时停止该防烟分区的空气调节系统。

4.排烟风机入口处的总管上设置的280℃排烟防火阀在关闭后应直接联锁控制风机停止。

5.消防联动控制器控制疏散通道上设置的防火卷帘下降至距楼板面1.8m处，非疏散通道上设置的防火卷帘下降到楼板面。

6.消防联动控制器应具有发出联动控制信号强制所有电梯停于首层或电梯转换层的功能。

7.设置消防联动控制器的火灾自动报警系统，火灾声光警报器应由火灾报警控制器或消防联动控制器控制。

8.消防应急广播系统的联动控制信号应由消防联动控制器发出。当确认火灾后，应同时向全楼进行广播。

9.集中控制型消防应急照明和疏散指示系统，应由火灾报警控制器或消防联动控制器启动应急照明控制器实现；集中电源非集中控制型消防应急照明和疏散指示系统，应由消防联动控制器联动消防应急照明集中电源和消防应急照明分配电源装置实现；自带电源非集中控制型消防应急照明和疏散指示系统，应由消防联动控制器联动消防应急照明配电箱实现。

10.消防联动控制器应具有启动消火栓泵的功能。

11.消防联动控制器应具有切断火灾区域及相关区域的非消防电源的功能。

12.消防联动控制器应具有自动打开涉及疏散的电动闸杆等的功能。

13.消防联动控制器应具有打开疏散通道上由门禁系统控制的门和庭院电动大门的功

能，并应具有打开停车场出入口挡杆的功能。

二、火灾自动报警系统联动功能测试方法

火灾自动报警系统联动功能测试方法见表 2-2-8。

火灾自动报警系统联动功能测试方法　　　　表 2-2-8

序号	测试内容	测试方法
1	确认火警后，启动建筑内所有火灾声光警报，消防应急广播向全楼广播	火灾报警控制器（联动型）/消防联动控制器处于"自动"状态，触发同一防火分区两个及以上不同探测形式的报警装置，核查设备按照联动控制启动状态
2	确认火警后，由发生火灾的报警区域开始，顺序启动全楼疏散通道的应急照明和疏散指示系统，系统全部投入应急状态的启动时间不应大于 5s	
3	切断火灾区域及其相关区域的非消防电源	
4	强制所有电梯停于首层或转换层	
5	自动打开门禁控制的电动大门、停车场的挡杆	
6	消火栓泵联动启动	火灾报警控制器（联动型）/消防联动控制器处于"自动"状态，依据联动控制逻辑设计要求触发，核查消火栓泵联动启动情况

三、火灾自动报警系统联动功能测试过程

1. 操作准备

火灾自动报警系统、火灾自动报警系统图、设置火灾自动报警系统的建筑平面图、消防设备联动逻辑说明或设计要求、设备的使用说明书、"建筑消防设施检测记录表"。

2. 操作程序

(1) 确认消防联动控制器直接或通过模块与受控设备连接，接通电源，使系统处于正常工作状态，火灾报警控制器（联动型）/消防联动控制器处于"自动"状态。水泵电气控制柜、风机电气控制柜等处于"自动"状态。

(2) 将输入/输出模块进行编码，分别标记为相对应的受控设备。

(3) 随机触发同一防火分区的两个及以上不同类型的火警触发装置。

(4) 观察本防火分区内声光警报装置启动情况。

(5) 非疏散通道上设置的防火卷帘下降到楼板面，疏散通道上设置的防火卷帘下降至距楼板面 1.8m 处。

(6) 观察本分区的排烟风机和加压送风风机启动情况，相关层电梯前室等常闭式加压送风口开启。排烟风机启动，常闭式板式排烟口、排烟窗或排烟阀开启，同时应停止该防烟分区的空气调节和新风系统。

(7) 观察本防火分区非消防电源强切的情况。

(8) 观察由发生火灾的区域开始，顺序启动消防应急照明和疏散指示系统情况。

(9) 观察消防应急广播系统启动的情况。

(10) 观察消防电梯是否迫降到首层或转换层。

(11) 观察消防水泵的启动情况，消防水泵的动作信号应作为联动反馈信号反馈至中

控室的火灾报警控制器。

（12）涉及疏散的电动闸杆等自动打开，疏散通道上由门禁系统控制的电动门自动打开，停车场的挡杆自动打开。

（13）在消防控制室火灾报警控制器显示屏上查看火灾探测器、手动火灾报警按钮、声光警报器、建筑防烟排烟系统、应急照明和疏散指示系统、消防应急广播、防火卷帘、非消防电源、电梯和消防水泵等联动设备动作的反馈情况。

（14）联动功能测试完毕，先将各消防设备复位，最后将火灾报警控制器复位。

（15）测试完毕，填写"建筑消防设施检测记录表"。

2.3.4　接地电阻、消防电话和消防应急广播检测

一、使用数字接地电阻测试仪测试

本教材以 TA8331A 型数字接地电阻测试仪测试接地电阻为例，如图 2-2-14 所示，其他品牌及型号的接地电阻测试仪结合使用说明书操作。

图 2-2-14　TA8331A 型数字接地电阻测试仪

1. 拆开接地干线与接地体的连接点，将接地电阻测试仪平稳放置在距测量点 1～5m 处。

2. 两根辅助接地钉打到地下 40cm 深处，使其与待测设备排列成一行（直线），且彼此间隔 5～10m。辅助接地钉如图 2-2-15 所示。

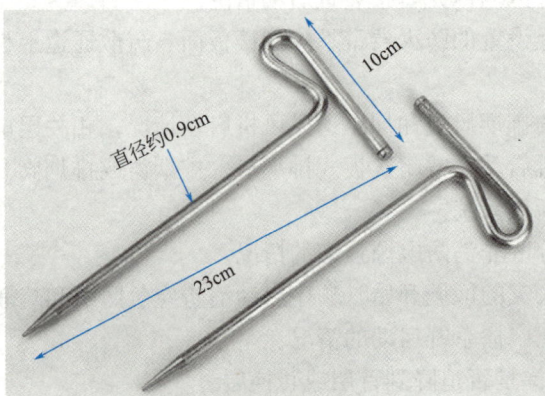

图 2-2-15　辅助接地钉

3. 将测试线按图 2-2-16 所示接好，功能选择开关旋到接地电阻 20Ω 挡，进行测试。

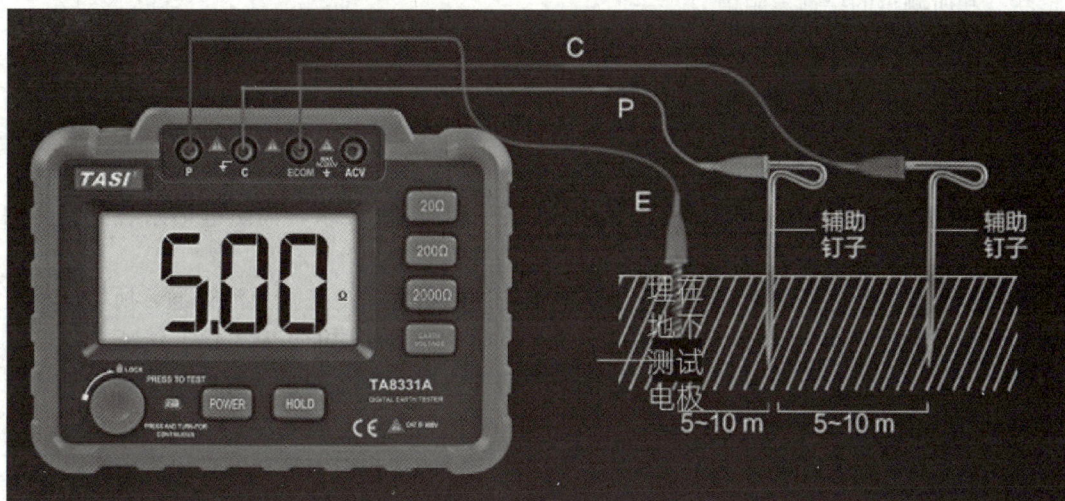

图 2-2-16　接地电阻测试示意

4. 按下"HOLD"键，测试数值被保持且液晶显示屏显示相应的符号。从液晶屏幕上读取当前测量数值。

5. 按下"HOLD"键 2s 后，即可存储测量值。

二、使用钳形接地电阻测试仪测试

本教材以 MS2301 型钳形接地电阻测试仪测试接地电阻为示例，其他品牌及型号的钳形接地电阻测试仪结合使用说明书操作。MS2301 型钳形接地电阻测试仪如图 2-2-17 所示。

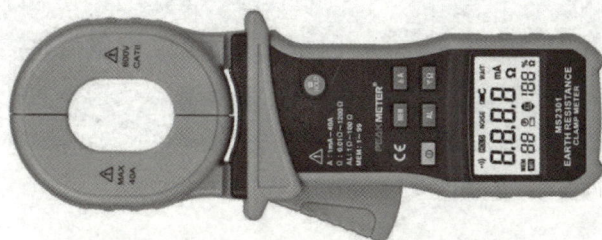

图 2-2-17　MS2301 型钳形接地电阻测试仪

1. 开机。按 键，进入开机状态。

2. 校准。开机后，钳形接地电阻测试仪将自动校准，以获得较好的准确度。自校准时，显示"WAIT"，同时显示 CAL9，CAL8，CAL7，…，CAL0 进行校准计数。

3. 当仪器校准完成后，仪器进入上一次关机时的测量模式，若关机时仪器是处于电阻测量模式，则开机后仪器会显示原电阻测量值。

4. 当仪器正常开机后，仪器会自动处于电流测量模式，按"Ω" 键切换到电阻测量模式。

5. 用钳头钳住火灾自动报警系统共用接地装置接地体或专用接地装置接地体。

6. 从测试仪显示屏上读取当前的测量值，按下"HOLD" 键，锁存当前显示的测量状态和所测得的接地电阻值。

7. 存储测量值。按下"MEM" 键 2s 后，即可存储测量值。

8. 填写"建筑消防设施检测记录表"。

三、消防电话测试

1. 消防电话系统安装质量检查

按照《建筑消防设施的维护管理》GB 25201—2010 的要求，消防电话系统的检测内容如下：

（1）消防电话线路的可靠性关系火灾时消防通信指挥系统是否灵活畅通，所以应检查其线路是否为独立布线，且应使消防电话分机和电话插孔的功能正常，语音清晰。

（2）在消防控制室总机与所有消防电话分机、电话插孔之间互相呼叫并通话，总机应能显示每部分机或电话插孔的位置，呼叫铃声和通话语音应清晰。

（3）消防控制室的外线电话与另外一部外线电话模拟报警电话通话，语音应清晰。

（4）检查消防电话系统群呼、录音等功能，各项功能均应符合要求。

2. 消防电话测试

（1）测试消防电话总机"自检"功能

按下面板"确认"键，输入密码后进入系统设置界面，选择主菜单中"自检"键，如图 2-2-18 所示，检查消防电话总机指示灯、显示屏和音响器件的动作情况。消防电话总机自检状态的指示灯和显示屏如图 2-2-19 所示。

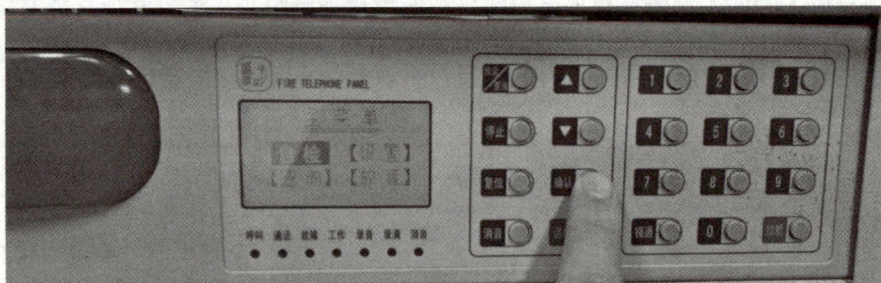

图 2-2-18　消防电话总机自检功能

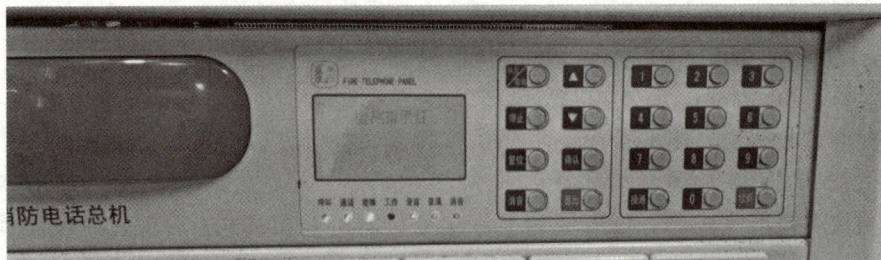

图 2-2-19　消防电话总机自检状态的指示灯和显示屏

（2）测试消防电话分机呼叫总机功能

将任一部消防电话分机摘机，用秒表测量消防电话总机的响应时间，使消防电话总机与分机处于正常监视状态，检查消防电话总机显示呼叫信息情况以及通话时"通话"和"录音"指示灯是否点亮。显示呼叫消防电话分机位置和通话时间如图 2-2-20 所示。

图 2-2-20　显示呼叫消防电话分机位置和通话时间

（3）测试消防电话总机呼叫分机功能

将消防电话总机摘机，输入密码进入呼叫等待界面，通过面板数字键盘输入要呼叫的分机编号，按"接通"键；分机摘机后与消防电话总机建立通话。检查消防电话总机显示呼叫信息情况以及通话时"通话"和"录音"指示灯是否点亮，如图 2-2-21 所示。

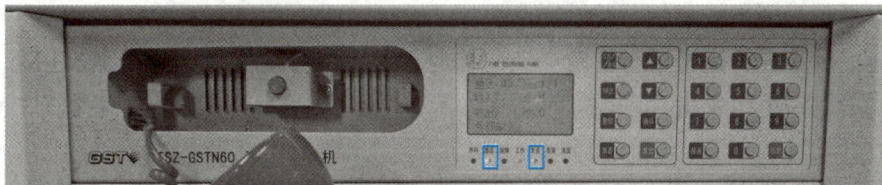

图 2-2-21　消防电话总机通话时"通话"和"录音"指示灯点亮

（4）测试消防电话总机自动录音功能

将任一部消防电话分机摘机呼叫消防电话总机，总机应能显示消防电话分机位置和呼叫时间，通话时消防总机显示通话时间并自动录音，"录音"指示灯点亮。录音文件自动存储在系统内，可通过系统界面中"回放"键查询录音记录。

（5）测试消防电话总机复位功能。消防电话系统故障，将消防电话总机、所有消防电话分机或消防电话插孔间挂机，消防电话总机恢复正常运行状态。

（6）逐项记录消防电话系统的检测结果，填写"建筑消防设施检测记录表"。

四、消防应急广播测试

1. 消防应急广播系统安装质量检查

（1）按消防设计文件核查系统组件的规格、型号、数量、备品备件的数量，以确保备件与设计文件一致；对系统的线路进行检查，对于错线、开路、虚焊、短路、绝缘电阻小于 20MΩ 等问题，应采取相应的处理措施，以确保系统运行的稳定性和可靠性。

（2）采用尺量、观察的方法对消防应急广播系统的扬声器进行检查，确认其数量能否保证从一个防火分区内任何位置到最近一个扬声器的直线距离不大于 25m，扬声器采用壁挂安装时底部距地面高度应大于 2.2m。

（3）以手动方式在消防控制室对所有广播分区进行选区广播，对所有共用扬声器进行强行切换，应急广播应以最大功率输出。

（4）对扩音机和备用扩音机进行全负荷试验，应急广播的语音应清晰。

（5）对接入联动控制系统的消防应急广播设备系统，使其处于"自动"工作状态，然后按设计的逻辑关系检查应急广播的工作情况，系统应按设计的逻辑广播。

2. 消防应急广播系统测试

（1）测试总线盘手动启动消防应急广播

将火灾报警控制器（联动型）控制方式调整为"自动"状态，消防应急广播分配盘控制方式调整为"自动"方式。按下总线盘上控制消防应急广播的启动按钮，消防应急广播启动进入应急工作状态，总线盘上消防应急广播按钮所对应的"启动"灯和"反馈"灯常亮。

（2）测试紧急手动控制功能

按下"应急广播"键，设备自动进入应急广播状态进行广播。同时还可摘下话筒按住"播话"键直接进入话筒应急播音。

（3）测试消防应急广播系统联动控制功能

将消防应急广播分配盘控制方式调整为"自动"方式，随机触发同一防火分区的任一个火灾探测器和一个手动火灾报警按钮，作为相关消防设备的联动触发信号，满足"与"逻辑的联动信号发出后消防应急广播自动进入应急播放状态。

同时设置火灾声光警报与消防应急广播时，两者应分时交替循环播放。用秒表记录，火灾声光警报器单次发出火警报警时间宜为8~20s，消防应急广播单次语音播报时间宜为10~30s。

测试完毕，将消防应急广播恢复至正常监视状态。填写"建筑消防设施检测记录表"。

【随堂练习】

一、单选题

1. 检查火灾自动报警系统组件的操作内容如下：①检查模块。②填写"建筑消防设施检测记录表"。③检查火灾报警控制器。④检查火灾探测器。⑤检查手动火灾报警按钮。⑥检查火灾显示盘。⑦检查火灾警报装置。以下关于检查火灾自动报警系统组件的操作程序正确的是（　　）。

A. ③⑤④⑥⑦①② 　　　　　　　　 B. ③④⑤⑥⑦①②

C. ④③⑤⑥⑦①② 　　　　　　　　 D. ③①④⑤⑥⑦②

2. 火灾报警控制器在断路故障报警期间，采用发烟装置或温度不低于（　　）的热源，先后向同一回路中两个火灾探测器释放烟气或加热，查看火灾报警控制器的火警信号、报警部位显示及记录。

A. 40℃ 　　　　　 B. 45℃ 　　　　　 C. 50℃ 　　　　　 D. 54℃

二、多选题

1. 检查火灾自动报警系统组件前的操作准备需要（　　）。

A. 火灾自动报警系统及相关组件

B. 火灾自动报警系统图、设置火灾自动报警系统的建筑平面图

C. 消防设备联动逻辑说明或设计要求、设备的使用说明书

D. 建筑消防设施检测记录表

E. 安防监控工程施工记录

2. 检查火灾报警控制器时，查看火灾报警控制器声、光、显示器件、指示灯功能应正常。观察（　　）指示灯应处于熄灭状态，控制器应处于无火灾报警、监管报警、故障报警状态，控制器未屏蔽有关火灾探测器等。

A. 火警　　　　　　B. 监管　　　　　　C. 故障　　　　　　D. 屏蔽

E. 打印机

三、判断题

1. 火灾报警控制器、火灾显示器、消防联动控制器等控制器设备在墙上安装时，其主显示屏高度宜为 1.5~1.8m，其靠近门轴的侧面距离不应小于 0.3m。（　　）

2. 火灾报警控制器的主电源应有明显的永久性标识，并应直接与消防电源连接，可以使用电源插头。（　　）

3. 线型光束感烟火灾探测器相邻两组探测器光束轴线的水平距离不应大于 15m；探测器光束轴线至侧墙水平距离不应大于 7m，且不应小于 0.5m。（　　）

【数字资源】

资源名称	火灾报警器	总线制控制盘的调试	火灾自动报警及消防联动控制系统	火灾自动报警系统类型	多线制控制盘的调试
资源类型	视频	视频	视频	视频	视频
资源二维码					

模块3　消防应急照明和疏散指示系统

项目1 消防应急照明和疏散指示系统监控操作

【学习目标】

【知识目标】	了解消防应急照明和疏散指示系统各主要组件的运行内容,熟练掌握应急照明控制器控制方式切换方法、自动控制及手动应急控制的操作内容
【能力目标】	具备消防应急照明和疏散指示系统各主要组件运行操作的能力
【素质目标】	通过对消防应急照明和疏散指示系统监控操作的学习,树立风险意识、责任意识、安全意识。守秩序,速逃生;深刻理解消防照明及疏散指示系统维护对消防设施的重要性

【思维导图】

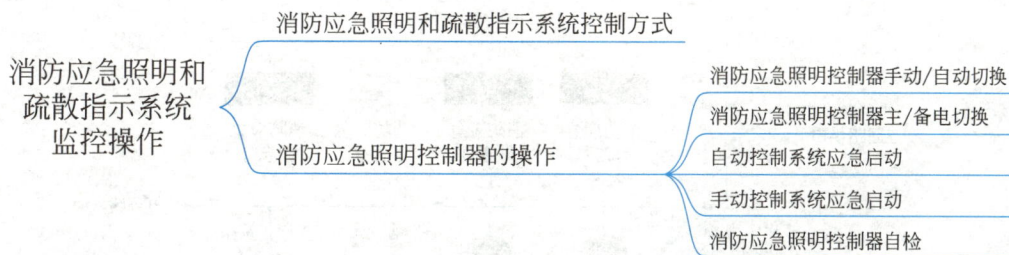

消防应急照明和疏散指示系统监控操作
- 消防应急照明和疏散指示系统控制方式
- 消防应急照明控制器的操作
  - 消防应急照明控制器手动/自动切换
  - 消防应急照明控制器主/备电切换
  - 自动控制系统应急启动
  - 手动控制系统应急启动
  - 消防应急照明控制器自检

【情景导入】

2021年4月22日13时25分左右,某公司阳极氧化车间发生一起火灾事故,过火、烟熏面积约21000m²,导致8人遇难(含2名消防救援人员)。火灾发生后,未按应急预案要求,切断主厂房除应急照明外的各路电源,导致应急照明设施未能有效发挥作用。消防控制室工作人员严重失职,未落实值班值守制度,仅有一名持证人员上岗。

任务 1.1　消防应急照明和疏散指示系统控制方式

一、集中电源集中控制型系统

发生火灾时，火灾报警控制器或消防联动控制器向应急照明集中控制器发出信号，应急照明集中控制器按照预设逻辑程序控制各消防应急灯具进入应急工作状态，如图 3-1-1 所示。

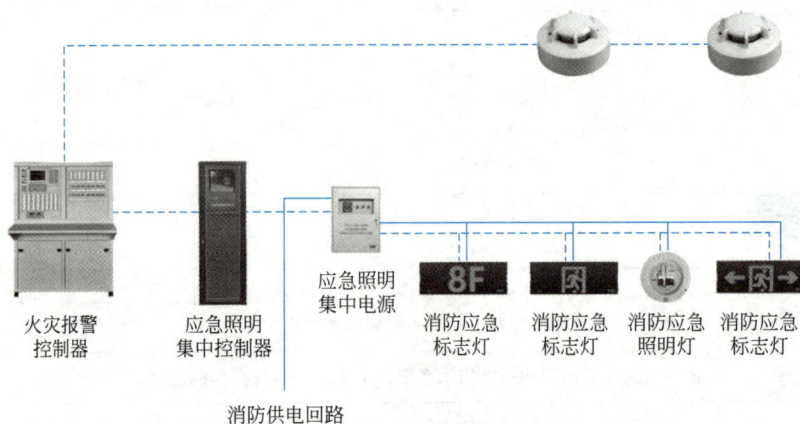

图 3-1-1　集中电源集中控制型系统

二、集中电源非集中控制型系统

发生火灾时，消防联动控制器联动控制集中电源和（或）应急照明分配电装置的主电断开，进而控制各路消防应急照明灯具进入应急工作状态，如图 3-1-2 所示。

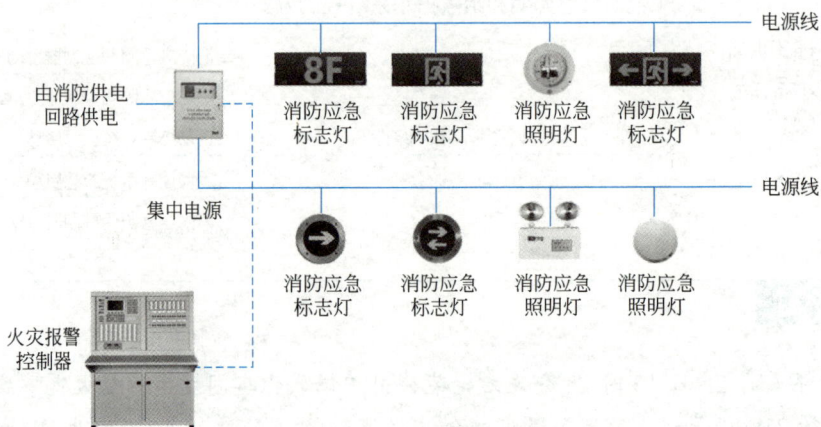

图 3-1-2　集中电源非集中控制型系统

三、自带电源集中控制型系统

发生火灾时，火灾报警控制器或消防联动控制器向应急照明集中控制器发出信号，应急照明集中控制器按照预设逻辑程序控制各消防应急灯具进入应急工作状态，如图 3-1-3 所示。

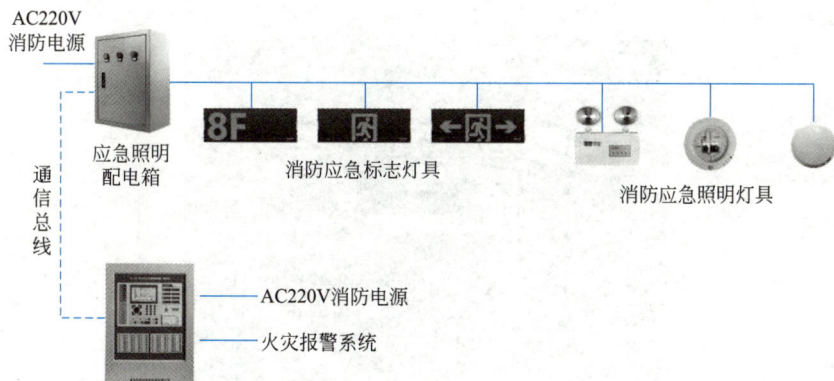

图 3-1-3　自带电源集中控制型系统

四、自带电源非集中控制型系统

发生火灾时，消防联动控制器联动控制应急照明配电箱断开主电，进而控制各路消防应急照明灯具进入应急工作状态，如图 3-1-4 所示。

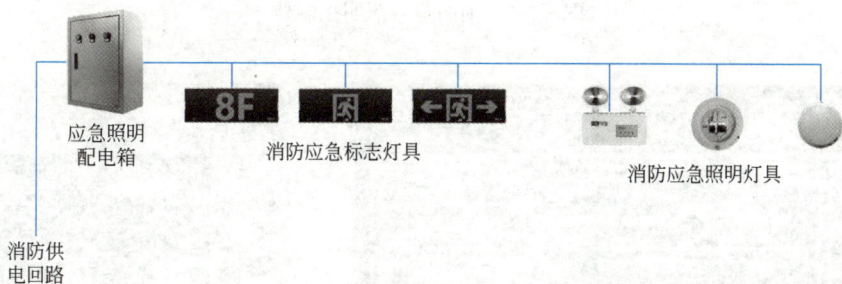

图 3-1-4　自带电源非集中控制型系统

任务 1.2　消防应急照明控制器的操作

检查与应急照明控制器相连的设备线路是否正确，确认无问题后接通电源，打开控制器电源的主/备电开关，控制器进入系统自检状态。自检完成后，进入系统初始化。开机过程结束后，系统进入正常监控状态。下面以某型号的消防应急照明控制器操作为例（图 3-1-5），介绍几种重要项目的操作方法。

1.2.1　消防应急照明控制器手动/自动切换

消防应急照明控制器的控制方式主要有"手动"和"自动"两种方式。

当消防应急照明控制器处于正常的监视状态时，消防应急照明控制器的控制方式应为"自动"。当需要手动操作应急照明系统受控设备时，消防应急照明控制器的控制方式应为"手动"。在"系统设置"下拉菜单中"系统参数"栏目中找到"自动"切换键，如图 3-1-6 所示。当勾选"自动"切换键后，控制器面板上的"自动允许"指示灯点亮，如图 3-1-7 所示。

图 3-1-5 消防应急照明控制器

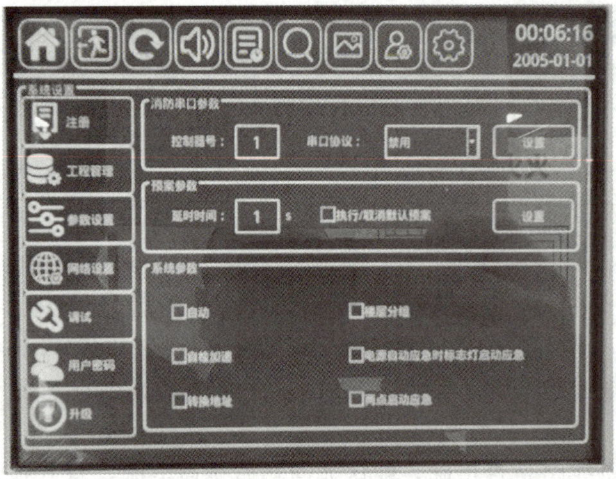

图 3-1-6 "系统参数"栏目的"自动"切换键

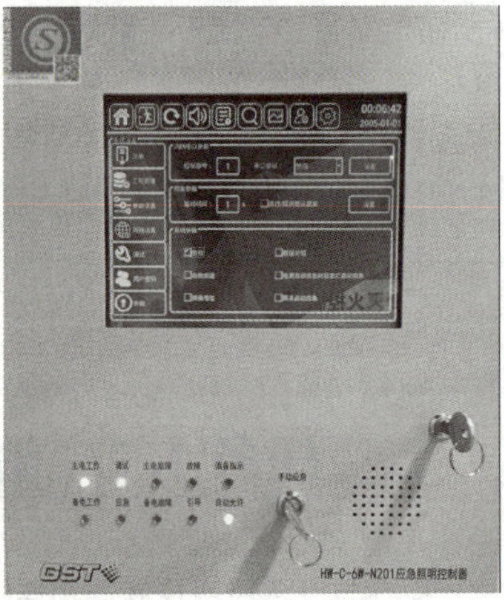

图 3-1-7 消防应急照明控制器
处于自动控制方式

1.2.2 消防应急照明控制器主/备电切换

切断集中电源、应急照明配电箱的主电源，集中电源转入蓄电池电源输出，应急照明配电箱切断主电源输出。消防应急灯具应在主电源切断后 5s 内转入应急状态，集中电源、应急照明配电箱配接的非持续型照明灯的光源应急点亮，持续型灯具的光源由节电点亮模式转入应急点亮模式。

1. 主电测试

在系统正常监控状态下，断开主电电源开关，如图 3-1-8 所示。"故障"指示灯应点亮，"主电工作"指示灯熄灭，同时控制器应进入应急启动状态，并显示应急启动和主电故障信息，如图 3-1-9 所示。

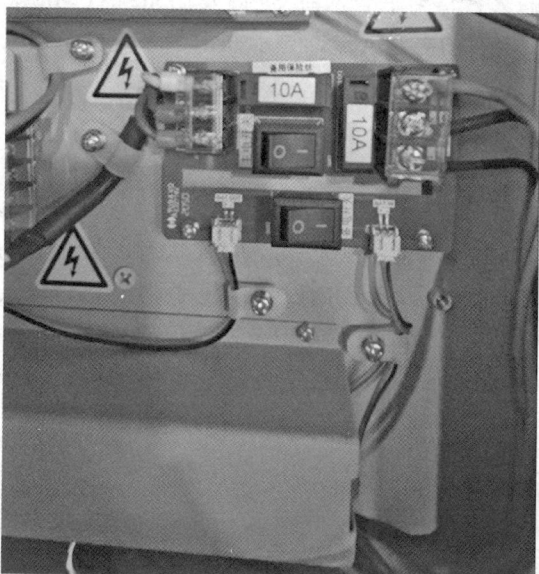

图 3-1-8　断开应急照明控制器主电开关

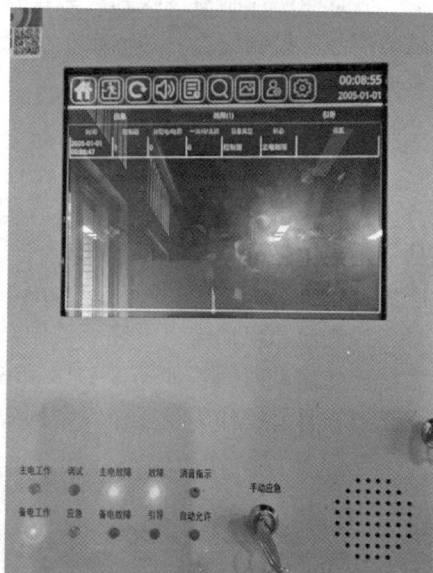

图 3-1-9　应急照明控制器"故障"和
"主电故障"指示灯点亮

2. 备电测试

在系统正常监控状态下，断开备电电源开关，"故障"指示灯应点亮，"主电工作"指示灯常亮，"备电工作"指示灯不亮，消防应急照明控制器显示备电发生故障的信息，如图 3-1-10 所示。

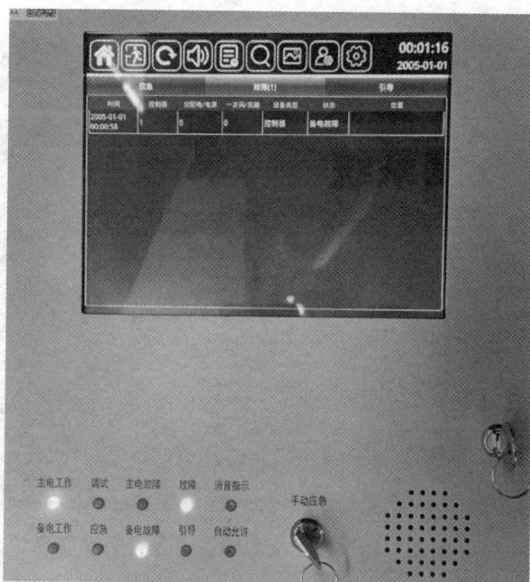

图 3-1-10　应急照明控制器"故障"和"备电故障"指示灯点亮

1.2.3 自动控制系统应急启动

应急照明控制器接收到火灾报警控制器的火警信号后，应在 3s 内发出系统自动应急启动信号，控制应急启动输出干接点动作，发出启动声光信号，显示并记录系统应急启动类型和系统应急启动时间。

1.2.4 手动控制系统应急启动

具有一键手动控制系统应急启动功能，手动操作一键启动按钮，将手动应急启动钥匙从"禁止"打到"允许"，如图 3-1-11 所示。点击显示屏"钥匙拨至应急状态，是否启动应急？"确认键，如图 3-1-12 所示，应急照明控制器应在 3s 内发出系统手动应急启动信号，控制应急启动输出干接点动作，发出启动声光信号，显示并记录系统应急启动类型和系统应急启动时间，如图 3-1-13 和图 3-1-14 所示。应急照明控制器的一键启动按钮应独立设置，且其操作不受操作级别的限制。

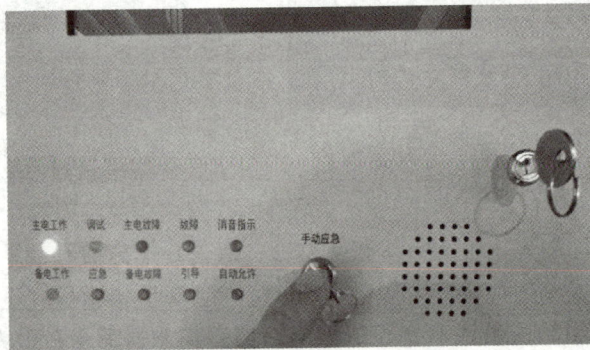

图 3-1-11 将手动应急启动钥匙从"禁止"打到"允许"

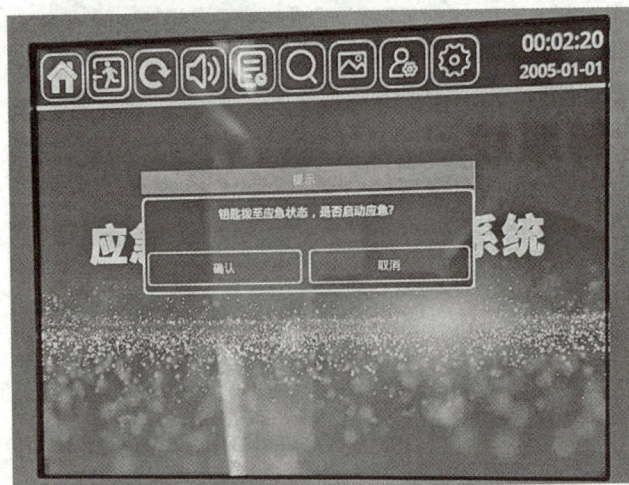

图 3-1-12 点击"钥匙拨至应急状态，是否启动应急？"确认

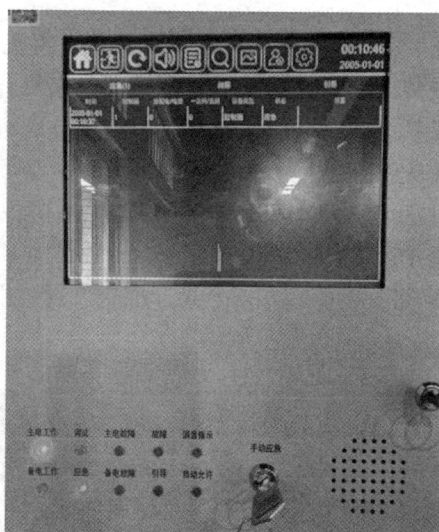

图 3-1-13　消防应急照明控制器"应急"灯点亮

图 3-1-14　消防应急照明系统进入应急启动状态

1.2.5　消防应急照明控制器自检

消防应急照明控制器的自检功能指的是定期进行一系列测试，例如测试控制器的LED、声音、显示屏、灯具的照明和电池容量等，以确保装置处于良好的工作状态。消防应急照明控制器自检周期一般为 3 个月，也有的设备采用 6 个月或 1 年的周期，具体周期根据生产厂家制定的标准进行设置。

在"用户设置"下拉菜单中找到"检测"按键，如图 3-1-15 所示。栏目中有"检测LED""检测声音""检测屏幕"三项，点击"检测 LED"，控制器进入 LED 指示灯自检状态，如图 3-1-16 所示。

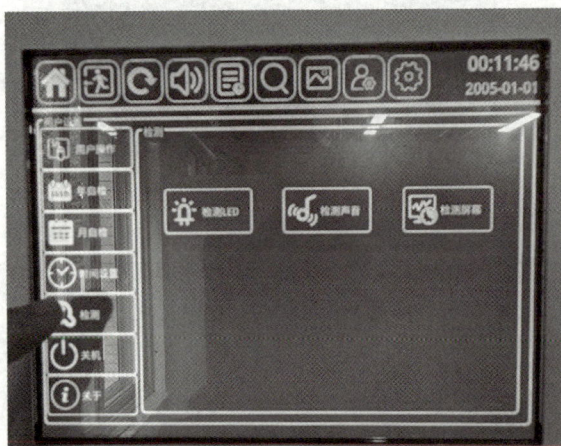

图 3-1-15　在"用户设置"下拉菜单中找到"检测"按键

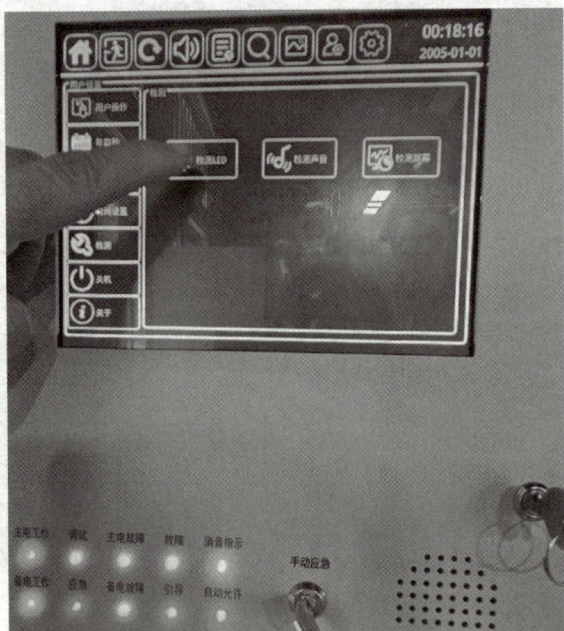

图 3-1-16　控制器进入 LED 指示灯自检状态

【随堂练习】

一、单选题

1. 自带电源非集中控制型消防应急照明和疏散指示系统，应由消防联动控制器联动（　　）实现。

A. 消防应急照明集中电源　　　　B. 应急照明控制器

C. 消防应急照明配电箱　　　　　D. 消防应急照明灯具

2. 当确认火灾后，由发生火灾的报警区域开始，顺序启动全楼疏散通道的消防应急照明和疏散指示系统，系统全部投入应急状态的启动时间不应大于（　　）。

A. 10s　　　　　　　　　　　　B. 8s

C. 6s　　　　　　　　　　　　 D. 5s

3. 消防应急照明和疏散指示系统主电故障报警是指（　　）。

A. 主电工作指示灯熄灭，系统故障工作灯点亮，应急照明控制器报出主电故障

B. 备电工作指示灯熄灭，系统故障工作灯点亮，应急照明控制器报出备电故障

C. 备电工作指示灯熄灭，系统故障工作灯点亮，应急照明控制器报出主电故障

D. 主电工作指示灯熄灭，系统故障工作灯点亮，应急照明控制器报出备电故障

二、多选题

1. 消防应急灯具光源故障包括（　　）。

A. 消防应急照明灯应急时不亮　　B. 消防应急标志灯不亮

C. 应急电源故障　　　　　　　　D. 照明灯光源不亮

E. 标志灯光源损坏

2. 检查火灾报警控制器时，查看火灾报警控制器声、光、显示器件、指示灯功能应正常。观察（　　）指示灯应处于熄灭状态，控制器应处于无火灾报警、监管报警、故障报警状态，控制器未屏蔽有关火灾探测器等。

A. 火警　　　　　　　　　　　　B. 监管

C. 故障　　　　　　　　　　　　D. 屏蔽

E. 打印机

三、判断题

1. 集中控制型消防应急照明和疏散指示系统，应由火灾报警控制器或消防联动控制器启动应急照明控制器实现。（　　）

2. 集中电源非集中控制型消防应急照明和疏散指示系统，应由消防联动控制器联动消防应急照明集中电源和消防应急照明分配电装置实现。（　　）

3. 消防应急照明和疏散指示系统是指为人员疏散和发生火灾时仍需工作的场所提供照明和疏散指示的系统。（　　）

项目2 消防应急照明和疏散指示系统维护保养

【学习目标】

【知识目标】	了解消防应急照明和疏散指示系统 各主要组件保养、维修以及检测的方法
【能力目标】	具备消防应急照明和疏散指示系统各主要组件维护保养的能力
【素质目标】	通过对消防应急照明和疏散指示系统维修保养知识的学习,保持临危不乱,火灾时按照指示逃生。宁绕远,莫冒险:认识到应急照明和疏散指示标志的有效维护保养,在发生火灾时能正常运行,对人员安全疏散具有重要作用

【思维导图】

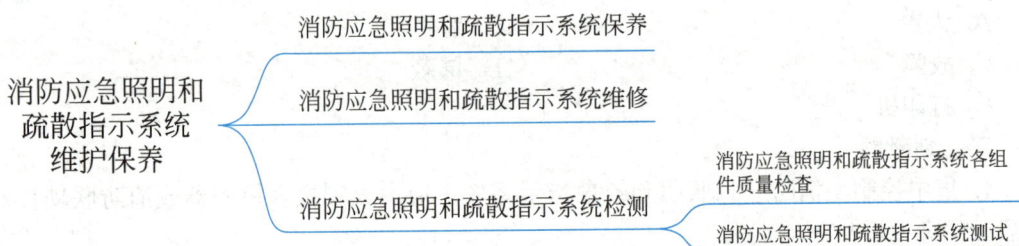

消防应急照明和疏散指示系统维护保养

- 消防应急照明和疏散指示系统保养
- 消防应急照明和疏散指示系统维修
- 消防应急照明和疏散指示系统检测
  - 消防应急照明和疏散指示系统各组件质量检查
  - 消防应急照明和疏散指示系统测试

【情景导入】

　　2023年1月5日10时许,位于四川宜宾市宜宾城区一写字楼发生火灾。起火位置位于写字楼中部楼层,由于建筑内的消防应急照明和疏散指示系统未按要求做好保养工作,导致写字楼内多处疏散指示标志缺损,逃生人员无法及时获得疏散方向的指示,造成19人死亡,50人重伤的惨剧。

任务 2.1　消防应急照明和疏散指示系统保养

应急照明控制器的保养内容和技术要求见表 3-2-1。

应急照明控制器的保养内容和技术要求　　　　　　　　　表 3-2-1

设备名称	保养项目	保养方法
应急照明控制器	1. 外壳外观	1. 产品标识清晰、明显; 2. 表面清洁、无腐蚀、涂覆层脱落和气泡现象,外壳无破损。擦拭外部的操作面板(含控制开关、指示灯、按键、显示屏),直至无积尘、水渍和污垢。避免使用含有酒精的清洁剂,以免损伤控制器; 保养周期:每年一次
	2. 设备内部清洁	先断开备电开关、再断开主电开关。用除尘器吹扫设备各电路板、组件、线路及箱体内的灰尘; 保养周期:每年一次
	3. 对设备部件进行维护处理	除尘和擦拭后,仔细检查电路板和组件有无松动,对接线端子进行检查(是否有松动、锈蚀、脱焊等情况,如果有用螺丝刀紧固、喷除锈剂除锈、用焊枪重新焊锡),打印机是否缺纸,对需要维护的部件及时处理并恢复; 保养周期:每季度一次
	4. 指示灯、音响器件保养	1. 指示灯清晰可见; 2. 音响器件应功能正常; 3. 功能标注清晰、清洁干净; 保养周期:每月一次
	5. 电池	定期检查应急照明控制器的电池,确认其电量是否充足,如有必要应及时更换电池; 保养周期:每年一次
	6. 设备通电检查后复位	保养结束后,确保箱体(柜体)干燥清洁后,先打开主电开关,再打开备电开关,待应急照明控制器开机后,对其各项功能进行测试,看其是否恢复到正常的工作状态

任务 2.2　消防应急照明和疏散指示系统维修

消防应急照明和疏散指示系统中消防应急灯具、应急照明控制器和消防应急电源常见故障及维修方法见表 3-2-2。

消防应急灯具、应急照明控制器和消防应急电源常见故障及维修方法　　　表 3-2-2

设备名称	故障现象	维修方法
消防应急灯具、应急照明控制器和消防应急电源	1. 光源故障。消防应急照明灯不亮、应急标志灯不亮、标志灯光源损坏等	利用万用表检查消防应急灯具的供电线路是否存在断路或供电电压过低等问题,若线路供电正常,则更换同一规格型号的新消防应急灯具
	2. 集中型应急照明控制器应急电源开机无显示。将控制器主、备电均打开后,控制器主机无显示	检查主、备电源输出是否正常;检查各种排线插头与插座是否接触不良,若插座的接触铜片已经失去弹性,应更换新的插座;查看熔丝是否熔断,若已熔断,应更换新熔丝
	3. 自带电源型灯具持续应急时间不满足设置要求	手动启动自带电源型灯具转入应急照明模式,利用计时器记录其应急照明时间,对无法满足场所设置要求的,更换新的满足要求的同一规格型号的灯具
	4. 主电故障报警	1. 检查输入电源是否正常(AC180~250V); 2. 检查主电熔丝有无熔断,若已熔断,应更换满足要求的熔丝; 3. 检查接线端子是否存在松动、锈蚀和缺焊锡情况,若有,则重新紧固接线端子、喷除锈剂除锈、用焊枪重新焊锡
	5. 备电故障报警	1. 检查蓄电池是否损坏或漏液,若有,则更换新蓄电池; 2. 检查蓄电池接线端子是否接触良好,若有松动,使用螺丝刀紧固; 3. 检查蓄电池接线是否正确,若接线错误,按产品安装说明要求重新接线; 4. 检查备电熔丝是否损坏,若已损坏,应更换新的满足要求的熔丝
	6. 集中电源及消防应急灯具登录故障	1. 检查集中电源与应急照明控制器连接的控制器局域网线路是否断开、是否接反,确保连接良好; 2. 消防应急灯具无法正常登录时,检查灯具总线是否接好,测量电压(25~36V),测量线间是否有短路,绝缘阻值是否大于 20MΩ; 3. 检查灯具是否进行正确的地址编码; 4. 若上述情况均没问题,则更换消防应急灯具

任务 2.3　消防应急照明和疏散指示系统检测

2.3.1　消防应急照明和疏散指示系统各组件质量检查

消防应急灯具应符合设计选型,并应具有出厂产品合格证和消防产品认证标识。消防应急灯具应固定安装在不燃性墙体或不燃性装修材料上,不应安装在门、窗或其他可移动的物体上。灯具安装后不应对人员正常通行产生影响,灯具周围应无遮挡物,并应保证灯具上的各种状态指示灯易于观察。灯具采用吊装式安装时,应采用金属吊杆或吊链,吊杆或吊链上端应固定在建筑构件上。灯具在侧面墙或柱上安装时,可采用壁挂式或嵌入式安装;疏散指示标志灯安装高度距地面不大于 1m 时,凸出墙面或柱面最大水平距离不应超过 20mm。消防应急照明和疏散指示系统各组件质量检查方法见表 3-2-3。

消防应急照明和疏散指示系统各组件质量检查方法   表 3-2-3

序号	类别	技术要求
1	照明灯具	照明灯具宜安装在顶棚上。在顶棚、疏散走道或通道的上方安装时,可采用嵌顶、吸顶和吊装式安装。当条件限制时,照明灯具可安装在走道侧面墙上,其安装高度不应在距地面 1~2m;在距地面 1m 以下侧面墙上安装时,应保证光线照射在灯具的水平线以下
2	疏散指示标志灯	灯具在顶棚、疏散走道或路径的上方安装时,可采用吸顶和吊装式安装。室内高度大于 3.5m 的场所,特大型、大型、中型标志灯宜采用吊装式安装,灯的标志面宜与疏散方向垂直
3	安全出口标志灯	应安装在安全出口或疏散门内侧上方居中的位置,受安装条件限制标志灯无法安装在门框上侧时,可安装在门的两侧,但门完全开启时标志灯不能被遮挡。室内高度不大于 3.5m 的场所,标志灯底边离门框距离不应大于 200mm;受安装条件限制标志灯无法安装在门框上侧时,可安装在门的两侧,但门完全开启时标志灯不能被遮挡;采用吸顶或吊装式安装时,标志灯距安全出口或疏散门所在墙面的距离不宜大于 50mm。室内高度大于 3.5m 的场所,特大型、大型、中型标志灯底边距地面高度不宜小于 3m,且不宜大于 6m;采用吸顶或吊装式安装时,标志灯距安全出口或疏散门所在墙面的距离不宜大于 50mm
4	方向标志灯	方向标志灯的箭头指示方向应与疏散指示方向一致。安装在疏散走道、通道两侧的墙面或柱面上时,标志灯底边距地面的高度应小于 1m。安装在疏散走道、通道上方时,室内高度不大于 3.5m 的场所,标志灯底边距地面的高度宜为 2.2~2.5m。当安装在疏散走道、通道转角处的上方或两侧时,标志灯与转角处边墙的距离不应大于 1m。当安全出口或疏散门在疏散走道侧边时,在疏散走道增设的方向标志灯应安装在疏散走道的顶部,且标志灯的标志面应与疏散方向垂直,箭头应指向安全出口或疏散门
5	楼层标志灯	当楼层标志灯安装在疏散走道、通道的地面上时,应安装在疏散走道、通道的中心位置,其所有金属构件应采用耐腐蚀构件或做防腐处理;标志灯配电、通信线路的连接应采用密封胶密封;标志灯表面应与地面平行,高于地面距离不应大于 3mm;标志灯边缘与地面垂直距离高度不应大于 1mm;楼层标志灯应安装在楼梯间内朝向楼梯的正面墙上,标志灯底边距地面的高度宜为 2.2~2.5m
6	多信息复合标志灯	应安装在疏散走道、疏散通道的顶部,且标志灯的标志面应与疏散方向垂直,指示疏散方向的箭头应指向安全出口或疏散出口

应急照明系统各组件安装应牢固、无遮挡,状态指示灯正常。切断主电供电后,应急照明系统工作状态的持续时间不应低于表 3-2-4 的规定。

应急照明系统工作状态的持续时间   表 3-2-4

建筑类别	应急工作状态持续时间(h)
建筑高度超过 100m 的高层建筑	≥1.5
医疗建筑、老年人照料设施、总建筑面积大于 100000m² 的公共建筑和总建筑面积大于 20000m² 的地下、半地下建筑	≥1
其他建筑	≥0.5

疏散指示标志安装应牢固、无遮挡,疏散方向的指示应正确清晰。当自发光疏散指示标志正常光源变暗后应发光,其亮度应符合国家相关标准的要求,持续时间不应低于

20min。灯光疏散指示标志状态指示灯正常。工作状态时，灯前通道地面中心的照度不应低于1.0lx。切断正常供电电源后，疏散指示标志应急工作状态的持续时间不应低于表3-2-5中的规定。

疏散指示标志应急工作状态的持续时间 表 3-2-5

建筑类别	应急工作状态持续时间(h)
建筑高度超过100m的高层建筑	≥2
医疗建筑、老年人照料设施、总建筑面积大于100000m²的公共建筑和总建筑面积大于20000m²的地下、半地下建筑	≥1
其他建筑	≥0.5

2.3.2 消防应急照明和疏散指示系统测试

一、检查消防应急照明和疏散指示系统安装质量

测试前，对照消防设计文件核查系统组件的名称、规格、型号、数量和备品数量是否符合设计要求，检查系统中的消防应急照明灯具、标志灯具、应急照明集中电源、应急照明控制器及相关设备的接线、安装位置、施工质量是否符合要求。

二、测试应急照明灯具照度

1. 通过应急照明控制器面板上"手动应急"启动应急照明和疏散指示系统，应急照明灯具点亮处于应急工作状态。按下"POWER"键，打开照度计电源。

2. 打开照度计光收集器的遮光盖，将照度计放在检测位置，显示屏上显示的数据不断变动，当数据显示稳定后，按"HOLD"键，锁定数据，如图3-2-1所示。

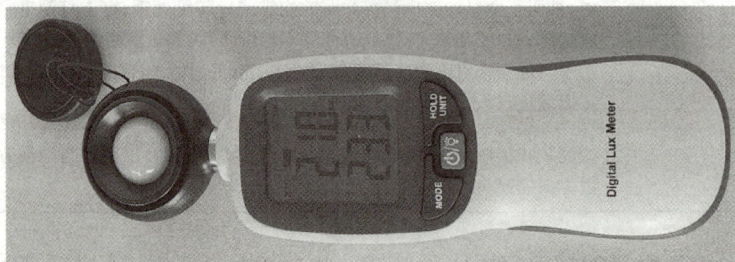

图 3-2-1 按"HOLD"键，锁定数据

3. 测试完毕，在应急照明控制器上复位系统，使系统恢复正常监视状态。将光收集器的遮光盖盖上，按下照度计电源开关键，关机。

三、测试应急照明灯具应急转换功能

1. 手动操作应急照明控制器的"手动应急"按钮后，应急照明控制器发出手动应急启动信号，显示启动时间，如图3-2-2所示。

2. 系统内所有的非持续型灯具的光源应急点亮，持续型灯具的光源应由节电点亮模式转入应急点亮模式。

3. 应急照明灯具采用集中电源供电时，应能通过消防联动控制器联动控制集中电源和（或）应急照明分配电装置的主电断开，进而控制各路消防应急照明灯具进入应急工作

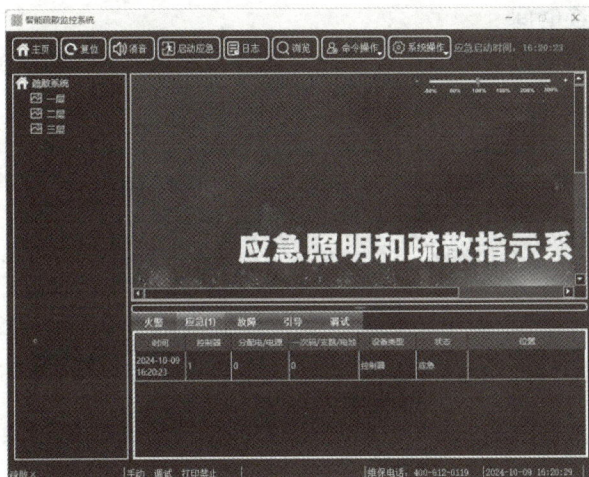

图 3-2-2　测试应急照明灯具应急转换功能

状态；应急照明灯具自带电源时，应能手动控制应急照明分配电箱切断主电，如图 3-2-3 所示，并控制其所配接的非持续型灯具的光源应急点亮，持续型灯具的光源应由节电点亮模式转入应急点亮模式。

四、测试应急照明灯具持续照明时间

1. 切断集中电源的主电供电。切断应急照明配电箱主电源，如图 3-2-4 所示，该区域内所有非持续型灯具的光源应急点亮，持续型灯具的光源应由节电点亮模式转入应急点亮模式。

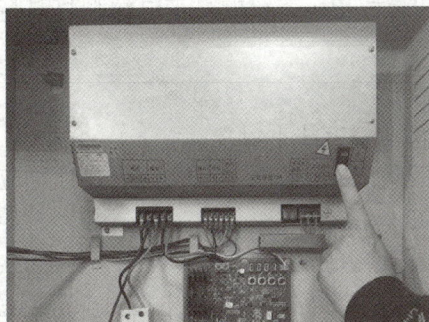

图 3-2-3　手动控制应急照明分配电箱切断主电　　　　图 3-2-4　切断应急照明配电箱主电源

2. 灯具持续点亮时间达到设计文件规定的时间后，集中电源或应急照明配电箱应联锁其配接灯具的光源熄灭，使用秒表记录灯具的持续点亮时长。

五、测试应急转换时间

1. 触发同一防火分区的两个不同类型的火警信号，联动启动应急照明和疏散指示系统，应急照明控制器显示启动时间，如图 3-2-5 所示。

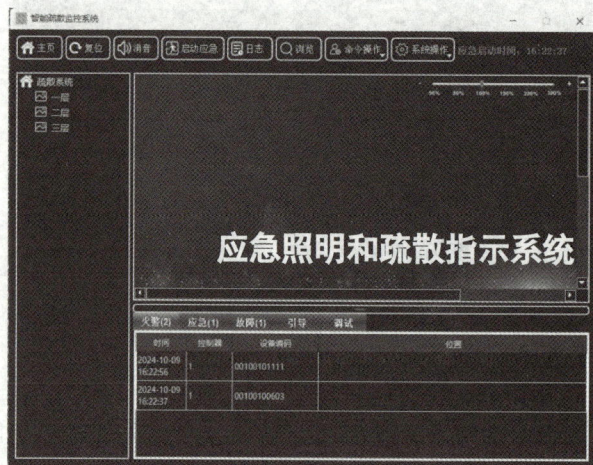

图 3-2-5　测试应急转换时间

2. 系统内所有非持续型灯具的光源应急点亮，持续型灯具的光源应由节电点亮模式转入应急点亮模式。高危险场所灯具光源应急点亮的响应时间不应大于 0.25s，其他场所灯具光源应急点亮的响应时间不应大于 5s，具有两种及以上疏散指示方案场所，标志灯光源点亮、熄灭的响应时间不应大于 5s。

3. 恢复切断的主电供电。集中电源或应急照明配电箱应联锁其配接的灯具恢复到正常工作状态。

4. 测试完毕，填写"建筑消防设施检测记录表"。

【随堂练习】

一、单选题

1. 某办公楼建筑高度为 150m，消防应急照明和疏散指示系统的自带电源型灯具持蓄电池电源供电时，持续工作时间不应少于（　　）h。

A. 1　　　　　　　　B. 1.5　　　　　　　　C. 0.5　　　　　　　　D. 3

2. 集中型应急照明控制器应急电源开机无显示的维修方法不包含（　　）。

A. 检查各种排线插头与插座是否接触不良，若插座的接触铜片已经失去弹性，应更换新的插座

B. 查看熔丝是否熔断，若已熔断，应更换新的满足要求的熔丝

C. 利用万用表检查消防应急灯具的供电线路是否存在断路或者供电电压过低等问题

D. 检查主、备电源输出是否正常

二、多选题

1. 消防应急灯具光源故障包括（　　）。

A. 消防应急照明灯应急时不亮　　　　　　B. 消防应急标志灯不亮

C. 应急电源故障　　　　　　　D. 照明灯光源不亮

E. 标志灯光源损坏

2. 消防应急照明和疏散指示系统应进行系统电源检测，下列选项中（　　　）属于系统电源的检测内容。

A. 检测电源切换功能　　　　　B. 测试应急电源的供电时间

C. 进行放电试验　　　　　　　D. 进行充电试验

E. 进行化学试验

三、判断题

1. 集中控制型消防应急照明和疏散指示系统，应由火灾报警控制器或消防联动控制器启动应急照明控制器实现。（　　　）

2. 集中电源非集中控制型消防应急照明和疏散指示系统，应由消防联动控制器联动消防应急照明集中电源和消防应急照明分配电装置实现。（　　　）

3. 消防应急照明和疏散指示系统中消防应急集中电源无法在应急照明控制器主机上登录时，先检查集中电源与应急照明控制器连接的控制器局域网络线是否接反，再查看CAN 线是否断开，确保连接良好。（　　　）

【数字资源】

资源名称	更换消防应急灯具、应急照明控制器和消防应急照明	应急照明和疏散指示系统调试与运行
资源类型	视频	视频
资源二维码		

模块4　消防给水及消火栓系统

项目1　消防给水及消火栓系统监控操作

【学习目标】

【知识目标】	熟悉消防给水及消火栓系统的组成、组件及消防给水及消火栓系统监控操作方法
【能力目标】	具有解决消防给水及消火栓系统调试实际问题的能力
【素质目标】	通过对消防给水及消火栓系统监控操作知识的学习，注重使用规范的实践，践行工匠精神。知谨慎，重实践：自觉实践消防行业的职业精神、职业规范、职业技能以及职业态度

【思维导图】

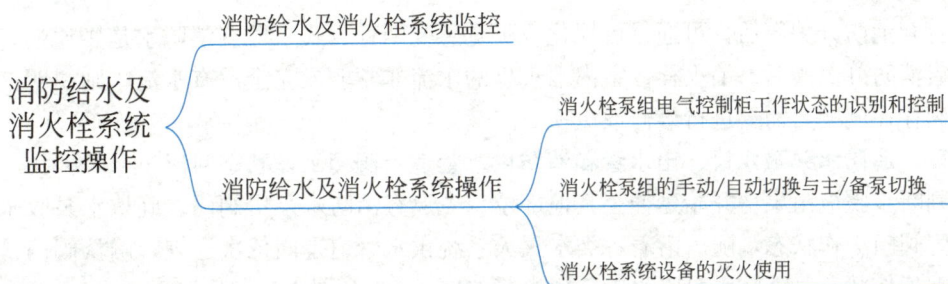

消防给水及消火栓系统监控操作
- 消防给水及消火栓系统监控
- 消防给水及消火栓系统操作
  - 消火栓泵组电气控制柜工作状态的识别和控制
  - 消火栓泵组的手动/自动切换与主/备泵切换
  - 消火栓系统设备的灭火使用

【情景导入】

　　2017年，一场震惊全国的保姆纵火案引起了全社会的关注。2017年凌晨4时55分左右，保姆在客厅用打火机点燃茶几上的一本书，扔在布艺沙发上导致火势失控，后逃离现场，5时40分，由于室内消火栓压力不足，无法对火势进行有效打击，内攻推进困难。在启动消火栓泵和消防车给消火栓水泵接合器加压后，水压均无明显变化。随后，指挥员下令沿楼梯蜿蜒铺设水带。6时08分许，因烟气集聚、温度升高，造成屋内回燃。6时15分许，消防员沿楼梯蜿蜒铺设水带至18楼出水才逐渐压制火势，最终造成被害人朱某某及其3名子女吸入一氧化碳中毒，抢救无效死亡。

任务 1.1　消防给水及消火栓系统监控

消防阀门工作状态的判断：

一、消防开关阀的作用

在火灾发生时，供水系统中的止回阀和阀门都可能被关闭或阻塞，而消火栓箱内的阀门可以直接向室内消火栓提供清水，这一类阀门属于消防系统中的重要防火元件，其作用是断开或启动供水管道。阀门一旦损坏或不正常，就会导致消防水流不畅，甚至无法使用。

二、消防开关阀开关状态确认方法

1. 观察开关指示灯

目前市场上的消防开关阀一般都会装有指示灯，用来提示阀门的开关状态。通常绿色表示阀门已开启，红色表示阀门已关闭。当然，不同品牌的消防开关阀可能会存在一些差异，所以使用之前最好仔细阅读说明书。

2. 检查开关杆位置

消防开关阀的开关杆一般都是在阀门底部或一侧，并带有一个手柄或旋钮。当手柄或旋钮垂直于阀门时，表示开关状态为"关闭"；当手柄或旋钮与阀门呈 45°或水平时，表示开关状态为"开启"。一般来讲，开启状态下杆柄比较松动，而关闭状态下则比较紧实。

3. 检查水流

打开消防开关阀后，可通过可视化或听觉感受两种方式来检查消防水是否通畅。如果在开启消防开关阀后，消火栓、室内消火栓的水流非常弱或完全没有水流，则说明该消防开关阀存在问题，需要进行维修或更换。

三、消防水泵吸水管、出水管和消防供水管道上阀门工作状态判断

判断步骤应由泵房开始延伸至其他部位。先巡查消防水泵房阀门，确认水泵吸水管与出水管阀门工作状态，随后沿着各类水灭火系统供水管道走向依次巡查，确认阀门是否处于正常工作状态。消防水泵吸水管、出水管如图 4-1-1 和图 4-1-2 所示。

图 4-1-1　消防水泵吸水管

图 4-1-2　消防水泵出水管

1. 进入泵房，按照从消防水池的消防水泵吸水管前端到消防水泵进口端的顺序检查管段上安装的阀门，确定消防水泵吸水管上安装阀门的类型及其工作状态。可以从产品说明书中了解各类阀门型号、规格。明杆闸阀、暗杆闸阀、蝶阀开启状态的判断方法如下：

（1）吸水管上设置的控制阀门如为明杆闸阀时，其手轮轮缘上带有开启、关闭双向箭头和"开""关"字样，若手轮向开启箭头方向或"开"字旋转，则表示阀门开启处于工作状态，或者闸阀阀杆大大超出手轮，也表示阀门开启处于工作状态，反之则为关闭。

（2）吸水管上设置的控制阀门如为暗杆闸阀时，其阀体上均标有"开""关"字样，且手轮轮缘上带有开启、关闭方向的箭头，若箭头指向"开"字则表示阀门开启处于工作状态，反之则为关闭；如为带启闭刻度的暗杆闸阀，则指针接近闸阀底部为关，反之为开。

（3）吸水管上设置的控制阀门如为带自锁装置的蝶阀，其手轮上带有指示开、关方向箭头和"开""关"字样，若手轮处于箭头指向开启方向且处于"开"字，则表示阀门开启处于工作状态，反之则为关闭。

2. 从水泵出口端至出水管方向顺序检查消防水泵出水管上安装的阀门，确定消防水泵出水管上安装阀门的类型及其工作状态。可以从产品说明书了解各类阀门型号、规格，出水管上设置的控制阀门如为明杆闸阀或带自锁装置的蝶阀时，同样按第 1 条中介绍的方法判断，如为止回阀时，宜采用水锤消除止回阀；如安装减压阀，应查看阀后压力是否符合设计图纸要求。

3. 开启消防水泵出水管上 DN65 试水阀，启动消防水泵，如出水顺畅，则说明消防水泵吸水管、出水管管路畅通，各阀门均处于正常工作状态（开启状态）。

4. 巡查水灭火系统供水管道时，应确定供水管道上安装阀门的类型及其工作状态。若为室内架空管道的阀门，如采用蝶阀、明杆闸阀或带启闭刻度的暗杆闸阀时，均按照第 1 条中介绍的方法判断；若为室外架空管道的阀门，如采用带启闭刻度的暗杆闸阀或耐腐蚀的明杆闸阀，同样按照第 1 条中介绍的方法判断。

5. 对室内消火栓系统，可以选择对不同分区的供水管道进行放水测试。打开室内消火栓栓口放水一段时间，如能持续出水，则说明供水管道畅通，各阀门均处于正常工作状态（开启状态）。也可以利用屋顶消火栓进行放水试验，如图 4-1-3 所示。消火栓泵启动后流量、压力明显上升，水流持续不断，则说明供水管道阀门均处于正常工作状态（开启状态）。

6. 对室外消火栓系统，应选择室外消火栓进行出水试验，如能持续出水，则说明供水管道畅通，各阀门均处于正常工作状态（开启状态）。

7. 对自动喷水灭火系统，可选择每个报警阀组防护区域的最不利点末端试水装置进行放水测试。打开末端试水装置阀门放水，如图 4-1-4 所示，如果启动喷淋水泵后流量、压力明显上升，水流持续不断，则说明供水主管管路阀门均处于正常工作状态（开启状态）。

8. 检查过程中如发现供水管道、阀门周围的物品影响水灭火系统的正常工作和使用，则应及时清理；发现控制阀门标志标识缺失、阀门组件损坏缺少、铅封锁链残损、阀门开启卡阻、阀门渗漏滴水等，应及时增补、修复、上报。

9. 检查完毕后，按规定做好记录。

图 4-1-3　屋顶消火栓放水测试

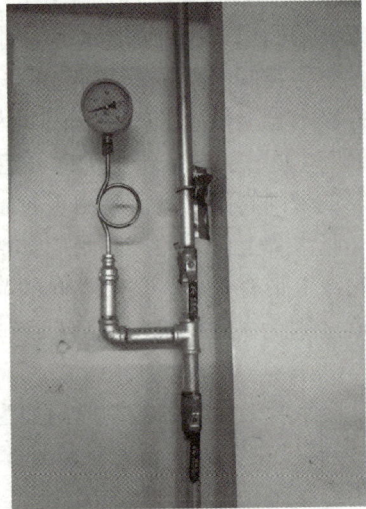

图 4-1-4　末端试水装置放水测试

四、消防水池和高位消防水箱水位判定

以玻璃管液位计为例，如图 4-1-5 所示，具体水位判定方法如下：

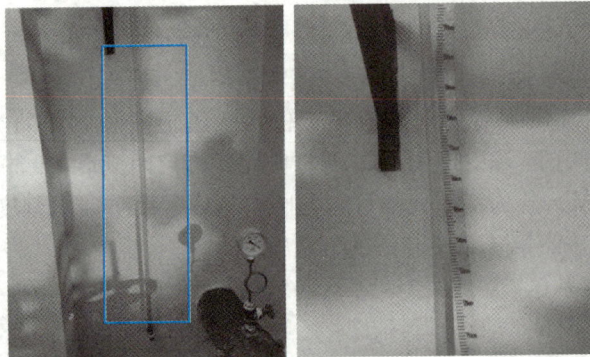

图 4-1-5　玻璃管液位计

1. 现场查看。检查消防水池、高位消防水箱、玻璃管液位计的外观、配件是否完整无缺，并用卷尺测量消防水池、高位消防水箱的长宽高尺寸，为核查有效容积、水位做准备。

2. 读取测量。确定玻璃管液位计上、下阀门打开，使玻璃管中的水与消防水池（箱）中的水连通，其标尺显示的水位刻度即为消防水池、高位消防水箱水位高度。如玻璃管液位计未标注刻度，则采用合适的工具测量，玻璃管液位计显示水位与消防水池或高位消防水箱底部之间的距离即为消防水池或高位消防水箱的水位高度。

3. 核查比对。将消防水池、高位消防水箱水位高度与设计参数比对，如不符，应及时查找原因并上报。

4. 排空关阀。查看完后，关闭玻璃管液位计与水池（箱）连接的阀门，打开玻璃管液位计放水阀，排空液位计中的余水。

5. 过程中如发现标志标识缺失、玻璃管液位计显示不清、组件损坏缺少、渗漏溢流等情况，应及时增补、修复、记录并上报。

6. 检查完毕后，按规定做好记录。

任务 1.2　消防给水及消火栓系统操作

1.2.1　消火栓泵组电气控制柜工作状态的识别和控制

一、消防泵组电气控制柜工作状态组成与识别

某型消防泵组电气控制柜面板组成如图 4-1-6 所示，其消防泵组电气控制柜面板部件功能见表 4-1-1。

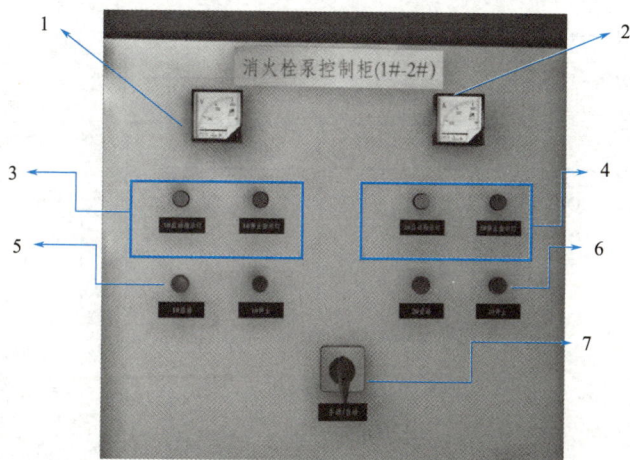

图 4-1-6　某型消防泵组电气控制柜面板组成

消防泵组电气控制柜面板部件功能　　　　　　　　　表 4-1-1

图注号	名称	说明
1	电压表	指示控制柜受电电压，通常为 AC380V
2	电动机电流表	分别指示 1 号、2 号泵运行的电流值
3	水泵状态指示灯	绿色——1 号启动，启动时亮 红色——1 号运行，正常运行时亮
4	水泵状态指示灯	绿色——2 号启动，启动时亮 红色——2 号运行，正常运行时亮
5	水泵启动按钮	在"手动"状态下，按下该绿色按钮，可以手动启动水泵。该按钮可以用于手动测试水泵，也可以在紧急状态下启动水泵
6	水泵停止按钮	在"手动"状态下，按下该红色按钮，可以停止水泵。该按钮可以用于停止该泵
7	手动/自动转换开关	用于实施手动/自动工作状态的切换

二、消防泵组电气控制柜控制识别

控制逻辑：消防泵组电气控制柜设置有手动、自动转换开关，当开关处于手动位置时由控制器面板启动/停止按钮手动控制水泵启停。当开关处于自动位时可由多种方式控制水泵启动，包括：

（1）消防控制室总线联动启动。

（2）消防控制室多线控制盘操作按钮启动。

（3）高位消防水箱出水管流量开关启动。

（4）报警阀组压力开关启动。

（5）消防水泵出水干管压力开关启动等。

如图 4-1-7 和图 4-1-8 分别为某型消火栓泵控制柜主回路和二次回路控制图，其控制逻辑为：

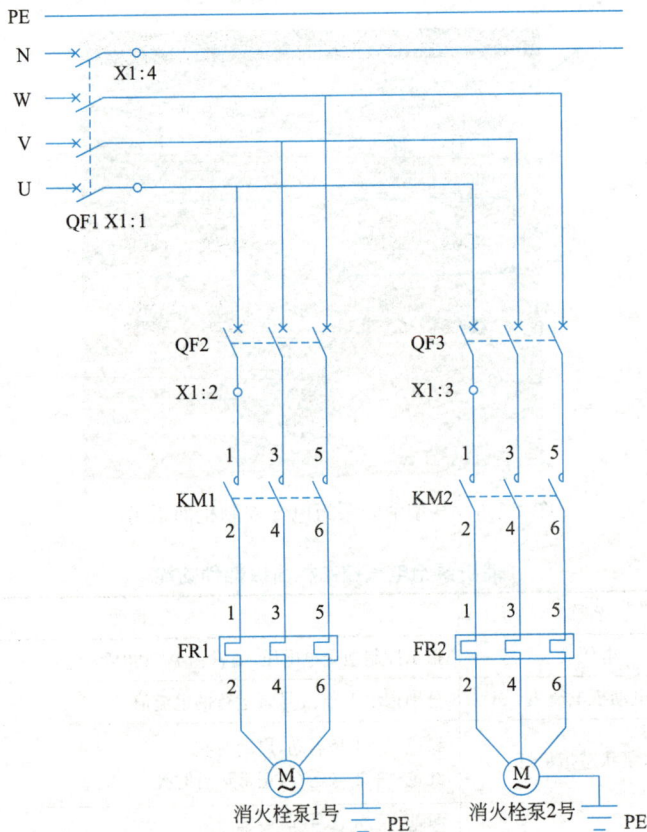

图 4-1-7 某型消火栓泵控制柜主回路控制图

手动控制：主回路开关 QF1、QF2 闭合，将转换开关 SA1 打到手动，手动按下 SB2 按钮，KM1 继电器通电，主回路 KM1 开关闭合，1 号泵启动。再按下 SB2 按钮，1 号泵停止。同理，手动按下 SB4 按钮，KM2 继电器通电，主回路 KM2 开关闭合，2 号泵启动。

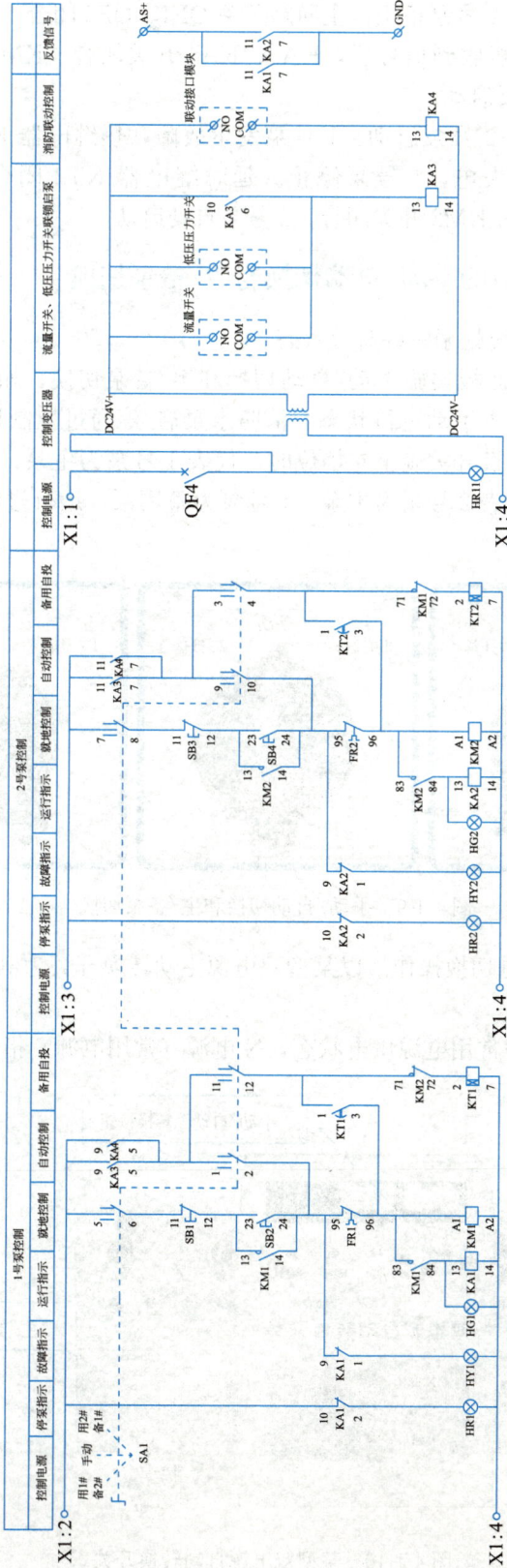

图 4-1-8 某型消火栓泵控制柜二次回路控制图

自动控制 1 号泵启动 2 号泵备用：主回路开关 QF1、QF2 闭合，将转换开关 SA11 主 2 备，模拟火灾信号，主机收到信号后，KA3、KA4 开关闭合，KM1 继电器通电，主回路 KM1 开关闭合，1 号泵启动。

自动控制 1 号泵故障 2 号泵启动：1 号泵发生故障，热继电器 FR1 动作，常闭开关 FR1 打开，KM1 继电器失电，1 号泵停止。延时继电器 KT2 闭合，开关 KT2 闭合，KM2 继电器通电，主回路 KM2 开关闭合，2 号泵自动启动。

1.2.2 消火栓泵组的手动/自动切换与主/备泵切换

步骤 1：检查确认系统处于完好有效状态。

步骤 2：操作控制柜面板实施手动/自动切换和主/备泵切换，如图 4-1-9 所示。转换开关处于中间挡位时，代表手动运行状态，消防水泵启/停通过控制柜面板启动按钮进行操作，自动控制失效。转换开关旋至左挡位时，代表 1 号泵为主泵，2 号泵为备用泵。转换开关旋至右挡位时，代表 2 号泵为主泵，1 号泵为备用泵。运行过程中，当主泵发生故障，备用泵自动投入运行。

图 4-1-9 手动/自动切换和主/备泵切换

步骤 3：实施主/备电切换操作。以某型双电源主动转换开关为例（图 4-1-10），主/备电切换操作如下：

（1）检查确认当前为常用电源供电状态，N 电源（常用电源）指示灯点亮。

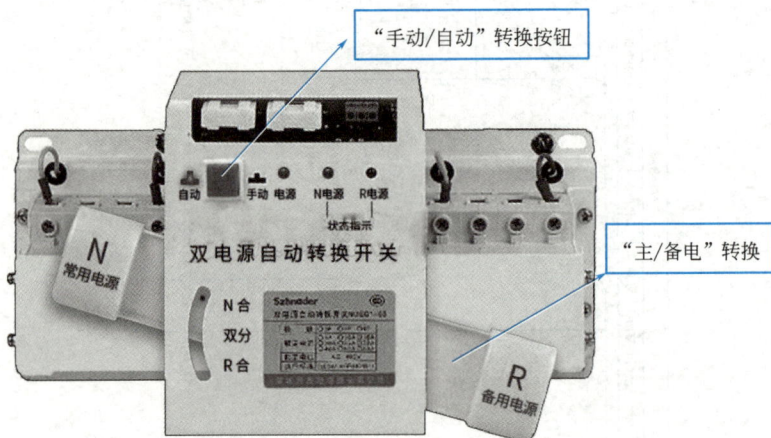

图 4-1-10 某型双电源自动转换开关

（2）将运行模式切换按钮置于手动模式。

（3）旋转手柄至常用电源供电状态，将运行模式开关切换为自动模式。

步骤 4：分别模拟主电和主泵故障，测试备电和备泵自动投入运行情况。

（1）检查确认双电源转换开关处于自动运行模式，切断主电源，观察备用电源自投后恢复主电源供电。

（2）确认控制柜处于自动运行模式，采用从末端试水装置处放水等方式使压力开关动作。主泵启动并运转平稳后模拟主泵故障（切断主泵开关或模拟热继电器动作，热继电器如图 4-1-11 所示），观察备用泵应能自动投入运转，手动停泵后使系统恢复正常运行状态。

图 4-1-11　热继电器

步骤 5：实施手动启动、停止消防水泵操作。

（1）确认控制柜处于手动运行模式。

（2）按下任一消防水泵启动按钮，观察仪表、指示灯、电动机运转情况。

（3）按下对应的消防水泵停止按钮，观察仪表、指示灯、电动机运转情况。

步骤 6：记录检查测试情况。

1.2.3　消火栓系统设备的灭火使用

一、准备工作

在使用消火栓时，首先要进行一些准备工作。由于消火栓的使用比较危险，所以在使用前需要检查消火栓设备是否正常，如消火栓的门是否被堵塞等。如果发现消火栓设备故障，必须及时联系维修人员进行检查和维修。

二、操作规程

1. 打开消火栓门

将消火栓门打开，如果门被锁上，必须使用钥匙将其解锁。在打开门之后，需要检查消火栓出口是否有杂物堵塞，如发现堵塞，应及时清理。

2. 连接水带

将一端连接到消火栓接头上，另一端连接到消防水枪上。在连接时，必须将接头与水带连接良好，以免漏水。

3. 打开阀门

逆时针旋转打开阀门，打开阀门前一人应保证水带与阀门连接完好。

4. 打开消防水泵

打开消防水泵时，需要先打开供水阀门，然后打开水泵开关，使其运转起来。

5. 调节水压

正确设置合适的水压是可靠使用消火栓的关键步骤之一。消防水泵需要以适宜的水压运行，以满足消防灭火的基本需求。

操作消防水枪：在使用消防水枪时，需要把喷头放开，然后在必要的时候可以调整水枪的喷头角度及水流量和水花形。

停止使用：一旦灭火任务完成，需要关闭消防水泵，并依次拆除水枪和水带，再合上消火栓阀门，将灭火器材清理干净，以备下次使用。

三、安全注意事项

1. 操作员需要掌握正确的操作方法，以免出现意外情况。

2. 精心保存和管理灭火设备，仅在紧急情况下才能使用消火栓。

3. 在使用消火栓时，需要注意防止跌倒和滑倒。

项目2　消防给水及消火栓系统维护保养

【学习目标】

【知识目标】	了解消防给水系统维护保养要求,掌握消防泵组电气控制柜、增稳压设施、消防水泵接合器的保养方法。熟练掌握消防给水及消火栓系统维修和检测的方法
【能力目标】	具备消防给水及消火栓系统维护保养的能力
【素质目标】	通过对消防给水及消火栓系统维护保养的学习,树立风险意识、安全意识以及严谨负责、一丝不苟的工匠精神。防风险,除隐患:及时发现和消除潜在的安全隐患,确保设备的安全运行

【思维导图】

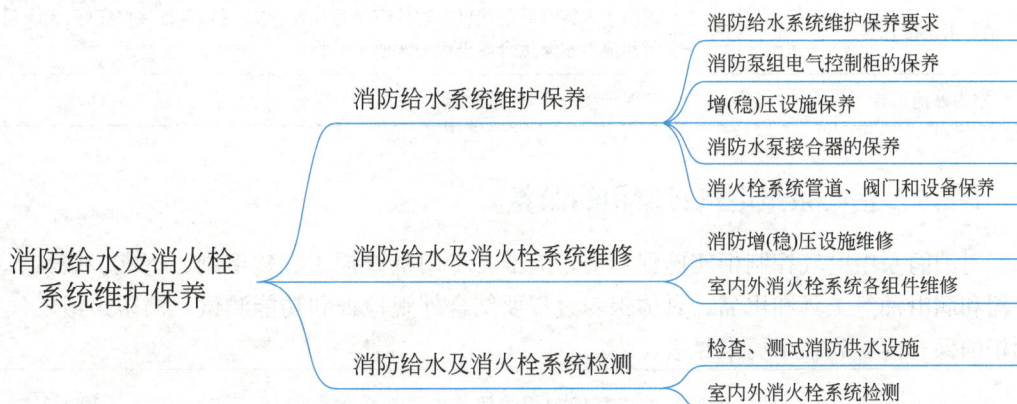

【情景导入】

　　某市一座多层商业大楼发生了一起严重的火灾事故。事故发生后,消防救援部门迅速赶到现场,但是面对火势凶猛、浓烟弥漫的局面,灭火工作变得异常艰难。经过调查分析,发现建筑内消火栓系统存在严重的故障,加之消火栓泵电气控制柜的控制方式在"手动"挡,导致消火栓不能及时提供灭火供水,火灾造成严重后果。

任务 2.1　消防给水系统维护保养

2.1.1　消防给水系统维护保养要求

消防给水设备维护保养周期及要求见表 4-2-1。

消防给水设备维护保养周期及要求　　　　　　　　　　　　　　表 4-2-1

设备名称	维护周期	要求
水源	每年	对水源的供水能力进行一次测试,开启室外消火栓,测试市政管网压力是否满足要求
消防水箱	每月	对消防水箱和进水设备(如浮球阀、电磁阀)进行检查,消防水箱应无渗漏,进水设备应可靠运行,电磁感应做启动试验,动作失常时应及时更换
消防水泵	每月	启动一次,消防水泵在启动前,首先须对消防水泵的联轴器进行检查,检查水泵是否漏水或渗水现象
消防稳压泵	每月	对电接点压力表检查一次,稳压泵启停应正常
泄压阀	每月	对泄压阀进行一次测试,泄压阀应在水泵正常运行达到设计要求的泄压值时,立即打开阀体泄水泄压,当泄压阀开启过早或过晚时,应及时修理或更换
减压阀	每月	对减压阀重新微调一次
消防水泵接合器	每月/每年	消防水泵接合器的接口及附件应每月检查一次,并应保证接口完好、无渗漏,每年应对水泵接合器进行一次通水试验
室内外消火栓	每月	应保证接口完好、无渗漏

2.1.2　消防泵组电气控制柜的保养

对消防泵组电气控制柜实施保养前,应准备专用维修扳手、软毛刷、钥匙、旋具、吸尘器和润滑油等工具和用品,具体保养过程要结合外观检查和功能测试。消防泵组电气控制柜的保养内容和技术要求见表 4-2-2。

消防泵组电气控制柜的保养内容和技术要求　　　　　　　　　　表 4-2-2

序号	保养内容	技术要求
1	控制柜工作环境	1. 工作环境良好,无积灰和蛛网,无杂物堆放; 2. 防止被水淹没的措施完好; 3. 设有自动防潮除湿装置的,其工作状态应正常
2	控制柜外观	1. 柜体表面整洁,无损伤和锈蚀,柜门启闭正常、无变形; 2. 所属系统及编号标识完好、清晰; 3. 仪表、指示灯、开关、按钮齐全、状态正常,标识正确、活动部件运转灵活、无卡滞; 4. 箱内无积尘和蛛网,电气原理图塑封完好后应牢固粘贴于柜门内侧; 5. IP 等级符合要求

序号	保养内容	技术要求
3	控制柜电气元器件	1. 安装合理,排线整齐,线路表面无老化、破损; 2. 连接牢靠,无松动、脱落; 3. 接线处无打火、击穿和烧蚀; 4. 电气元器件外观完好,指示灯等指(显)示正常,接地正常
4	控制柜功能	1. 控制柜平时应处于自动状态; 2. 手自动转换和主、备电切换功能正常,机械应急启动功能正常,手动和联动启泵功能正常,手动停泵功能正常; 3. 主/备泵转换功能正常; 4. 启停过程中控制柜各电器动作顺序正确,工作和故障状态指(显)示正常,信号反馈功能正常
5	消防泵组	1. 组件齐全,泵体和电动机外壳完好,无破损、锈蚀; 2. 设备铭牌标识清晰; 3. 叶轮转动灵活、无卡滞; 4. 润滑油充足,泵体、泵轴密封良好,无线状泄漏; 5. 电动机绝缘正常,接地良好,紧固螺栓无松动,电缆无老化、破损和连接松动; 6. 消防水泵运转平稳,无异常振动或噪声

2.1.3　增（稳）压设施保养

消防增（稳）压设施的保养内容和技术要求见表4-2-3,增（稳）压设施的电气控制柜的保养要求与消防泵组的电气控制柜基本一致。

消防增（稳）压设施的保养内容和技术要求　　　表 4-2-3

序号	保养内容	技术要求
1	机房环境保养	1. 工作环境良好,无积灰和蛛网,无杂物堆放; 2. 防水淹措施完好; 3. 散热通风设施良好; 4. 设在室外时防雨措施完好; 保养周期:每周检查消防设备用房、散热通风设施、百叶窗,在冬季每天对机房进行室内温度检测
2	消防水箱保养	1. 水箱箱体和支架外观完好,组件齐全,无破损、渗漏; 2. 进出水和溢流、排污等管路阀门启闭状态正确,阀门转动灵活,无锈蚀; 3. 水位传感器和就地水位显示装置外观及功能正常; 4. 水箱水量和水质符合设计要求; 5. 合用水箱消防用水不作他用的技术措施完好; 6. 冬季防冻措施有效; 保养周期:每月对消防水箱的水位进行一次检测;在冬季每天对消防水箱进行水温检测;每年检查消防水箱的结构材料是否完好,发现问题及时处理
3	增(稳)压泵组保养	1. 组件齐全,泵体和电动机外壳完好,无破损、锈蚀; 2. 设备铭牌标识清晰,叶轮转动灵活、无卡滞; 3. 润滑油充足,泵体、泵轴无渗水、砂眼; 4. 电动机绝缘正常,紧固螺栓无松动,电缆无老化破损和连接松动;

序号	保养内容	技术要求
3	增(稳)压泵组保养	5. 泵运转正常,无异常振动或声响; 6. 泵交替运行功能正常; 保养周期:每日观察泵运行时本体及电动机是否过热,对停泵启泵压力和启泵次数等进行检查;每周检查泵外观、组件,并检查泵组的密封情况;每月手动启动稳压泵运转一次,并检查供电电源的情况
4	气压水罐及供水附件保养	1. 组件齐全,固定牢靠; 2. 外观无损伤、锈蚀; 3. 法兰与管道连接处无渗漏,进出水阀门启闭状态正确; 4. 压力表指示正常,稳压泵启、停压力设定正确,联动启动消防主泵功能正常; 5. 出水水质符合要求; 保养周期:每月对气压水罐的压力和有效容积等进行一次检测;每季度检查气压水罐外观

2.1.4　消防水泵接合器的保养

检查消防水泵接合器,如发现锈蚀以及组件缺失、破损、漏水,应及时除锈、刷漆、修复、增补。

检查消防水泵接合器位置,如发现不便于消防车接近和使用或周边存在影响使用的障碍物,应及时上报并清理或更换位置。

检查消防水泵接合器安装顺序,如发现未按接口、本体、连通管、止回阀、安全阀、放空管、控制阀的顺序进行安装,或止回阀的安装方向不能保证消防用水从接合器进入水灭火系统,应及时上报并修复。

检查消防水泵接合器永久性标志铭牌,并应标明供水系统、供水范围和额定压力,如发现缺失,应及时更换。检查寒冷地区消防水泵接合器设置有可靠的保温措施,如无应及时上报并增加保温措施。

检查过程中如发现消防水泵接合器周围有垃圾、杂物、积水等影响使用的情况,应及时清除。

2.1.5　消火栓系统管道、阀门和设备保养

1. 定期检查管道和阀门的外观,确保没有腐蚀或机械损伤。如果发现腐蚀或损伤,应及时进行修复或更换。

2. 检查阀门是否漏水,如果发现漏水,应及时更换密封圈或其他损坏部件。

3. 检查管道的固定是否牢靠,确保没有松动或脱落。如果发现松动,应及时进行加固。

4. 检查消火栓系统上各阀门的开启状态,确保常开阀处于完全开启状态,常闭阀处于完全关闭状态。

5. 检查室外消火栓,如发现锈涩卡阻,应加注润滑油;如发现连接部位有渗漏损伤,应及时更换密封件。

6. 检查消火栓箱体,如发现残损变形、缺失部件等,应及时修补或更换。

任务 2.2　消防给水及消火栓系统维修

2.2.1　消防增（稳）压设施维修

一、更换隔膜式气压水罐内部气囊

稳压泵因长时间未维护保养，罐内气囊老化腐烂，不能对管道起到稳压功能时，需要更换气囊，具体步骤如下：

1. 检查隔膜式气压水罐罐体及接口，如有生锈、穿孔、漏水则直接换新罐。

2. 核对铭牌，确定气压水罐型号、设计压力、容量及出厂时间等。根据型号确定气囊尺寸。如罐体上的铭牌丢失或字体模糊，则需要测量罐体直径、上下法兰的净高，定做气囊。

3. 关闭气压水罐连接阀，放水放气。

4. 拆下接口及法兰，扯出旧气囊。

5. 清洁罐内外。

6. 装上新的气囊，如图 4-2-1 所示。

7. 装好上下法兰，做好密封。

8. 充氮气，按相关规范要求充到适合的压力值。没有条件充氮气的可以用压缩气体替代。

9. 对罐体所有接口再次检漏，做好密封。

10. 对接系统，开阀入水，观察运行状态。

11. 系统运行恢复正常，清理现场。

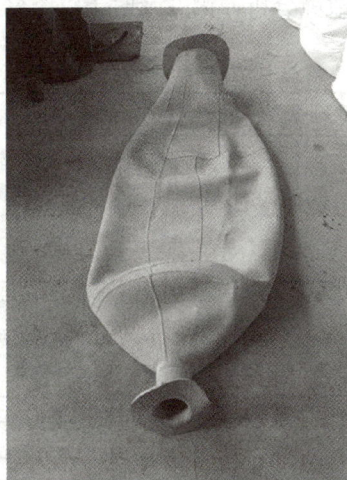

图 4-2-1　气囊

二、更换稳压泵水封

长时间未维护保养稳压泵，可能导致水封（图 4-2-2）磨损、泵体漏水等情况，需要更换水封，具体步骤如下：

1. 将电动机从泵组上拆下。

2. 旋下水泵轴前端的螺母，拆下水泵盖板，将叶轮及水封压出。

3. 检查水封。若是胶木水封，如果磨损不太严重，可在玻璃或干木板上放纱布，将水封磨平或翻面使用。若是止水橡胶水封，如果水封有损坏、胀大变形以及绷簧压力不足、折断等现象，应更换新件。

4. 装上水封及锁环等。

5. 装回带轮和水泵盖板，拧紧固定螺母（或螺钉）。

6. 水泵装复后用手转动带轮，泵轴应无阻滞

图 4-2-2　水封

现象,叶轮与泵壳应无碰击声响。

7. 装回电动机,并安好胶管等。

8. 查验水泵组的工作情况,启动电动机,工作 5min 后,泵组应无任何碰击声响和漏水的现象。

2.2.2 室内外消火栓系统各组件维修

室外消火栓系统、室内消火栓系统的供水可靠性因系统类型不同而存在一定的差异,由于消火栓自身组件较多,且整个系统管网使用种类繁多的连接部件,并可能存在施工安装质量参差不齐、产品质量好坏不一、日常维护管理不到位、准工作状态持续带压以及水源中有杂质等情况,室外消火栓系统、室内消火栓系统会产生各种故障,因此需要根据具体故障分析原因并及时予以维修。室外消火栓系统的维修内容和维修方法见表 4-2-4。

室外消火栓系统的维修内容和维修方法　　　　　　　　　　表 4-2-4

序号	维修内容	维修方法
1	消火栓无法开启	1. 如为转动部件锈蚀导致无法开启,应拆开维修,清除锈蚀; 2. 如为阀杆断裂造成,应更换新阀杆; 3. 冬季如因排水阀堵塞导致余水结冰无法开启,应拆开疏通排水阀,做好防冻排水措施
2	打开消火栓时无水流出	1. 如检修井闸阀被关闭,应打开闸阀并标识"常开"; 2. 如系统管网分段控制阀被关闭,应打开分段控制阀并标识"常开"; 3. 如整个供水管网内无水,应顺供水管道排查无水原因
3	消火栓出水口关闭后有水渗出	根据现场情况,采取关严消火栓、清除阀瓣处堵塞的异物、更换老化阀瓣胶垫、疏通排水阀等有效措施
4	消火栓出水压力不足	1. 如管网存在渗漏,应顺供水管道逐段排查确认渗漏部位后予以维修; 2. 如为长时间未启动消防水泵增压造成的,应启动消防水泵;如有供电故障、消防水泵损坏等,及时予以维修; 3. 如出水干管阀门未完全开启,应确保消防水泵出水干管阀门保持全开,用铅封、锁链锁定状态并标识"常开"; 4. 如试水管路阀门未完全关闭,应关紧试水管路阀门,并标识"常闭"; 5. 如泄压阀起跳泄水,应检查起跳原因;泄压阀损坏的应及时维修或更换;起跳压力设定不正确的,按设计要求重新设定; 6. 如设置的稳压设施损坏或压力设定错误,应修复稳压设施或重新校核设定启停泵压力

室内消火栓系统的维修内容和维修方法见表 4-2-5。

室内消火栓系统的维修内容和维修方法　　　　　　　　　　表 4-2-5

序号	维修内容	维修方法
1	给水管网振动过大,发出明显异响、噪声	1. 如泵出口处未采用柔性连接,应及时增加; 2. 如管网支架、吊架松动、脱落,应及时对松动、脱落的支架、吊架加固、维修; 3. 如管网设计的自动排气阀损坏或未设置,应根据实际情况更换、补设自动排气阀; 4. 如因管网内水流速过快造成,应比对设计文件,管径大小不符合设计要求的予以更换

序号	维修内容	维修方法
2	室内消火栓已关闭但有渗漏	1. 如阀瓣密封圈失效,应及时更换; 2. 如手轮未关紧或阀瓣被杂物卡住,应关紧手轮,清除阀瓣异物,关紧消火栓; 3. 如室内消火栓的阀体、阀座、阀瓣、阀杆有损伤,应更换损伤部件
3	打开室内消火栓后有渗漏	1. 如阀盖密封失效,应及时更换; 2. 如阀杆密封失效,应及时更换; 3. 如室内消火栓的阀体、阀座、阀瓣、阀杆有损伤,应及时更换
4	水枪或软管卷盘喷嘴处无水或压力不足	1. 如出水干管闸阀被关闭,应及时打开; 2. 顺供水管道排查系统管网水压不足的原因并及时处理; 3. 检查水带与消火栓、水带与水枪连接是否存在问题,解决问题后重新连接; 4. 如接口处绑扎不牢靠,应重新绑扎确保无漏水; 5. 如水带或软管破损,应及时更换破损组件; 6. 如消火栓损坏或栓口堵塞,应及时清理或维修、更换
5	消火栓按钮启动后不能报警或无法启泵	1. 如消火栓按钮损坏,应及时更换; 2. 如消火栓按钮线路故障,应及时修复; 3. 如消火栓按钮未注册,应全面排查并及时注册设备; 4. 如因消防泵组电气控制柜置于"手动"状态造成,应置于"自动"状态; 5. 如因缺电或消防泵组电气控制柜损坏、消防泵组故障造成,应及时送电或维修、更换损坏设备

任务 2.3 消防给水及消火栓系统检测

2.3.1 检查、测试消防供水设施

一、操作准备

1. 消防供水设施。

2. 钢卷尺、计时器等检查、测试工具。

3. 消防设计文件、产品资料以及"建筑消防设施检测记录表"等。

二、操作程序

1. 检查消防水泵接合器、消防水池(水箱)、消防稳压设施的安装情况

步骤1:检查消防水泵接合器的设置环境和防护措施,应符合设计安装要求。

步骤2:检查消防水泵接合器管井。止回阀、安全阀、控制阀的安装应牢靠,连接严密,无渗漏,止回阀安装方向正确,控制阀启闭灵活,且处于开启状态。地下消防水泵接合器井的砌筑应有防水和排水设施。

步骤3:检查消防水泵接合器本体。应安装牢靠,外观无损伤,铭牌等标识正确醒目。

步骤4:利用消防车载消防水泵或手抬机动泵等进行消防水泵接合器充水试验,供水最不利点的压力、流量应符合设计要求。

步骤5:检查消防水池(水箱)的安装情况。对照设计文件,测量、核算有效容积,

应符合要求；目测观察补水措施、防冻措施以及消防用水不作他用的保证措施；检查水箱安装位置及支架或底座安装情况，其尺寸及位置应符合设计要求，埋设平整牢固。

步骤6：查看各管路、阀门、就地水位显示装置等的安装情况和阀门启闭状态应符合要求；查看各连接处的连接方式和连接质量，应牢靠、无渗漏；管道穿越楼板或墙体时的保护措施应符合要求；溢流管、泄水管采用间接排水方式，并未与生产或生活用水的排水系统直接相连。

步骤7：检查气压水罐的安装情况。查看气压水罐的安装位置和设置环境，应符合要求；观察和测量气压水罐的有效容积、调节容积符合设计要求；观察各连接处应严密、无渗漏，管路阀门启闭状态正确；观察气压水罐气侧压力符合设计要求；观察和测试气压罐满足稳压泵的启停要求。

步骤8：检查稳压泵的安装情况。对照设计文件和产品说明，核对稳压泵的型号性能等应符合设计要求；稳压泵的安装应牢固，各管件连接严密、无渗漏，管路阀门启闭状态正确。

步骤9：测试稳压泵的工作情况。观察稳压泵供电应正常，自动、手动启停应正常；关掉主电源，主、备电源能正常切换；测试稳压泵的控制符合设计要求，启停次数1h内应不大于15次，且交替运行功能正常。

步骤10：测试水灭火设施最不利点处的静水压力，应符合设计要求。

步骤11：记录检查测试情况。

2. 测试消防水池（水箱）的供水能力

步骤1：检查确认消防水池（水箱）进、出水管路和补水管路阀门处于正常开启状态，泄水管路阀门处于关闭状态。

步骤2：通过就地水位显示装置查看消防水池（水箱）当前液位。设有玻璃管式或磁翻板式液位计的，应先确认液位计排水阀门处于关闭状态后，打开进水管阀门，查看液面稳定后的液位显示，如图4-2-3所示；设有压力变送器控制显示装置的，直接在消控室读取显示数值。消防水池内壁设有水位刻度标记的，读取当前水位刻度。消防水池（水箱）水位显示装置如图4-2-4所示。

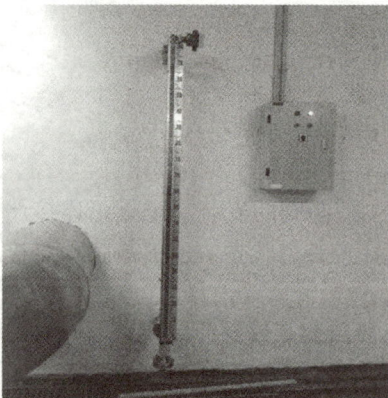

图 4-2-3　玻璃管式液位计

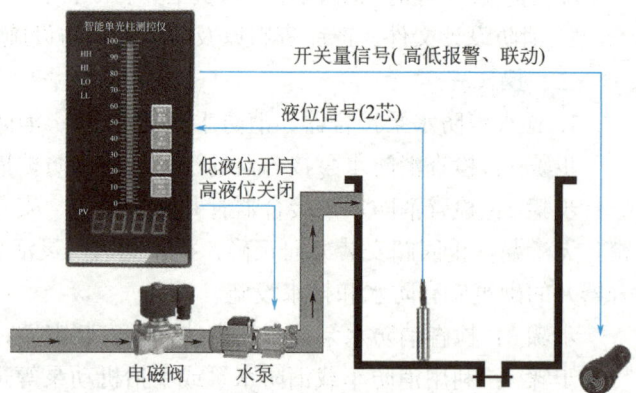

图 4-2-4　消防水池（水箱）水位显示装置

步骤 3：结合设计文件中确定的最低有效水位和消防水池（水箱）内部横截面积核算当前有效储水量。就地水位显示装置已作排除最低有效水位处理或直接标识、显示有效储水量（体积）等技术处理的，步骤可简化或省略。

步骤 4：关闭补水管路阀门，泄放一定的水量后再打开补水管路，同时开始补水完成后停止计时。通过补水量和补水用时核算补水能力。

步骤 5：结合设计文件确定的室内消防用水设计流量，核算消防水池（水箱）有效供水时间。

步骤 6：系统恢复正常运行状态。对玻璃管式或磁翻板式液位计，关闭进水打开排水阀，将液位计中余水排净后关闭排水阀。

步骤 7：记录检查测试情况。

2.3.2　室内外消火栓系统检测

一、操作准备

1. 室内外消火栓系统，火灾自动报警及联动控制系统。

2. 钢卷尺、消火栓试水接头、火灾探测器测试工具、消火栓按钮复位工具等检查测试工具。

3. 系统设计文件、施工记录、产品资料以及"建筑消防设施检测记录表"等。

二、操作程序

1. 检查消火栓系统的安装质量

步骤 1：检查室外消火栓系统管网。设置形式、阀门设置和管道材质应符合设计要求。

步骤 2：检查阀门井、地下消火栓井。消火栓前端控制阀应处于开启状态，法兰等连接处无渗漏，井内无积水。

步骤 3：检查室外消火栓。设置位置和防护措施应符合要求，外观完好，安装牢固，出水口高度便于吸水管连接操作。

步骤 4：打开室外消火栓进行放水试验。阀门启闭灵活，水压正常，水质清澈，无锈水和大量砂砾、杂质。

步骤 5：检查室内消火栓系统管网。防腐、防冻措施应符合设计要求，管道标识清晰，连接处应无渗漏，管道阀门启闭状态正常。

步骤 6：检查室内消火栓箱。消火栓选型、设置位置和安装质量应符合要求。

步骤 7：连接水带、水枪进行放水试验。阀门应启闭灵活，水压和水质符合要求。

步骤 8：记录检查情况。

2. 测试室内消火栓压力

步骤 1：检查确认消防泵组电气控制柜处于自动运行模式。

步骤 2：选择最有利点室内消火栓测试压力。

（1）打开消火栓箱门并取出水带，一头与消火栓栓口连接后，沿地面拉直水带，另一头与消火栓试水接头连接。连接时注意保持试水接头压力表正面朝上，如图 4-2-5 所示。

（2）开启消火栓，小幅度开启试水接头，观察有水流出后，关闭试水接头，观察并记录接头压力表指示读数。

（3）缓慢开启试水接头至全开，消防水泵启动并正常运转后，记录接头压力表读数。

图 4-2-5　消火栓试水接头使用

(a) 静压测试；(b) 动压测试

（4）测试完毕后，停止水泵，关闭消火栓，卸下试水接头，排除余水后卸下水带。

（5）使系统恢复正常运行状态。

步骤 3：选择最不利点室内消火栓，重复上述检测步骤。

（1）设有高位消防水箱出水管流量开关或消防水泵出水干管压力开关的，消防水泵应能在 2min 内自动启动。

（2）未设高位消防水箱出水管流量开关或消防水泵出水干管压力开关的，应将消防泵组电气控制柜置于手动运行模式，手动启动消防水泵。

步骤 4：将水带冲洗干净后置于阴凉干燥处晾干，按原方式放置于消火栓箱内。

步骤 5：记录检查测试情况。

3. 测试室内消火栓系统联动功能

步骤 1：检查确认消防泵组电气控制柜处于手动运行模式，消防联动控制处于自动运行状态。

步骤 2：按下任一消火栓按钮，观察火灾自动报警系统相关指（显）示信息。

步骤 3：触发该消火栓按钮所在报警区域内任一只火灾探测器或手动火灾报警按钮，观察火灾自动报警及联动控制系统相关指（显）示信息，核查消防水泵启动信号发出情况。

步骤 4：复位消火栓按钮、手动火灾报警按钮，复位火灾自动报警系统。

步骤 5：将消防泵组电气控制柜恢复为自动运行模式。

步骤 6：记录检查测试情况。

【随堂练习】

一、单选题

1. 消防水箱采用其他材料时，消防水箱宜设置支墩，支墩的高度不宜小于（　　）。

A. 300mm　　　　　B. 400mm　　　　　C. 500mm　　　　　D. 600mm

2. 消防水池和消防水箱出水管或水泵吸水管要满足（　　）的技术要求。

A. 最低有效水位出水掺气　　　　　　B. 最高有效水位出水掺气

C. 最低有效水位出水不掺气　　　　　D. 最高有效水位出水不掺气

3. 下列（　　）不是水泵接合器应安装的阀门。

A. 安全阀　　　　　　　　　　　　　B. 止回阀

C. 减压阀　　　　　　　　　　　　　D. 放水阀

4. 对高位消防水箱进行维护保养，应定期检查水箱水位，检查水位的周期至少应为每（　　）检查一次。

A. 日　　　　　　　　　　　　　　　B. 月

C. 季　　　　　　　　　　　　　　　D. 年

5. 下列有关消防水泵接合器安装说法中，错误的是（　　）。

A. 墙壁水泵接合器安装高度距地面宜为 1.1m

B. 组装式消防水泵接合器的安装，应按接口、本体、连接管、止回阀、安全阀、放空管、控制阀的顺序进行

C. 止回阀的安装方向应使消防用水能从消防水泵接合器进入系统

D. 消防水泵接合器接口距离室外消火栓或消防水池的距离宜为 15～40m

二、多选题

1. 对某民用建筑设施的消防水泵进行验收检查，根据《消防给水及消火栓系统技术规范》GB 50974—2014，关于消防水泵验收要求的做法，正确的有（　　）。

A. 消防水泵应采用自灌式引水方式，并应保证全部有效储水被有效利用

B. 消防水泵就地和远程启泵功能应正常

C. 打开消防出水管上试水阀，当采用主电源启动消防水泵时，消防水泵应启动正常

D. 消防水泵启动控制应置于自动启动挡

E. 消防水泵停泵时，水锤消除设施后的工作压力不应超过水泵出口设计工作压力的 1.6 倍

2. 下列关于消防水泵接合器的安装要求的说法中，正确的有（　　）。

A. 应安装在便于消防车接近使用的地点

B. 墙壁式消防水泵接合器不应安装在玻璃墙下方

C. 墙壁式消防水泵接合器与门窗洞口的净距不应小于 2.0m

D. 距室外消火栓或消防水池的距离宜为 5～40m

E. 地下消防水泵接合器进水口与井盖底部的距离不应小于井盖的直径

三、判断题

1. 消火栓泵一旦启动不得自动停泵，其停泵只能由现场手动控制。（　　）

2. 消防水泵多为离心泵，启动前须使泵壳和吸水管内注满水。（　　）

四、简答题

请简述消火栓系统的测试步骤。

【数字资源】

资源名称	消防给水系统	室内消火栓系统	消防供水设施故障维修	消火栓
资源类型	视频	视频	视频	视频
资源二维码				

模块5 自动喷水灭火系统

项目1　自动喷水灭火系统监控操作

【学习目标】

【知识目标】	熟悉自动喷水灭火系统(湿式、干式、预作用、雨淋系统)的组成、组件及工作原理；掌握自动喷水灭火系统的监控操作方法
【能力目标】	具有解决自动喷水灭火系统调试实际问题的能力
【素质目标】	通过对自动喷水灭火系统监控操作的学习，树立遵守国家规范，按照规范规程办事的意识。守规范、重安全；提高学生消防安全服务意识，培养学生消防质检"匠人"情怀，秉持消防检测维保人员严谨细致的岗位素养

【思维导图】

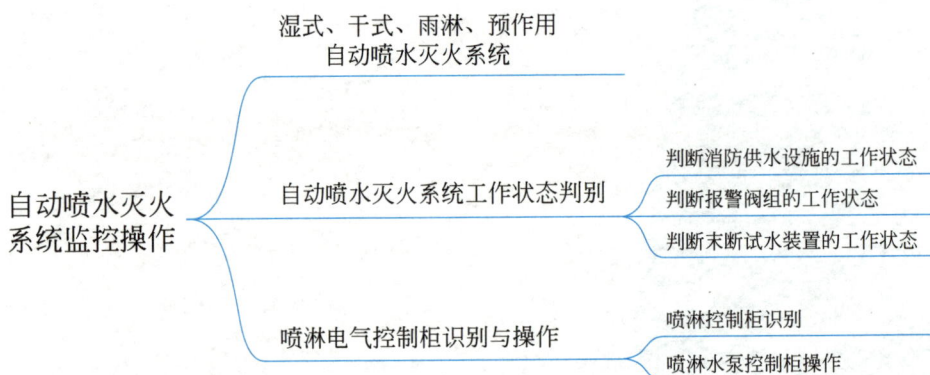

【情景导入】

　　2024年3月6日，某市港口，一艘客船上的燃油小汽车突然冒烟，随时有引发大火的可能。所幸，车辆冒烟后船上的消防自动喷淋系统立即启动，消除了险情，船上装载的90多辆车免于被烧毁，未造成人员伤亡和海洋污染。

任务 1.1　湿式、干式、雨淋、预作用自动喷水灭火系统

　　自动喷水灭火系统是一种在发生火灾时，能自动打开喷头喷水灭火并同时发出火警信号的消防灭火设施。

　　自动喷水灭火系统，按安装的喷头开闭形式不同分为闭式系统和开式系统。闭式喷头系统包含湿式自动喷水灭火系统、干式自动喷水灭火系统和预作用自动喷水灭火系统，如图 5-1-1 所示。开式喷头系统包含雨淋系统和水喷雾灭火系统，如图 5-1-2 所示。

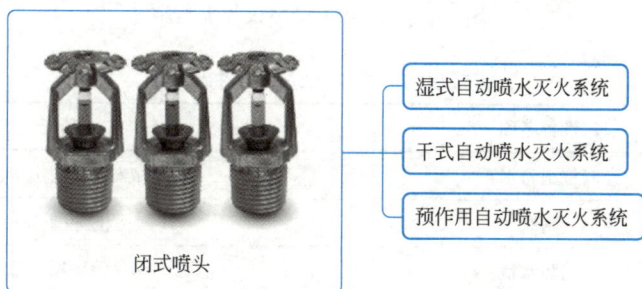

图 5-1-1　闭式喷头系统分类

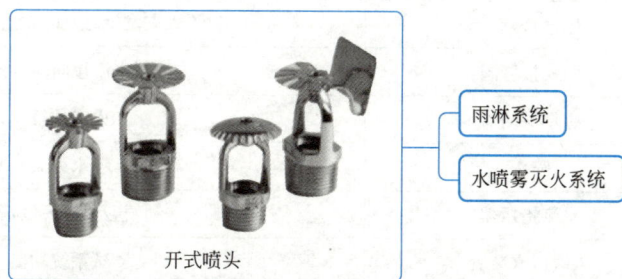

图 5-1-2　开式喷头系统分类

1. 湿式自动喷水灭火系统

　　湿式系统是指准工作状态时管道内充满用于启动系统的有压水的闭式系统。

　　工作原理：平时湿式报警阀的上、下腔充满相同压力的水，发生火灾后，闭式喷头达到公称动作温度而开放喷水，导致湿式报警阀阀板的上、下水压失衡，阀板上侧压力降低，下侧仍为高压，阀板在压差作用下开启，压力水进入配水管网，同时从阀的信号口流入报警管路，经延迟器进入水力警铃而发出持续强劲的声响，水压使压力开关动作，信号传到控制盘，由控制盘发出启动消防主泵的指令。

　　湿式自动喷水灭火系统如图 5-1-3 所示。湿式自动喷水灭火系统组件及功能见表 5-1-1。

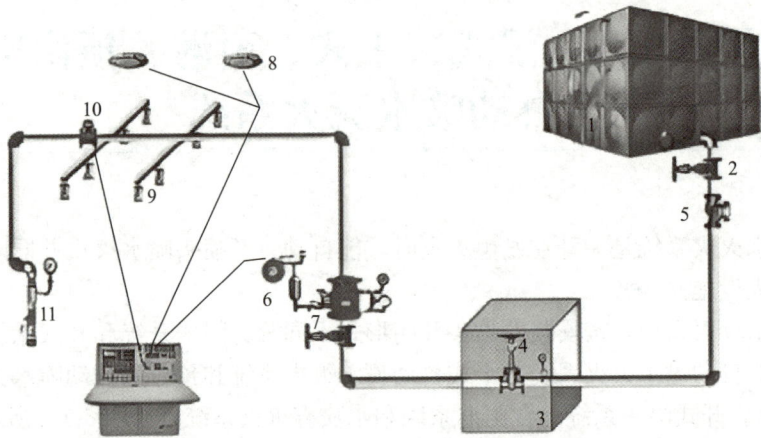

图 5-1-3　湿式自动喷水灭火系统

湿式自动喷水灭火系统组件及功能　　　　　　　　　　　　　　　　　表 5-1-1

序号	设备名称	主要功能
1	高位消防水箱	储存火灾初期用水量
2	闸阀	控制、截断和调节水流
3	消防水池	储存消防用水量
4	明杆闸阀	控制、截断和调节水流
5	止回阀	防止水回流
6	水力警铃	火灾发生时及时发出警报
7	湿式报警阀	控制水流流向喷水系统
8	感烟探测器	火灾预警
9	喷头	喷水灭火
10	水流指示器	指示报警区域
11	末端试水装置	测试系统功能

2. 干式自动喷水灭火系统

干式自动喷水灭火系统是一种特殊的自动喷水灭火系统，该系统主要由闭式喷头、管道系统、干式报警阀、报警装置、充气设备、排气设备和供水设备等组成。其主要特点是在报警阀后管路内无水，因此不怕冻结，也不受环境温度高的影响。

工作原理：保护区域内发生火灾时，温度升高使闭式喷头玻璃球炸裂而使喷头开启释放压力气体。这时干式报警阀系统侧压力降低，供水压力大于系统侧压力（产生压差），使阀瓣打开（干式报警阀开启），其中一路压力水流向洒水喷头，对保护区洒水灭火，水流指示器报告起火区域，另一路压力水通过延迟器流向水力警铃，发出持续铃声报警，当阀组或稳压泵的压力开关输出启动供水泵信号，完成系统启动。系统启动后，由供水泵向开放的喷头供水，开放喷头按不低于设计规定的喷水强度均匀喷水，实施灭火。

干式自动喷水灭火系统如图 5-1-4 所示，干式自动喷水灭火系统组件及功能见表 5-1-2。

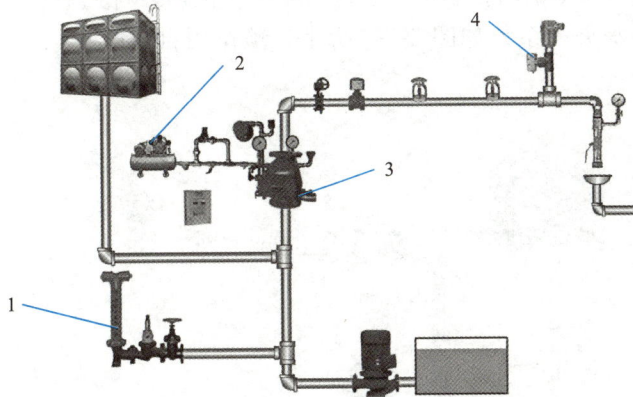

图 5-1-4　干式自动喷水灭火系统组成

干式自动喷水灭火系统组件及功能　　　　　　　　　　　　表 5-1-2

序号	设备名称	主要功能
1	水泵接合器	连接水泵和管道系统,确保水泵的出口与管道系统之间顺畅地输送水流
2	补气装置	补充系统端压力气体
3	干式报警阀	控制水流流向喷水系统
4	自动排气阀	自动排除系统端气体

3. 预作用自动喷水灭火系统

预作用自动喷水灭火系统将火灾自动探测报警技术和自动喷水灭火系统有机地结合起来，对保护对象起到双重保护作用。

该系统主要由闭式喷头、管道系统、雨淋阀、湿式阀、火灾探测器、报警控制装置、充气设备、控制组件和供水设施部件组成。在正常情况下，系统处于准工作状态，预作用报警阀后配水管道不充水，而是充满有压气体（如压缩空气）。

工作原理：

（1）预作用单联锁启动方式

火灾自动报警系统控制自动启动预作用装置与自动启动消防泵的原理：不充气单联锁预作用系统，消防联动控制器处于自动状态下，当火灾报警系统接收到"同一报警区域内两只及以上独立感烟火灾探测器或一只感烟火灾探测器与一只手动火灾报警按钮"报警信号时，作为触发信号，消防联动控制器自动启动于左右装置的电磁阀，从而控制预作用装置的开启；同时自动启动消防泵。该控制方式受消防控制室处于自动或手动状态影响。

（2）预作用双联锁启动方式

火灾自动报警系统控制自动启动预作用装置与自动启动消防泵的原理：充气双联锁预作用系统，消防联动控制器处于自动状态下，当火灾报警系统接收到"火灾探测器或手动火灾报警按钮报警信号"与"充气管道上压力开关报警信号"时（"与"逻辑），作为触发信号，消防联动控制器自动开启预作用装置的电磁阀，从而启动预作用装置；同时自动启动消防泵。该控制方式受消防控制室处于自动或手动状态影响。

预作用自动喷水灭火系统如图 5-1-5 所示。预作用自动喷水灭火系统组件及功能见表 5-1-3。

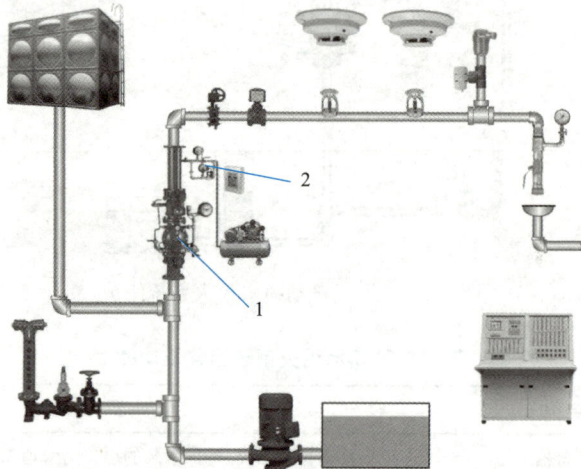

图 5-1-5　预作用自动喷水灭火系统组成

预作用自动喷水灭火系统组件及功能　　　　　　　　　　　　　　　　　　表 5-1-3

序号	设备名称	主要功能
1	预作用报警阀组	预作用阀组主要由雨淋阀与湿式报警阀组成,保证系统运行后进行灭火
2	低压压力开关	当系统内的压力低于设定的安全值时,低压压力开关会将信号传递到主机控制系统

4. 雨淋自动喷水灭火系统

雨淋自动喷水灭火系统是一种消防系统，主要由开式喷头、管道系统、雨淋阀、火灾探测器、报警控制装置、控制组件和供水设备等组成。该系统具有出水量大、灭火控制面积大、灭火及时等优点，但水渍损失大于闭式系统。通常用于燃烧猛烈、蔓延迅速的某些严重危险级场所，如火柴厂的氯酸钾压碾厂房、建筑面积大于 $100\mathrm{m}^2$ 生产使用硝化棉、喷漆棉、火胶棉、赛璐珞胶片、硝化纤维的厂房等。

工作原理：

（1）联动控制方式，应由同一报警区域内两只及以上独立的感温火灾探测器或一只感温火灾探测器与一只手动火灾报警按钮的报警信号，作为雨淋阀组开启的联动触发信号。应由消防联动控制器控制雨淋阀组的开启。

（2）手动控制方式，应将雨淋消防泵控制箱（柜）的启动和停止按钮、雨淋阀组的启动和停止按钮，用专用线路直接连接至设置在消防控制室内的消防联动控制器的手动控制盘，直接手动控制雨淋消防泵的启动、停止及雨淋阀组的开启。

（3）水流指示器、压力开关、雨淋阀组、雨淋消防泵的启动和停止的动作信号应反馈至消防联动控制器。

雨淋自动喷水灭火系统如图 5-1-6 所示。雨淋自动喷水灭火系统组件及功能见表 5-1-4。

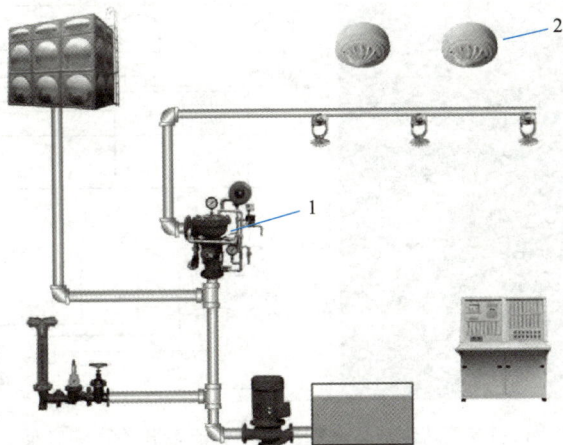

图 5-1-6　雨淋自动喷水灭火系统

雨淋自动喷水灭火系统组件及功能　　　　　　　　　　　　　　表 5-1-4

序号	设备名称	主要功能
1	雨淋阀	控制水流和启动报警系统
2	感温探测器	监测和响应环境中的温度变化,以检测潜在的火灾风险

任务 1.2　自动喷水灭火系统工作状态判别

以湿式自动喷水灭火系统为例,应沿系统供水水流方向,依序对湿式自动喷水灭火系统工作状态进行检查判断,判断系统工作状态前需要熟悉系统平面布置图、系统图等设计文件,确认系统各组件位置,准备秒表、声强计等检查测量工具,核查过程中应正确合理使用检查测试工具,若遇异常振(抖)动或声响,检查部位处的压力、水流等表征不符合预期时,应立即中断检查和设备运行以免造成不良后果,排查出现异常的原因,及时处理发现的问题,严禁带"病"操作与运行。

按照系统供水水流方向以及各组件的位置,可以分四个阶段进行检查判断:

一、判断消防供水设施的工作状态

1. 核查消防供水设施组件的配置齐全性、外观完整性以及系统和组件标识。

2. 核查补水设施正常,检查消防控制室远程水位监控系统、就地水位显示装置,校核消防水池(箱)有效容积,确保消防用水不作他用的技术措施完好。

3. 核查各管路及阀门,核查进水、出水管路阀门的启闭状态和锁定情况。

4. 检查消防泵组电气控制柜的供电和各项切换功能,且转换开关应处于"自动"状态。

5. 测试消防泵组现场手动、消防控制室远程启停功能。消防泵组出水应通过泵房试水管路进行。

6. 核查稳压系统气压罐压力表指示,测试稳压泵自动启停功能。

7. 测试高位消防水箱出水干管流量开关联锁启泵功能，如图 5-1-7 所示。

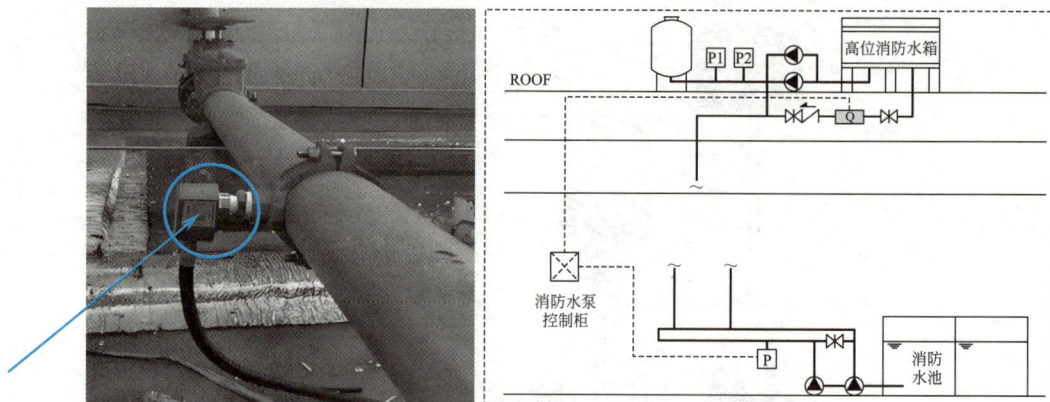

图 5-1-7　高位消防水箱出水干管流量开关联锁启泵

二、判断报警阀组的工作状态

1. 核查报警阀组组件的配置齐全性、外观完整性和组件标识，湿式报警阀组如图 5-1-8 所示。

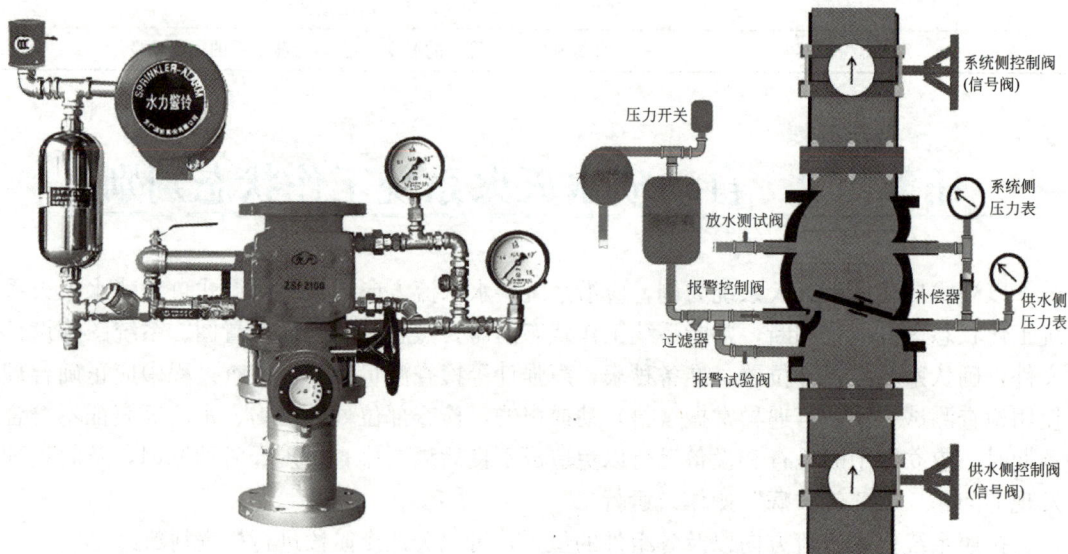

图 5-1-8　湿式报警阀组

2. 核查报警阀组各管路阀门启闭状态和各处压力表指示状态。

3. 测试报警阀、延迟器、压力开关和水力警铃的动作情况测试时，系统侧管路控制阀应关闭，检查完毕后恢复成开启状态。

4. 检查完毕后，按规定做好记录。

三、判断末端试水装置的工作状态

1. 检查末端试水装置的齐全性和外观完整性；检查压力表（误差＜0.01MPa）、试水阀、试水接头等，末端试水装置如图 5-1-9 所示。

图 5-1-9　末端试水装置

2. 消防泵电气控制柜为自动状态，开启末端试水装置；出水压力不应低于 0.05MPa。

3. 水流指示器、报警阀、压力开关等各组件应动作（在主机上查看反馈信号，水力警铃响起）。

4. 开启末端 5min 内自动启动消防泵。

5. 先停消防泵（打到"手动"，按"停止"键），关闭末端试水装置，将消防泵电气控制柜打到"自动"，系统恢复正常。

任务 1.3　喷淋电气控制柜识别与操作

一、喷淋控制柜识别

图 5-1-10 为某自动喷淋消防电气控制柜，其面板部件功能见表 5-1-5。

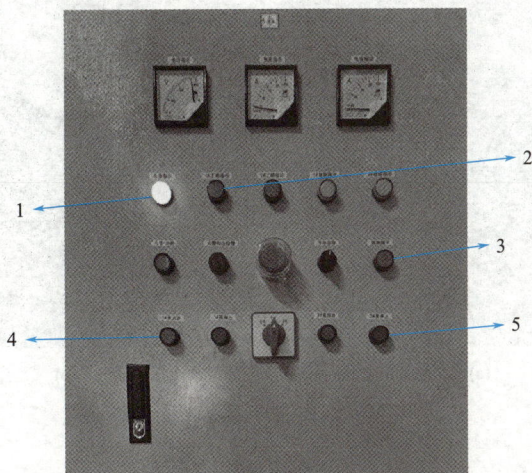

图 5-1-10　某自动喷淋泵消防电气控制柜

消防泵组控制柜面板部件功能 表 5-1-5

图注号	名称	说明
1	电源指示灯	指示电源状态,亮灯电源有电
2	水泵运行指示灯	绿色——1 号启动,启动时亮
3	水泵故障状态指示灯	黄色——1 号故障,水泵故障时亮
4	水泵启动按钮	在"手动"状态下,按下该按钮,可以手动启动水泵。该按钮可以用于手动测试水泵,也可以在紧急状态下启动水泵
5	水泵停止按钮	在"手动"状态下,按下该按钮,可以手动停止水泵

二、喷淋水泵控制柜操作

1. 检查系统的工作状态

观察电气控制柜、消防水泵管网等设备运行情况,检查并确认消防设施均处于完好、有效、正常工作状态下,自动喷水灭火系统电气控制柜置于自动控制状态。查看控制柜面板指示信息、电动机运转情况、消防水泵进出水管路压力是否正常。

2. 手动启停泵操作

在消防水泵启停泵操作前,应打开试水管路阀门或利用相应用水设备形成泄压通道,严守操作规程。

(1) 操作控制柜面板手动/自动转换开关置于手动状态,此时,消防水泵的启停只能通过控制柜面板"启动""停止"按钮进行操作,自动操作(包括多线操作盘启停泵按钮)控制无效。

(2) 主备泵转换开关旋至左边挡位时,如图 5-1-11 (a) 所示,表示编号为 1 的消防水泵为主泵,编号为 2 的消防水泵为备用泵。主备泵转换开关旋至右边挡位时,如图 5-1-11 (b) 所示,表示编号为 2 的消防水泵为主泵,编号为 1 的消防水泵为备用泵。

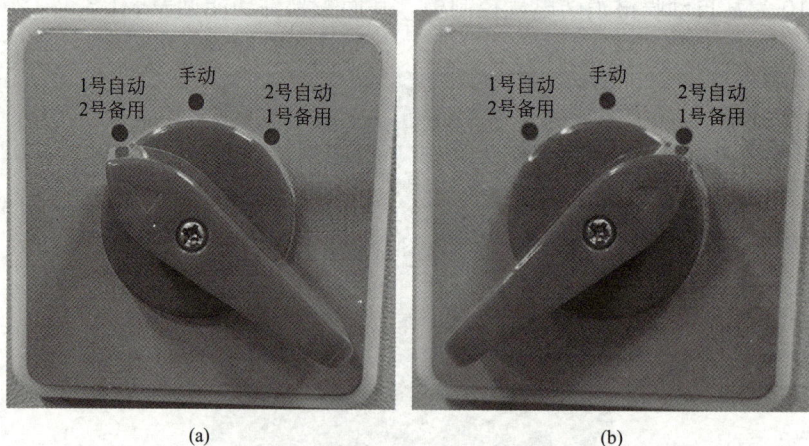

(a)　　　　　　　　　　　(b)

图 5-1-11　消防水泵主备泵转换开关

(3) 按顺序分别操作控制柜面板的 2 号泵手动启动按钮,待每台泵启动后持续平稳运行时再手动停泵转为启动下一台泵,如此往复整个操作过程中,注意观察仪表、指示灯、电动机运转等情况。

（4）操作控制柜面板手动/自动转换开关置于自动状态，利用消防控制室（盘）的多线操作盘上的启停泵按钮进行远程启动操作，按下多线操作盘消防水泵的"启动"按钮，1号消防水泵启动后持续平稳运行，如图 5-1-12 所示，按下多线操作盘消防水泵的"停止"按钮，则 1 号泵停止。如运行过程中 1 号主泵发生故障，则 2 号备用泵能够自动投入运行，停泵后恢复系统至正常运行状态。

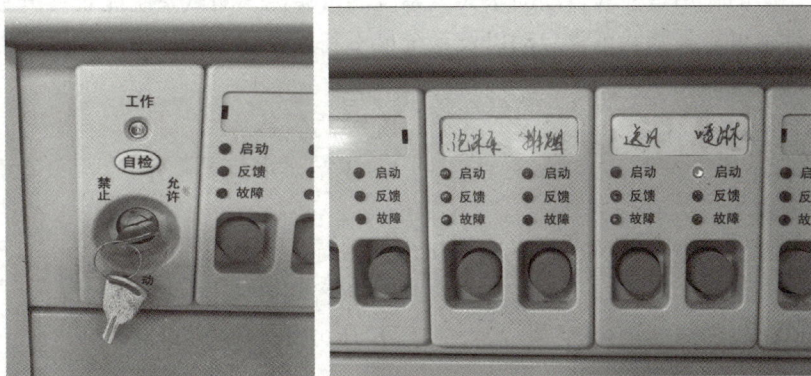

图 5-1-12　多线操作盘启动喷淋泵

3. 自动启停泵操作

操作控制柜面板手动/自动转换开关置于自动状态，如图 5-1-13 所示，此时，表示编号为 1 号的喷淋水泵为主泵，2 号消防水泵为备用泵，简称为"1 用 2 备"。操作末端试水装置或报警阀放水，压力开关动作后直接联锁启动 1 号消防水泵，1 号泵启动后持续平稳运行。操作控制柜面板手动/自动转换开关置于手动状态，如图 5-1-14 所示，手动停泵后，再将手动/自动转换开关置于自动状态，恢复系统至正常监视运行状态。

图 5-1-13　水泵控制柜自动切换

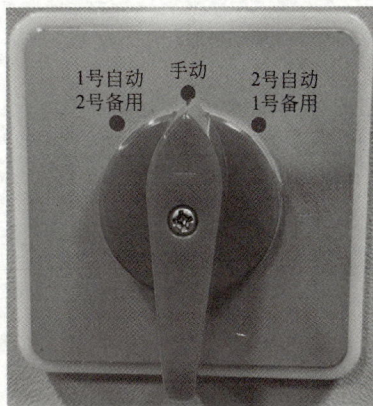

图 5-1-14　主备泵转换开关

【随堂练习】

一、单选题

1. 自动喷水灭火系统火灾时受高温烟气作用喷头动作喷水，且出水压力（　　）。

A. 低于 0.05MPa B. 高于 0.05MPa
C. 不低于 0.05MPa D. 不高于 0.05MPa

2. 干式自动喷水灭火系统的组成中，不包括（　　）。

A. 闭式喷头 B. 湿式报警阀组
C. 末端试水装置 D. 充气和气压维持装置

3. （　　）的作用是检验自动喷水灭火系统的可靠性，测试系统能否在开放一只喷头的最不利条件下可靠报警并正常启动以及系统最不利点处的工作压力等，也可以检测干式系统和预作用系统的充水时间。

A. 压力开关 B. 水力警铃
C. 水流指示器 D. 末端试水装置

二、多选题

1. 开启湿式自动喷水灭火系统的末端试水阀门时，下列动作的有（　　）。

A. 水流指示器 B. 报警阀瓣
C. 信号蝶阀 D. 压力开关
E. 水力警铃

2. 在湿式自动喷水灭火系统中，下列哪些动作后能联锁启动喷淋泵（　　）。

A. 水流指示器 B. 报警阀瓣
C. 高位水箱出口流量开关 D. 报警管路上的压力开关
E. 消防供水干管上的低压压力开关

三、判断题

消防泵组电气控制柜不具备主备电切换的功能。（　　）

项目2 自动喷水灭火系统维护保养

【学习目标】

【知识目标】	了解自动喷水灭火系统保养和检测的基本内容,熟练掌握自动喷水灭火系统的主要组件的检测和维修方法
【能力目标】	具备自动喷水灭火系统各主要组件运行操作以及维护保养的能力
【素质目标】	通过对自动喷水灭火系统各主要组件运行操作知识的学习,树立遵守国家规范,按照规范规程办事的意识。守规范、重安全;建筑物自动喷水灭火系统正常运行对于确保人们的生命安全以及减少火灾带来的财产损失至关重要

【思维导图】

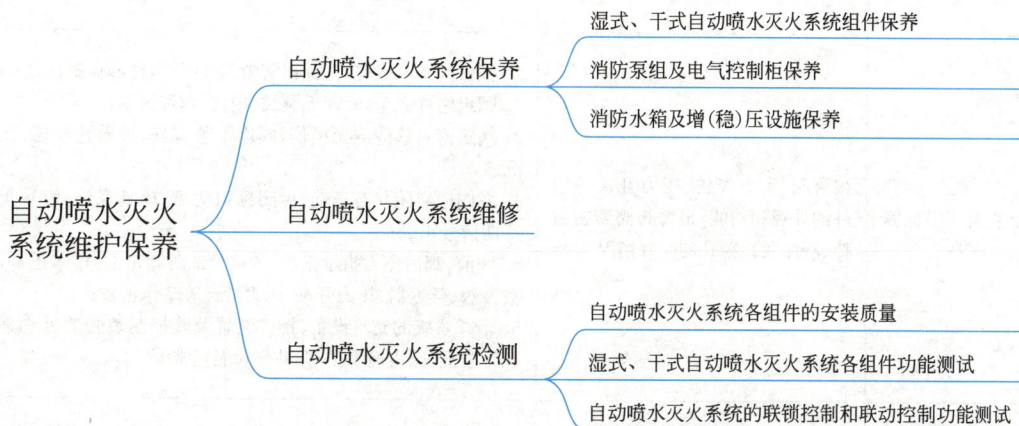

自动喷水灭火系统维护保养
- 自动喷水灭火系统保养
  - 湿式、干式自动喷水灭火系统组件保养
  - 消防泵组及电气控制柜保养
  - 消防水箱及增(稳)压设施保养
- 自动喷水灭火系统维修
- 自动喷水灭火系统检测
  - 自动喷水灭火系统各组件的安装质量
  - 湿式、干式自动喷水灭火系统各组件功能测试
  - 自动喷水灭火系统的联锁控制和联动控制功能测试

【情景导入】

　　某日晚12时许,某工业生产车间发生火灾。园区消防控制室于12时03分接到生产车间感烟火灾探测器的报警信号,现场值班人员按操作流程及时将火灾报警控制器

（联动型）控制方式由"手动"→"自动"状态，火灾自动报警系统工作，但由于消防水泵电气控制柜维护保养不及时，水泵电气控制柜故障导致喷淋泵无法正常启动，造成火灾并未在初起阶段被及时扑灭，最终造成 5 人死亡、21 人受伤和 7000 万元直接经济财产损失的惨剧。

任务 2.1 自动喷水灭火系统保养

2.1.1 湿式、干式自动喷水灭火系统组件保养

一、保养内容

湿式、干式自动喷水灭火系统的保养内容与要求见表 5-2-1。

湿式、干式自动喷水灭火系统的保养内容与要求 表 5-2-1

保养项目	保养内容	保养要求
1. 阀门保养	系统上所有控制阀门和室外阀门井中的控制阀门外观和启闭状态	1. 系统上所有控制阀门外观完好无渗漏,启闭功能正常,状态正确,标识清晰,铅封、完好; 2. 阀门井无积水和杂物
2. 管道保养	供水管道、分区配水管道外观及过滤器状态	1. 管道及附件外观应完好、无损伤,管道接头无渗漏、锈蚀; 2. 外表漆面或色环正确,无脱落; 3. 系统和水流方向标识清晰; 4. 支架、吊架完好,无扭曲、脱落; 5. 过滤器状态完好
3. 报警阀组保养	报警阀、水力警铃、压力开关等组件的外观和功能,报警阀阀瓣密封垫、阀座及报警孔的完好情况	1. 报警阀组外观完好,标识清晰,并注明名称和保护区域; 2. 阀组组件齐全,表面无裂纹、损伤、锈和渗漏; 3. 阀瓣密封垫清洁无损伤,阀座平整完好,报警孔畅通、无沉沙; 4. 各阀门启闭状态正确,启闭标识明显,锁具完好,信号阀反馈信号正确; 5. 阀前、阀后压力指示正常,各项测试功能正常,排水正常,报警阀、延迟器、压力开关、压力警铃等动作正常; 6. 干式系统的充气设备、排气装置及其控制装置的外观标识无磨损,压力显示正常,补气功能正常等
4. 水流指示器保养	水流指示器的外观和功能	1. 水流指示器外观完好,标识明显; 2. 水流指示器的启动与复位灵敏、可靠,反馈信号准确
5. 试验装置保养	系统末端试水装置、楼层试水阀等阀门外观和启闭状态,压力表监测情况	1. 末端试水装置(试水阀)应外观完好,无锈蚀、渗漏; 2. 压力表铅封完好,表盘、指针无损; 3. 末端试水各项测试功能应正常

二、保养方法

消防设施维护保养人员应根据维护保养计划，在规定的周期内对上述项目分别实施保养。保养应结合外观检查和功能测试进行，通常采用清洁、紧固、调整、润滑的方法。对电气元器件的清洁应使用吸尘器或软毛刷等工具，其他组件可使用不太湿的布进行擦拭。

1. 阀门

检查系统各个控制阀门，发现铅封损坏或者锁链未固定在规定状态的，及时更换铅封，并调整锁链至规定的固定状态。发现阀门有漏水、锈蚀等情形的，更换阀门密封垫，修理或者更换阀门，对锈蚀部位进行除锈处理。启闭不灵活的，进行润滑处理。

检查室外阀门井情况，发现阀门井积水、有垃圾或者有杂物的，及时排除积水，清除垃圾、杂物。发现管网中的控制阀门未完全开启或者关闭的，完全启闭到位。发现阀门有漏水等情形，按照前述室内阀门的要求查漏、修复、更换、除锈和润滑。以截止阀为例，其阀瓣更换如图 5-2-1 所示。

2. 管道

检查发现管道漆面脱落、管道接头存在渗漏、锈蚀的，应进行刷漆、补漏、除锈处理。检查发现支架、吊架脱焊以及管卡松动的，应进行补焊和紧固处理。检查管道各过滤器的使用性能，对滤网进行拆洗，并重新安装到位。

3. 报警阀组

（1）检查报警阀组的标识是否完好、清晰，报警阀组组件是否齐全，表面有无裂纹、损伤等现象。检查各阀门启闭状态、启闭标识、锁具设置和信号阀信号反馈情况是否正常，报警阀组设置场所的排水设施有无排水不畅或积水等情况。

（2）检查阀瓣上的橡胶密封垫，表面应清洁无损伤，否则应清洗或更换。检查阀座的环形槽和小孔，发现积存泥沙和污物时进行清洗。阀座密封面应平整，无碰伤和压痕，有时应修理或更换。

（3）检查湿式自动喷水灭火系统延迟器的漏水接头，必要时进行清洗，防止异物堵塞，保证其畅通。

（4）检查水力警铃铃声是否响亮，清洗报警管路上的过滤器。拆下铃壳，彻底清除脏物和泥沙并重新安装。拆下水轮上的漏水接头，清洁其中集聚的污物。

4. 水流指示器

检查水流指示器，发现有异物、杂质等卡阻桨片的，及时清除。开启末端试水装置或者试水阀，检查水流指示器的报警情况，发现存在断路、接线不实等情况的，重新接线至正常。发现调整螺母与触头未到位的，重新调试到位。

5. 末端试水装置

检查系统末端试水装置、楼层试水阀的设置位置是否便于操作和观察，有无排水设施。检查末端试水装置压力表能否准确监测系统、保护区域最不利点静压值。通过放水试验，检查系统启动、报警功能以及出水情况是否正常。

2.1.2 消防泵组及电气控制柜保养

消防泵组及电气控制柜的保养内容及要求见表 5-2-2。

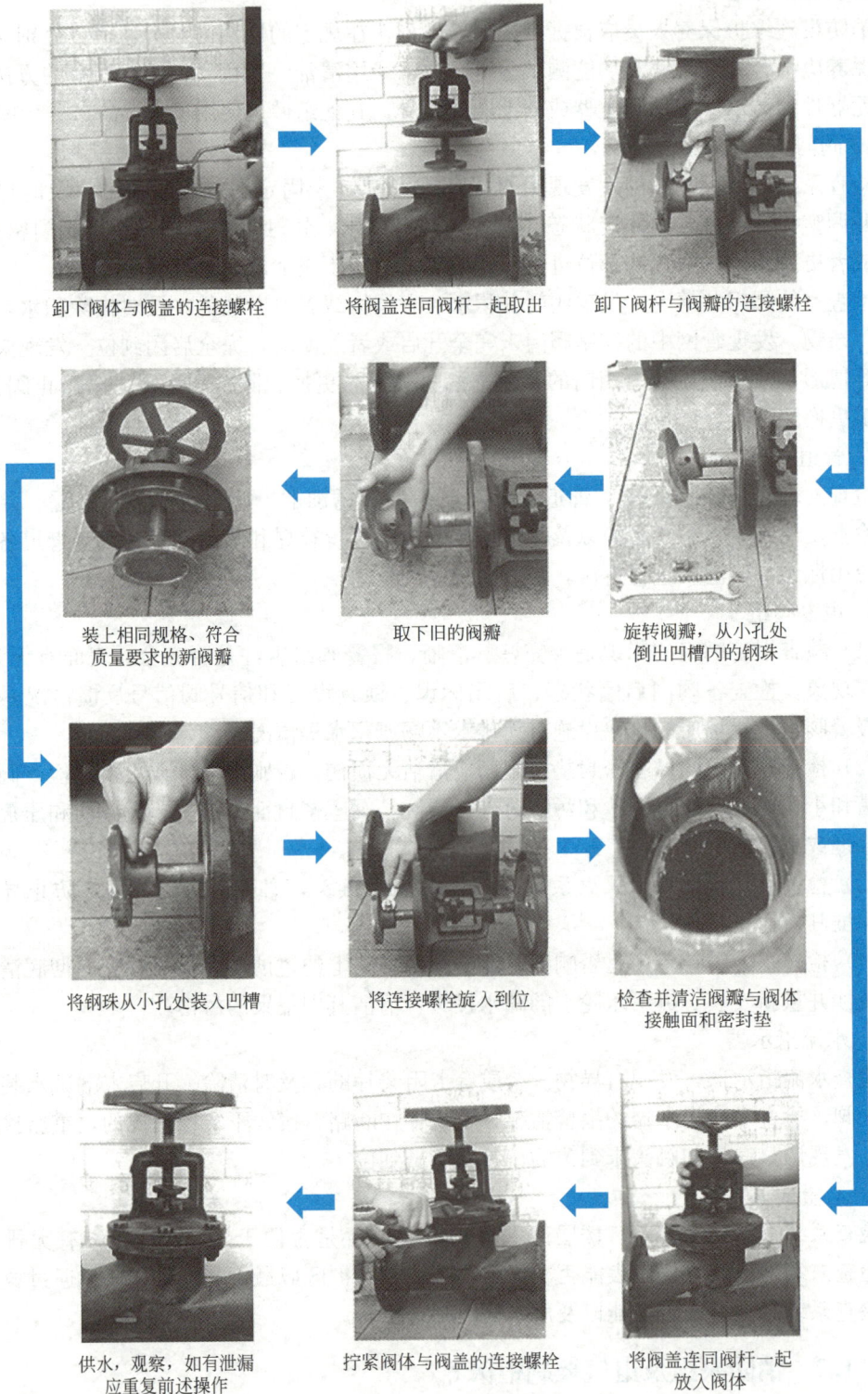

卸下阀体与阀盖的连接螺栓　　　将阀盖连同阀杆一起取出　　　卸下阀杆与阀瓣的连接螺栓

装上相同规格、符合
质量要求的新阀瓣　　　　取下旧的阀瓣　　　　旋转阀瓣，从小孔处
倒出凹槽内的钢珠

将钢珠从小孔处装入凹槽　　　将连接螺栓旋入到位　　　检查并清洁阀瓣与阀体
接触面和密封垫

供水，观察，如有泄漏
应重复前述操作　　　拧紧阀体与阀盖的连接螺栓　　　将阀盖连同阀杆一起
放入阀体

图 5-2-1　截止阀阀瓣更换

消防泵组及电气控制柜的保养内容及要求　　　　　　　表 5-2-2

设备名称	保养项目	保养方法
消防泵组及电气控制柜	1. 控制柜外观	1. 柜体表面整洁,无损伤和锈蚀,柜门启闭正常,无变形; 2. 所属系统及编号标识完好、清晰; 3. 仪表、指示灯、开关、按钮状态正常,标识正确,活动部件运转灵活、无卡滞; 4. 箱内无积尘和蛛网,电气原理图完好,粘贴牢固
	2. 控制柜电气部件	1. 排线整齐,线路表面无老化、破损; 2. 连接牢靠,无松动、脱落; 3. 接线处无打火、击穿和烧蚀; 4. 电气元器件外观完好,指示灯等指(显)示正常,接地正常
	3. 控制柜功能	1. 控制柜平时应处于自动状态; 2. 手动/自动转换、主/备电切换功能正常,机械应急启动功能正常,手动和联动启泵功能正常,手动停泵功能正常; 3. 主/备泵互换功能正常; 4. 启停过程中控制柜各电器动作顺序正确,工作和故障状态指(显)示正常,信号反馈功能正常
	4. 泵组	1. 组件齐全,泵体和电动机外壳完好,无破损、锈蚀; 2. 设备铭牌标志清晰; 3. 叶轮转动灵活,无卡滞; 4. 润滑油充足,泵体、泵轴无渗水、砂眼; 5. 电动机绝缘正常,接地良好,紧固螺栓无松动,电缆无老化、破损和连接松动; 6. 消防水泵运转正常,无异常振动或声响

2.1.3 消防水箱及增（稳）压设施保养

一、消防水箱保养

1. 消防水箱的保养要求

（1）水箱箱体和支架外观完好，组件齐全，无破损、渗漏。

（2）进、出水和溢流、排污等管路阀门启闭状态正确，阀门转动灵活，无锈蚀。

（3）水位传感器和就地水位显示装置外观及功能正常。

（4）水箱水量和水质符合设计要求。

（5）合用水箱消防用水不作他用的技术措施完好。

（6）冬季防冻措施有效。

2. 消防水箱的保养方法

针对检查发现的问题，及时采取加固或维修措施。如水箱水量达不到设计要求，经查是液位开关问题，需对液位开关进行调整、维修、更换；如水质较差，经查是水箱污染所致，则需对水箱进行清洗作业。

以不锈钢消防水箱为例，其清洗流程如下：

（1）关闭进水阀，打开排污阀，使水箱中的余水排尽。

（2）用干净拖把或抹布对水箱周边和底部进行清洁，底部积垢严重的，可用软毛巾加清洁剂擦洗。

（3）打开进水阀，放入适量清水冲洗箱壁及底部，排除清洗产生的污水，必要时可重复进行多次，直到排污口出流满足要求为止。

（4）关闭排污阀，打开进水阀，补充水箱水至设计水位。

二、稳压装置保养

1. 对泵体和电气外壳进行清洁、除锈。

2. 对各连接部件螺栓进行紧固。

3. 对阀门进行启闭功能测试、启闭状态核查和润滑，损坏的及时更换。

4. 检查润滑油油质，到期或变质、掺水的润滑油应更换。

5. 手动盘车，对泵体盘根填料进行检查或更换。

6. 测量电动机、电缆绝缘和接地电阻，查看电缆破损和连接松动情况，及时维修和更换。

7. 利用测试管路泄压，观察稳压泵自动启停和运转情况；再次泄压，观察稳压泵交替运行情况。启停功能、双泵交替运行功能不正常的，分别对泵体、电气控制柜等相关组件进行检查和维修。

任务 2.2　自动喷水灭火系统维修

一、湿式报警阀组漏水

故障分析：

1. 排水阀门未完全关闭。

2. 阀瓣密封垫老化或者损坏。

3. 系统侧管道接口渗漏。

4. 报警管路测试控制阀渗漏。

5. 阀瓣组件与阀座之间因变形或污垢、杂物阻挡而不密封，如图 5-2-2 所示。

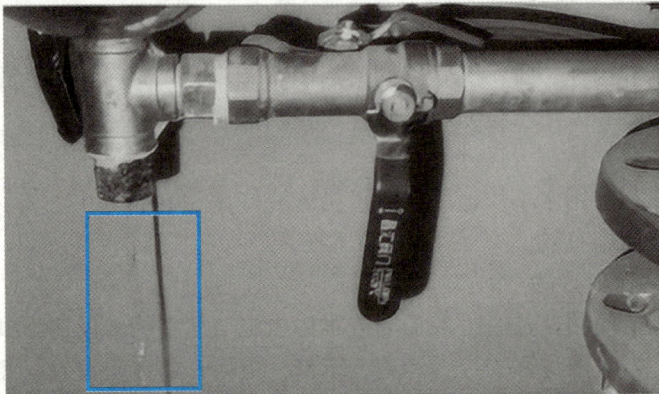

图 5-2-2　报警管路漏水

故障处理：

1. 关紧排水阀门。

2. 更换阀瓣密封垫。

3. 密封垫老化、损坏的，更换；密封垫错位的，调整位置；管道接口锈蚀、磨损严重的，更换。

4. 更换报警管路测试控制阀。

5. 先放水冲洗，仍渗漏，关闭进水口侧和系统侧控制阀，卸下阀板，清除杂质；拆卸阀体，阀瓣组件、阀座存在明显变形、损伤的，更换。

二、报警阀启动后报警管路不排水

故障分析：

1. 报警管路控制阀关闭。

2. 限流装置过滤网被堵塞，如图 5-2-3 所示。

图 5-2-3　报警管路不排水

故障处理：

1. 开启报警管路控制阀。

2. 卸下限流装置，冲洗干净后重新安装回原位。

三、开启测试阀，消防水泵不能正常启动

故障分析：

1. 压力开关设定值不正确。

2. 联动控制设备中的控制模块损坏。

3. 水泵控制柜、联动控制设备的控制模式未设定在"自动"状态。

故障处理：

1. 将压力开关内的调压螺母调到规定值。

2. 逐一检查控制模块，采用其他方式启动消防水泵，核定问题模块，并予以更换。

3. 将控制模式设定为"自动"。

四、系统测试不报警

故障分析：

1. 消防用水中的杂质堵塞了报警管道上过滤器的滤网。

2. 水力警铃进水口处喷嘴被堵塞、未配铃锤或铃锤卡死，如图 5-2-4 所示。

故障处理：

1. 拆下过滤器，用清水将滤网冲洗干净后，重新安装到位。

图 5-2-4　水力警铃不报警

2. 检查水力警铃的配件，配齐组件；有杂物卡阻、堵塞的部件进行冲洗后重新装配到位。

任务 2.3　自动喷水灭火系统检测

2.3.1　自动喷水灭火系统各组件的安装质量

一、喷头

湿式、干式自动喷水灭火系统的洒水喷头类型和场所的最大净空高度应符合表 5-2-3 的规定。喷头到场后需要检查外观、密封性和质量偏差。

洒水喷头类型和场所的最大净空高度　　　　　　　　　　表 5-2-3

设置场所		喷头类型			场所净空高度 h（m）
		一只喷头的保护面积	响应时间性能	流量系数 K	
民用建筑	普通场所	标准覆盖面积洒水喷头	快速响应喷头	$K \geqslant 80$	$h \leqslant 8$
			特殊响应喷头		
			标准响应喷头		
		扩大覆盖面积洒水喷头	快速响应喷头	$K \geqslant 80$	
	高大空间场所	标准覆盖面积洒水喷头	快速响应喷头	$K \geqslant 115$	$8 < h \leqslant 12$
		非仓库型特殊应用喷头			
		非仓库型特殊应用喷头			$12 < h \leqslant 18$

设置场所	喷头类型			场所净空高度 h(m)
	一只喷头的保护面积	响应时间性能	流量系数 K	
厂房	标准覆盖面积洒水喷头	特殊响应喷头	$K \geqslant 80$	$h \leqslant 8$
		标准响应喷头		
	扩大覆盖面积洒水喷头	标准响应喷头	$K \geqslant 80$	
	标准覆盖面积洒水喷头	特殊响应喷头	$K \geqslant 115$	$8 < h \leqslant 12$
		标准响应喷头		
	非仓库型特殊应用喷头			
仓库	标准覆盖面积洒水喷头	特殊响应喷头	$K \geqslant 80$	$h \leqslant 9$
		标准响应喷头		
	仓库型特殊应用喷头			$h \leqslant 12$
	早期抑制快速响应喷头			$h \leqslant 13.5$

1. 喷头装配性能检查

采用螺栓旋具旋拧喷头顶丝，不得轻易旋开，用手转动溅水盘，确保无松动、变形等现象。最终确保喷头不被轻易调整、拆卸和重装。喷头类型如图 5-2-5 所示。

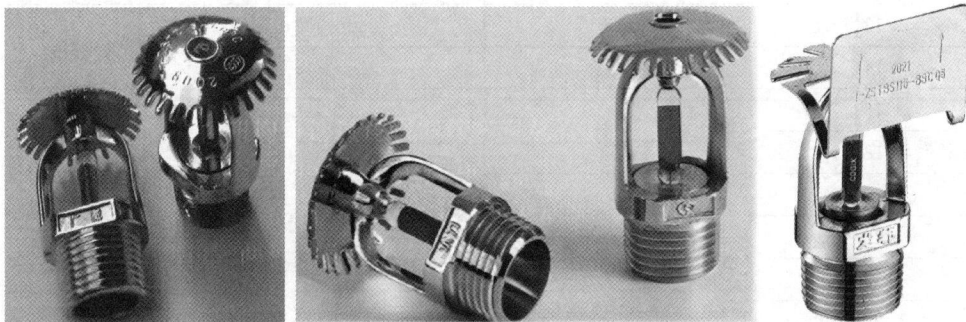

图 5-2-5　喷头类型

2. 喷头外观标志检查

目测喷头溅水盘或者本体上的商标、型号、公称动作温度、响应时间指数、制造厂及生产日期等永久性标志应齐全。型号、规格的性能参数应符合设计的选型要求。边墙型喷头上有水流方向标识，隐蔽式喷头的盖板上有"不可涂覆"等文字标识。易熔元件、玻璃球的色标与温标对应、正确。

直立型喷头连接 DN25 短立管或者直接向上直立安装于配水支管上（图 5-2-6）。

下垂型喷头连接 DN25 短立管或者直接下垂安装于配水支管上。

边墙型喷头根据选定的型号、规格，水平安装于顶棚下的边墙上或者直立向上、下垂直安装于顶棚下。

干式喷头连接于特殊的短立管上，可直立向上、下垂直或者水平安装于配水支管上，

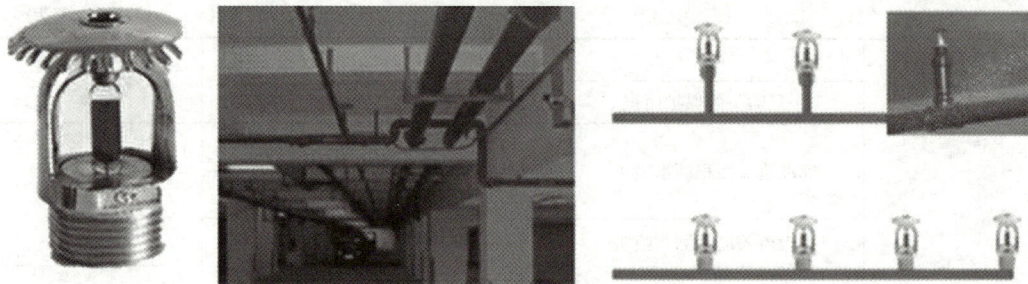

图 5-2-6　直立型喷头安装

短立管入口处设置密封件，阻止水流在喷头动作前进入立管。

玻璃球色标与公称动作温度见表 5-2-4。

玻璃球色标与公称动作温度　　　　　　　　　　　　　　表 5-2-4

玻璃球喷头（13 个等级）		易熔元件喷头（7 个等级）	
公称动作温度（℃）	工作液色标	公称动作温度（℃）	轭臂色标
57	橙	57～77	无色
68	红	80～107	白
79	黄	121～149	蓝
93	绿	163～191	红
107	绿	204～246	绿
121	蓝	260～302	橙
141	蓝	320～343	
163	紫		
182			
204	黑		
227			
260			
343			

3. 喷头外观检查

目测喷头外观应无加工缺陷和机械损伤，无明显磕碰伤痕或损坏。溅水盘无松动、脱落、损坏或者变形等情况。喷头螺纹密封面无伤痕、毛刺、缺丝或者断丝现象。

二、报警阀组

1. 报警阀组外观检查

方法：目测报警阀门的商标、型号、规格等标志应齐全；阀体上尚应有水流指示方向的永久性标识。报警阀的型号、规格应符合消防设计文件要求。报警阀门及其附件应配备齐全，表面无裂纹，不得有加工缺陷和机械损伤。压力表应安装在报警阀上便于观测的位置。排水管和试验阀应安装在便于操作的位置。水源控制阀应安装信号阀，且安装在便于操作位置，当采用普通控制阀时，应有明显开、闭标志和可靠的锁定设施。

水力警铃应安装在公共通道或者值班室附近的外墙上，并安装检修、测试用的阀门。

水力警铃和报警阀的连接应采用热镀锌钢管，当镀锌钢管的公称直径为 20mm 时，其长度不宜大于 20m。报警水流通路上的过滤器应安装在延迟器前且便于排渣操作的位置。湿式自动喷水灭火系统报警阀组外观如图 5-2-7 所示。

图 5-2-7　湿式自动喷水灭火系统报警阀组外观

2. 报警阀结构检查

方法：目测和手动操作。阀体上应设有放水口，放水口的公称直径不应小于 20mm。阀体的阀瓣组件的供水侧，应设有在不开启阀门的情况下测试报警装置的测试管路。干式报警阀组、雨淋报警阀组应设有自动排水阀。

阀体内应清洁、无异物堵塞，阀瓣开启后应能够复位。

3. 报警阀组操作性能检验

方法：目测和手动操作。报警阀和控制阀的阀瓣及操作机构应动作灵活、无卡涩现象。水力警铃的铃锤应转动灵活、无阻滞现象。水力警铃传动轴密封性能应良好，无渗漏水现象，如图 5-2-8 所示。

图 5-2-8　湿式、干式报警阀组

三、管网

方法：目测。

1. 出水口的螺纹应和喷头的螺纹标准一致。

2. 应安装相应的支架系统进行固定。

3. 安装弯曲时应大于软管标记的最小弯曲半径。

4. 软管波纹段与接头处 60mm 之内不得弯曲。

5. 应用在洁净室区域的消防洒水软管应采用全不锈钢材料制作的编织网型式焊接软管，不得采用橡胶圈密封的组装型式的软管。

四、其他组件外观检测

方法：目测。应有清晰的铭牌、安全操作指示标志和产品说明书；应有水流方向的永久性标志；末端试水装置的试水阀上有明显的启闭状态标识。各组件不得有结构松动、明显的加工缺陷，表面不得有明显锈蚀，涂层剥落、起泡、毛刺等缺陷；水流指示器桨片完好无损。自动喷水灭火系统其他组件如图 5-2-9 所示。

图 5-2-9　自动喷水灭火系统其他组件

2.3.2　湿式、干式自动喷水灭火系统各组件功能测试

一、操作准备

1. 湿式、干式自动喷水灭火系统，火灾自动报警及联动控制系统。

2. 秒表、声级计等检查测试工具，对讲机或消防插孔电话等通信工具。

3. 系统设计文件、竣工验收资料、"建筑消防设施检测记录表"等。

二、操作程序

1. 测试报警阀组报警功能

以湿式报警阀警铃试验阀测试为例，其测试方法如下：

步骤1：检查、确认系统各管路阀门处于正常启闭状态。

步骤2：将消防泵组电气控制柜置于"手动"运行状态。

步骤3：打开警铃试验阀（图 5-2-10），同时按下秒表开始计时，待警铃响起时，停止秒表，通过秒表显示核查延迟时间。水力警铃应在 5～90s 内发出报警铃声。

步骤4：使用声级计测量，距水力警铃 3m 远处警铃声压级不应小于 70dB。

步骤5：关闭警铃试验阀，观察水力警铃停动、余水排出后，恢复消防泵组电气控制柜为"自动"运行状态。

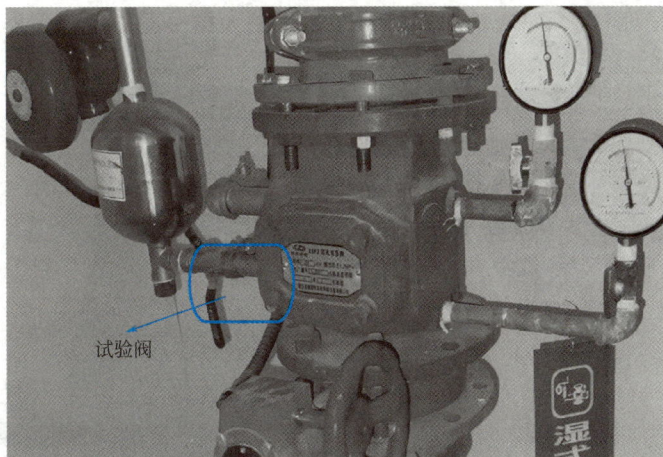

图 5-2-10　湿式报警阀中的试验阀

步骤 6：设有消防控制室的还应核查信号反馈情况，测试完毕后进行消音、复位操作。

步骤 7：记录检查测试情况。

2. 测试水流指示器功能

在专用试验装置上测试，目测观察。检查水流指示器灵敏度，试验压力为 0.14～1.2MPa，流量不大于 15.0L/min 时，水流指示器不报警；流量在 15.0～37.5L/min 任一数值时，可报警可不报警，达到 37.5L/min 时，一定报警。设定的报警流量不应大于 37.5L/min。具有延迟功能的水流指示器，检查桨片动作后报警延迟时间，在 5～90s 范围内，且不可调节。

3. 测试末端试水装置的试验功能

以湿式自动喷水灭火系统为例，末端试水装置试验功能的测试方法如下：

步骤 1：检查确认系统各管路阀门处于正常启闭状态，消防泵组电气控制柜处于"自动"运行状态。

步骤 2：查看并记录湿式报警阀组各压力表读数。

步骤 3：缓慢打开末端试水装置控制阀至全开，观察试水接头处水流情况，观察压力表变化情况，记录压力表稳定读数。末端试水装置处的出水压力不应低于 0.05MPa。

步骤 4：观察水力警铃、消防水泵的动作情况，查看并记录湿式报警阀压力表变化情况。报警阀动作后，距水力警铃 3m 远处的警铃声压级不应低于 70dB。开启末端试水装置后 5min 内应自动启动消防水泵。

步骤 5：在消防控制室核查水流指示器、压力开关和消防水泵的动作信号及反馈信息。

步骤 6：手动停止消防水泵，关闭末端试水装置，观察水力警铃铃声停止后，复位火灾自动报警系统和消防泵组电气控制柜，使系统恢复到工作状态。

步骤 7：记录检查测试情况。

4. 测试干式自动喷水灭火系统气压维持装置的补气功能

步骤 1：缓慢开启末端试水装置控制阀，小流量排气；空气压缩机启动后，关闭末端试水装置控制阀，查看空气压缩机运行情况，核对其启、停压力。

步骤 2：缓慢开启气压干式报警阀注水阀（图 5-2-11），小流量排气，后续操作同上。

图 5-2-11　干式报警阀注水阀

步骤3：自带排气试验阀的，其测试方法同上。

步骤4：记录检查测试情况。

2.3.3　自动喷水灭火系统的联锁控制和联动控制功能测试

一、联锁控制

湿式、干式自动喷水灭火系统应由消防水泵出水干管上设置的压力开关、高位水箱出水管上的流量压力开关和报警阀组压力开关直接自动启动消防水泵，该种控制方式不受消防联动控制器处于自动或手动状态影响。消防水泵启动联锁控制原理如图5-2-12所示。

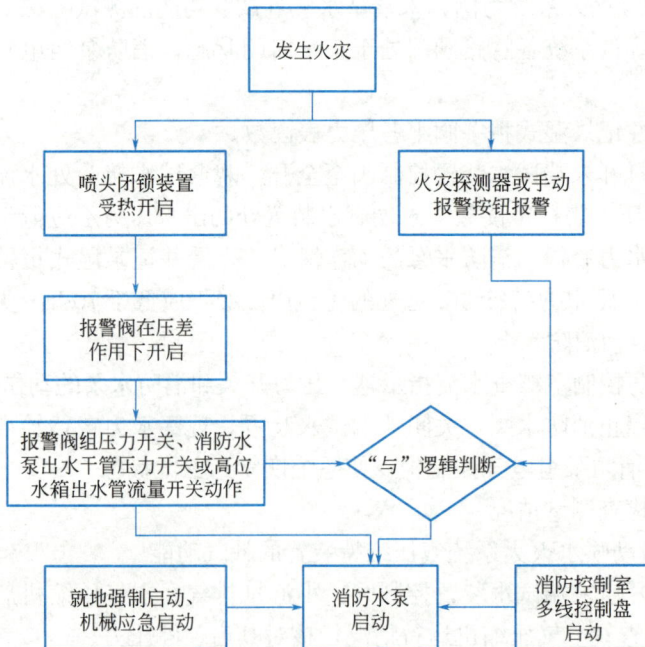

图 5-2-12　消防水泵启动联锁控制原理

二、联动控制

需要火灾自动报警系统联动控制的消防设备，其联动触发信号应采用两个独立的报警触发装置报警信号的"与"逻辑组合。因此，对于湿式、干式自动喷水灭火系统联动控制器在收到报警阀组压力开关发出的反馈信号和该报警阀防护区内任一火灾探测器或手动火灾报警按钮的信号后能发出启泵信号，如图 5-2-13 所示。该种控制方式受消防联动控器处于自动或手动状态影响。联动控制不应影响联锁控制的功能。

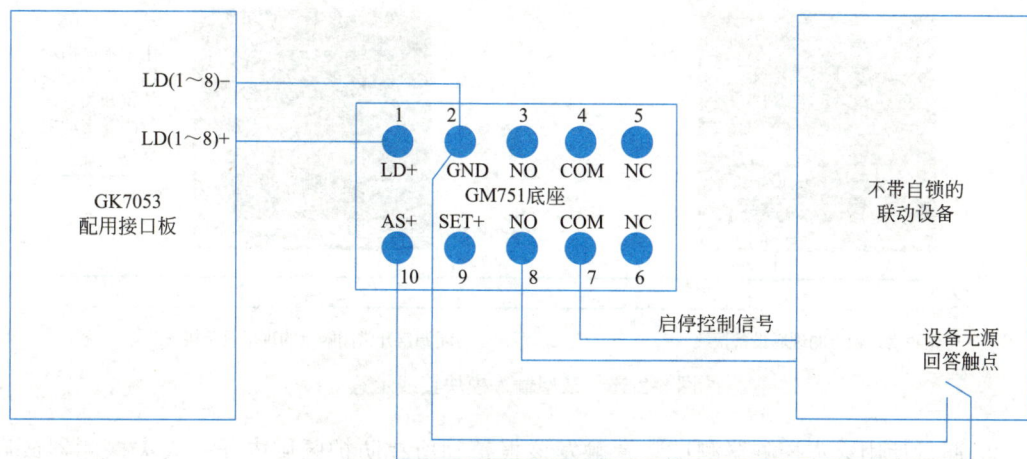

GM751处于电平输出方式无源反馈
设备接线图(不带自锁的设备，启动和停止用一组线)

图 5-2-13 联动盘现场接口

三、联锁控制测试方法

通过开启末端试水装置、报警阀泄水阀或专用测试管路等方式模拟喷头动作，使报警阀在压差作用下开启，压力水流入报警管路，压力开关动作后直接启动消防水泵。也可通过开启警铃试验阀，直接驱动压力开关动作并联锁启动消防水泵。

四、联动控制测试方法

1. 通过开启末端试水装置、报警阀泄水阀警铃试验阀、专用测试管路或报警阀压力开关、压力开关配用输入模块模拟等方式产生报警阀压力开关动作信号。某型压力开关如图 5-2-14 所示。图 5-2-15 为某型输入模块接线示意。

图 5-2-14 某型压力开关

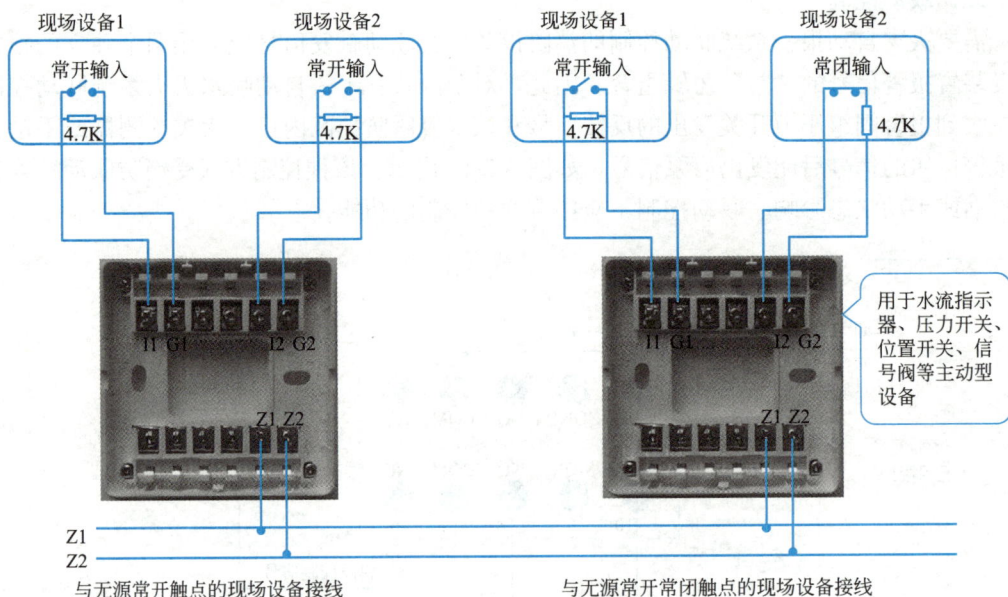

图 5-2-15　某型输入模块接线示意

2. 通过使用火灾探测器测试装置触发该报警阀所在防护区域内任一火灾探测器或启动任一手动火灾报警按钮产生报警信号。

3. 在接到上述两个信号后，消防联动控制器发出消防水泵启动信号。

五、操作准备

1. 湿式、干式自动喷水灭火系统，火灾自动报警及联动控制系统。

2. 手动火灾报警按钮复位工具。

3. "建筑消防设施检测记录表"。

六、操作程序

以湿式自动喷水灭火系统为例，其联锁控制与联动控制的功能测试操作如下：

步骤 1：检查确认消防泵组电气控制柜处于"自动"运行状态，火灾自动报警系统联动控制为"自动允许"状态。

步骤 2：缓慢打开末端试水装置至全开，观察压力开关联锁启动消防水泵情况和消防控制室相关指（显）示信息。

步骤 3：调整消防泵组电气控制柜为"手动"运行状态，手动停止消防水泵运行关闭末端试水装置，复位火灾自动报警系统。

步骤 4：打开警铃试验阀，并触发该报警阀所在防护区域内任一手动火灾报警按钮产生报警信号。

步骤 5：在消防控制室观察联动启动消防水泵命令发出和相关信号反馈情况，并与步骤 2 所观察到的相关指（显）示信息进行比对。

步骤 6：关闭警铃试验阀，复位手动火灾报警按钮，复位火灾自动报警系统。

步骤 7：调整消防泵组电气控制柜为"自动"运行状态，使自动喷水灭火系统恢复正常运行状态。

步骤 8：记录测试情况。

【随堂练习】

一、单选题

1. 发生火灾时，干式自动喷水灭火系统的干式报警阀靠（　　）开启。

A. 闭式喷头　　　　　　　　　B. 火灾报警按钮

C. 火灾探测器　　　　　　　　D. 压力开关

2. 自动喷水灭火系统中安装的（　　），可以报告火灾发生的位置。

A. 压力开关　　　　　　　　　B. 水流指示器

C. 水力警铃　　　　　　　　　D. 报警阀

3. 干式自动喷水灭火系统的组件构成不包括（　　）。

A. 压力开关　　　　　　　　　B. 闭式喷头

C. 火灾报警系统　　　　　　　D. 充气设备

二、多选题

1. 末端试水装置是检验自动喷水灭火系统可靠性的一种装置，可检查（　　）的动作是否正常等。

A. 水流指示器　　　　　　　　B. 水力警铃

C. 压力开关　　　　　　　　　D. 报警阀

E. 喷头

2. 湿式、干式自动喷水灭火系统组件管道保养的具体要求包括（　　）。

A. 管道及附件外观应完好、无损伤

B. 管道接头无渗漏、锈蚀，外表漆面或色环正确

C. 无脱落，系统和水流方向标识清晰

D. 支架、吊架完好，无扭曲、脱落，过滤器状态完好

E. 定期对滤网进行更换，尽量不进行拆洗

3. 干式自动喷水灭火系统主要由（　　）等组成。

A. 闭式喷头

B. 干式报警阀组

C. 充气和气压维持设备

D. 水流指示器

E. 水力警铃

三、判断题

1. 湿式自动喷水灭火系统准工作状态时，系统侧管道内充满用于启动系统的有压水。（　　）

2. 自动喷水灭火系统是由洒水喷头、报警阀组以及管道、供水设施等组成，能发生火灾时喷水的自动灭火系统。（　　）

3. 自动喷水灭火系统电气控制柜只具备启动/停止泵、主/备泵切换、手动/自动转换功能。（　　）

【数字资源】

资源名称	自动喷淋灭火系统—水流指示器	自动喷淋灭火系统—延时器	自动喷淋灭火系统—水力警铃	自动喷淋灭火系统—压力开关	测试自动喷水灭火系统的联锁控制	自动喷淋灭火系统—喷淋泵原理	自动喷淋灭火系统—设备检查
资源类型	视频	视频	视频	视频	视频	视频	视频
资源二维码							

模块6　防烟排烟系统

项目1　防烟排烟系统监控操作

【学习目标】

【知识目标】	熟悉防烟排烟系统控制逻辑和组成部件的操作,掌握机械加压送风系统和机械排烟系统的工作状态判断方法,掌握风机电气控制柜的操作方法
【能力目标】	具备防烟排烟系统及各主要组件运行操作的能力
【素质目标】	通过对防烟排烟系统监控操作知识的学习,旨在提升学生对消防安全重要性的认识,树立"安全第一、以人为本"的价值观。重生命,传精神:传承"精益求精、大国工匠"的精神

【思维导图】

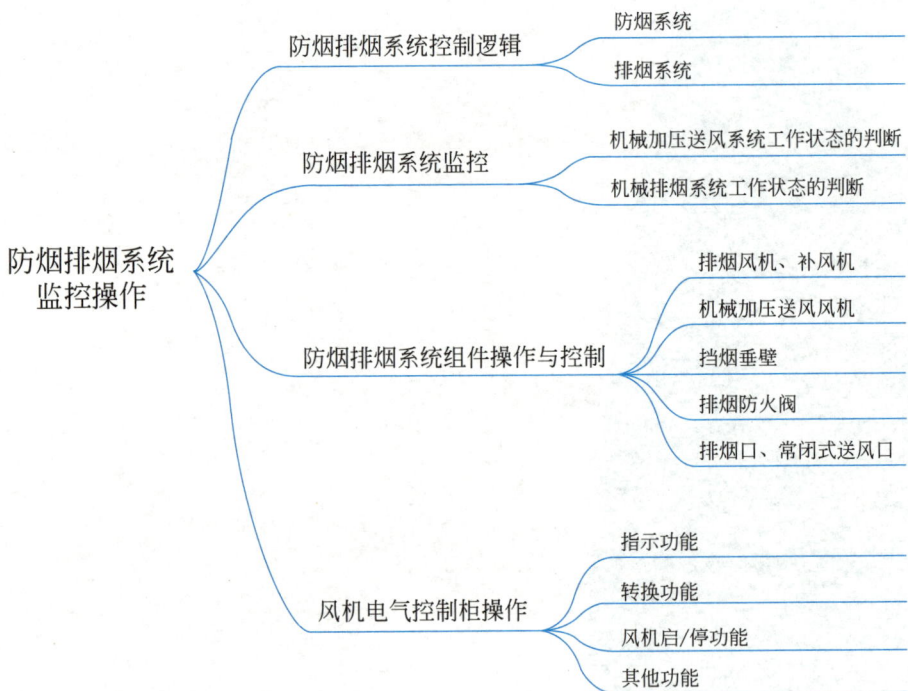

2023 年 7 月，某市一商业中心发生火灾。事故发生时，商业中心的防烟排烟系统处于手动状态，而值班人员由于缺乏必要的培训和操作知识，不知道如何正确启动风机。当火灾警报响起时，他们手忙脚乱地尝试操作控制柜，但排烟风机仍未能及时启动。由于烟雾的影响，严重阻碍了人员的安全疏散。本次事故虽未导致人员死亡，却造成多人受伤。

任务 1.1　防烟排烟系统控制逻辑

1.1.1　防烟系统

一、联动机制

防烟系统的联动控制应由加压送风口所在防火分区内的两只独立的火灾探测器或一只火灾探测器与一只手动火灾报警按钮的报警信号，作为送风口开启和加压送风机启动的联动触发信号，并应由消防联动控制器联动控制相关层前室等需要加压送风场所的加压送风口开启和加压送风机启动。

二、联动流程

当防火分区内火灾确认后，应能在 15s 内联动开启常闭加压送风口和加压送风机，并应符合下列规定：

1. 应开启该防火分区楼梯间的全部加压送风机。

2. 应开启该防火分区内着火层及其相邻上下层前室及合用前室的常闭送风口，同时开启加压送风机。

1.1.2　排烟系统

一、联动机制

排烟系统的联动控制应符合以下规定：

1. 应由同一防烟分区内的两只独立的火灾探测器的报警信号作为排烟口、排烟窗或排烟阀开启的联动触发信号，并应由消防联动控制器联动控制排烟口、排烟窗或排烟阀的开启，同时停止该防烟分区的空气调节系统。

2. 应由排烟口、排烟窗或排烟阀开启的动作信号作为排烟风机启动的联动触发信号，并由消防联动控制器联动控制排烟风机的启动。

二、联动流程

当火灾确认后，应按以下规定实施：

1. 火灾自动报警系统应在 15s 内联动开启相应防烟分区的全部排烟阀、排烟口、排烟风机和补风设施，并在 30s 内自动关闭与排烟无关的通风、空调系统。

2. 担负两个及以上防烟分区的排烟系统，应仅打开着火防烟分区的排烟阀或排烟口，其他防烟分区的排烟阀或排烟口应呈关闭状态。

3. 火灾自动报警系统应在15s内联动相应防烟分区的全部活动挡烟垂壁，60s以内挡烟垂壁应开启到位。

4. 当采用与火灾自动报警系统自动启动时，自动排烟窗应在60s内或小于烟气充满储烟仓时间内开启完毕。带有温控功能自动排烟窗，其温控释放温度应大于环境温度30℃且小于100℃。

任务 1.2　防烟排烟系统监控

1.2.1　机械加压送风系统工作状态的判断

一、组件完整性检查

对机械加压送风系统进行实地核查，保证送风机、送风管道、送风口及电气控制柜等关键组件齐全无缺、外观完好。

二、电气控制柜状态检查

1. 主电源供电确认：检查送风机电气控制柜，确保在主电源供电状态下，主电源指示灯正确亮起，表明电源供应正常。

2. 主/备电切换功能测试：打开电气控制柜面板，设置双电源转换开关至自动控制状态，模拟主电源断开情形，观察电气控制柜是否顺利切换至备用电源，并关注指示灯变化，以验证电源切换功能的有效性。在备用电源状态下恢复主电源，再次观察自动切换回主电源的过程。电气控制柜内部开关如图6-1-1所示。

3. 手动/自动切换功能检查：检查并操作电气控制柜面板上的手动/自动转换开关，确认控制柜的当前控制状态，并在手动模式下测试风机的启停功能，之后恢复自动模式。

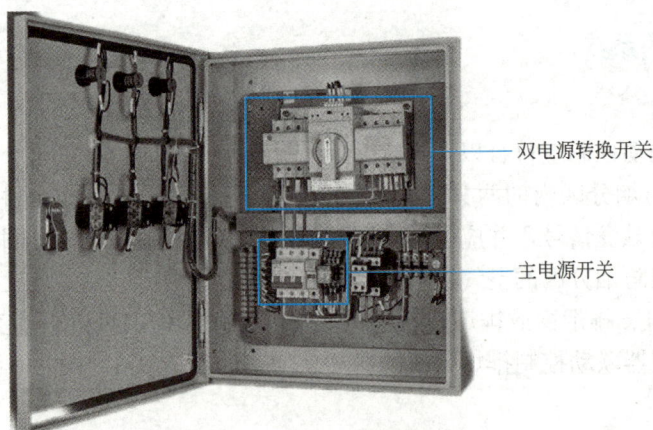

图 6-1-1　电气控制柜内部开关

三、常闭式加压送风口操作测试

1. 手动开启测试：打开常闭式加压送风口的护板，检查执行机构的初始关闭状态。手动操作拉环以开启送风口，同时观察送风口监控模块的启动指示灯是否点亮，确认手动开启操作的有效性。

2. 复位操作检查：通过推动执行机构手柄使送风口关闭，并观察监控模块指示灯是否熄灭，验证送风口是否能正常复位并关闭。常闭式加压送风口的手动开启和复位操作过程如图 6-1-2 所示。

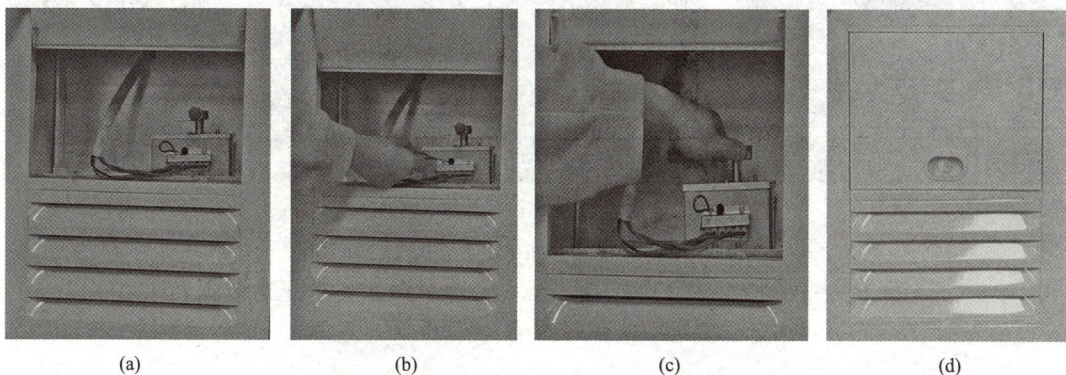

（a）　　　　　　　（b）　　　　　　　（c）　　　　　　　（d）

图 6-1-2　常闭式加压送风口的手动开启和复位操作

（a）打开送风口护板；（b）拉动拉环；（c）复位执行机构；（d）关闭送风口

1.2.2　机械排烟系统工作状态的判断

一、检查机械排烟系统组件的完整性

实地查看机械排烟系统的排烟风机、排烟管道、排烟阀（排烟口）、排烟防火阀、电气控制柜等组件，逐一识别并检查确认各组件是否齐全、外观是否完好。

二、查看电气控制柜的控制状态

1. 检查确认主电源正常

检查排烟风机电气控制柜的供电状态，查看供电状态下主电源指示灯是否点亮，备用电源指示灯是否熄灭。

2. 测试主/备电切换功能

通过钥匙打开电气控制柜面板，将双电源转换开关切换至自动控制状态，断开主电源开关，查看电气控制柜是否由主电源工作状态转换为备用电源工作状态。此时，主电源指示灯应熄灭，备用电源指示灯应点亮。在备用电源工作状态下，恢复主电源供电，查看电气控制柜是否自动转换为主电源工作状态，此时，备用电源指示灯应熄灭，主电源指示灯应重新点亮。

3. 检查电气控制柜手动/自动切换功能

查看电气控制柜面板手动/自动转换开关，确认电气控制柜所处的控制状态。将开关切换到手动状态，测试电气控制柜手动启停排烟风机的功能，测试完成后恢复至自动状态。

三、排烟口的手动开启和复位操作

下面以板式排烟口为例介绍操作方法。找到板式排烟口对应的远程执行机构，向开启方向拨动执行机构火警开关，查看板式排烟口是否打开。复位板式排烟口时，先使用内六角工具顺时针旋转"复位 1"螺杆，再使用内六角工具顺时针旋转"复位 2"螺杆，查看板式排烟口是否完全复位。多叶排烟口的手动开启和复位操作与后文的排烟防火阀手动关闭和复位操作类似，操作如图 6-1-3 所示。

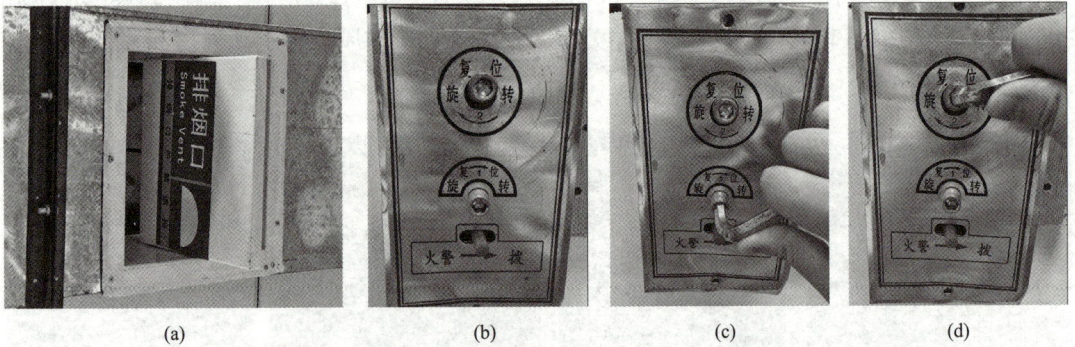

图 6-1-3　板式排烟口的手动开启和复位操作
（a）板式排烟口开启后状态；（b）板式排烟口执行机构；（c）使用内六角工具旋转
"复位 1"螺杆；（d）使用内六角工具旋转"复位 2"螺杆

四、排烟防火阀的手动关闭和复位操作

查看排烟防火阀执行机构的指针是否在开启位置，再拉动执行机构的手动拉环，查看排烟防火阀是否能关闭。向开启方向推动执行机构手柄，查看排烟防火阀是否能恢复至开启状态。排烟防火阀的手动关闭和复位操作如图 6-1-4 所示。

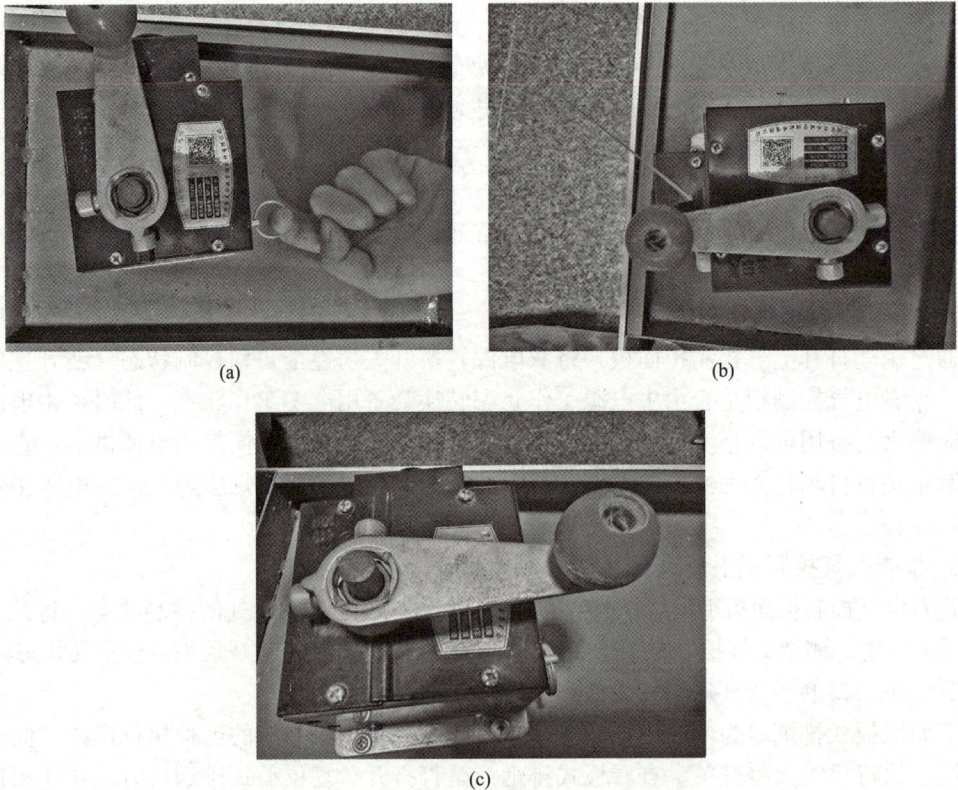

图 6-1-4　排烟防火阀的手动关闭和复位操作
（a）拉动执行机构拉环；（b）手动复位执行机构手柄；（c）排烟防火阀复位（开启）

任务 1.3　防烟排烟系统组件操作与控制

1.3.1　排烟风机、补风机

排烟风机可通过以下方式控制：

1. 现场手动启动。
2. 通过火灾自动报警系统自动启动。
3. 消防控制室手动启动。
4. 系统中任一排烟阀或排烟口开启时，排烟风机自动启动。
5. 排烟防火阀在 280℃时自行关闭，联锁关闭排烟风机。

1.3.2　机械加压送风风机

加压送风机可通过以下方式控制：

1. 现场手动启动。
2. 通过火灾自动报警系统自动启动。
3. 消防控制室手动启动。
4. 系统中任一常闭加压送风口开启时，加压风机自动启动。

1.3.3　挡烟垂壁

挡烟垂壁可通过以下方式控制：

1. 挡烟垂壁接收到消防控制中心的控制信号后下降至挡烟工作位置。
2. 当配接的烟感探测器报警后，挡烟垂壁自动下降至挡烟工作位置。
3. 现场手动操作。手动操作下降活动式挡烟垂壁如图 6-1-5 所示。

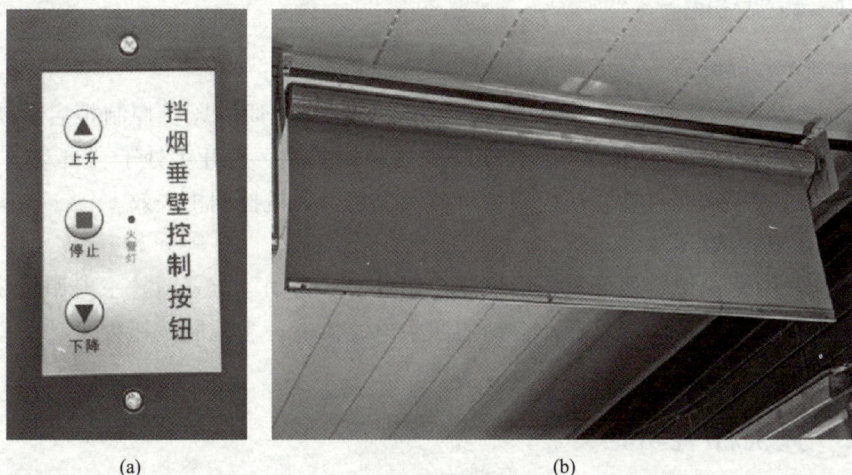

(a)　　　　　　　　　　　　　　　(b)

图 6-1-5　手动操作下降活动式挡烟垂壁

（a）手动控制装置；（b）挡烟垂壁自动下降到达下限位

4. 系统断电时，挡烟垂壁自动下降至设计位置。

1.3.4 排烟防火阀

排烟防火阀可通过以下方式关闭：
1. 温控自动关闭。
2. 电动关闭。
3. 手动关闭。

1.3.5 排烟口、常闭式送风口

排烟口、常闭送风口可通过以下方式控制：
1. 通过火灾自动报警系统自动启动。
2. 消防控制室手动操作。
3. 现场手动操作。
4. 排烟口的开启信号应与排烟风机联动。

任务 1.4 风机电气控制柜操作

1.4.1 指示功能

风机电气控制柜面板配备了三项指示功能：
1. 电源指示灯：控制柜通电即亮。
2. 运行指示灯：风机运转时亮。
3. 手动/自动转换开关：显示风机控制模式。

1.4.2 转换功能

一、手动/自动转换
当手动/自动转换开关处于"手动"位置时，风机只能通过风机控制柜启动或停止按钮现场控制，消防控制室远程手动和自动联动控制均失效；当开关处于"自动"位置时，则消防控制室远程手动和自动联动控制均可控制风机，风机控制柜失效。

二、主/备电转换
控制柜内设有双电源转换开关。当控制按钮处于"自动"位置时，主电源发生故障后备用电源自动启用，主电源恢复后，自动切回主电源供电；当控制按钮处于"手动"位置时，只能通过人工进行切换。

1.4.3 风机启/停功能

当手动/自动转换开关处于"手动"位置时，按下控制柜面板启动按钮，可启动风机；按下停止按钮，可停止风机运转。

1.4.4　其他功能

部分风机电气控制柜还配备了额外的功能，包括电压和电流指示、故障检测、报警系统以及保护机制。要获取这些功能的详细信息和操作方法，可参考相应的产品说明资料。

【随堂练习】

一、单选题

1. 防烟系统联动控制的触发信号是（　　　）。

A. 一只火灾探测器的报警信号

B. 一只火灾探测器与一只手动火灾报警按钮的报警信号

C. 同一防烟分区内的两只独立的火灾探测器的报警信号

D. 同一防火分区内两只独立的火灾探测器或一只火灾探测器与一只手动火灾报警按钮的报警信号

2. 排烟系统联动控制中，排烟风机启动的联动触发信号是（　　　）。

A. 排烟口、排烟窗或排烟阀开启的动作信号

B. 同一防烟分区内的两只独立的火灾探测器的报警信号

C. 火灾自动报警系统的启动信号

D. 手动启动信号

3. 机械加压送风系统工作状态的判断中，主电源供电确认的方法是（　　　）。

A. 检查主电源指示灯是否亮起

B. 测试风机的启/停功能

C. 检查电气控制柜是否顺利切换至备用电源

D. 检查手动/自动切换功能

4. 机械排烟系统工作状态的判断中，排烟口的手动开启和复位操作不包括以下哪一项（　　　）。

A. 向开启方向拨动执行机构火警开关

B. 使用内六角工具旋转"复位 1"螺杆

C. 使用内六角工具旋转"复位 2"螺杆

D. 检查电气控制柜的控制状态

二、多选题

1. 防烟系统联动控制应包括以下哪些步骤（　　　）。

A. 联动开启常闭加压送风口和加压送风机

B. 开启该防火分区楼梯间的全部加压送风机

C. 开启该防火分区内着火层及其相邻上下层前室及合用前室的常闭送风口

D. 关闭所有非消防电源

E. 启动该防烟分区的空气调节系统

2. 风机电气控制柜操作中，转换功能包括（　　　）。

A. 手动/自动转换　　　　　　　　　　B. 主/备电转换

C. 风机启/停功能　　　　　　　　　　D. 故障检测

E. 电压、电流指示

三、判断题

1. 防烟系统的联动控制应由同一防火分区内两只独立的火灾探测器或一只火灾探测器与一只手动火灾报警按钮的报警信号触发。（　　）

2. 排烟系统的联动控制中，排烟风机的启动可以由排烟口、排烟窗或排烟阀开启的动作信号触发。（　　）

3. 机械加压送风系统的联动控制中，应开启该防火分区内着火层及其相邻上下层前室及合用前室的常闭送风口，同时开启加压送风机。（　　）

四、简答题

描述机械加压送风系统的联动控制响应流程。

项目2　防烟排烟系统维护保养

【学习目标】

【知识目标】	掌握防烟排烟系统的结构和工作原理;理解防烟排烟系统的维护保养流程和规范;学习防烟排烟系统各组件的维护保养方法和技巧
【能力目标】	能对防烟排烟系统进行定期检查和维护;能独立完成防烟排烟系统主要组件的保养工作;能对防烟排烟系统基本故障进行诊断及维修
【素质目标】	旨在深化学生对消防安全重要性的理解,强调"预防为主、防消结合"的原则。通过学习防烟排烟系统的维护保养,学生将认识到定期维护对于防范火灾和保障人民生命财产安全的重要作用。同时,培养学生的责任心和使命感,使其在未来的工作中能够自觉遵守操作规范,认真执行维护保养任务

【思维导图】

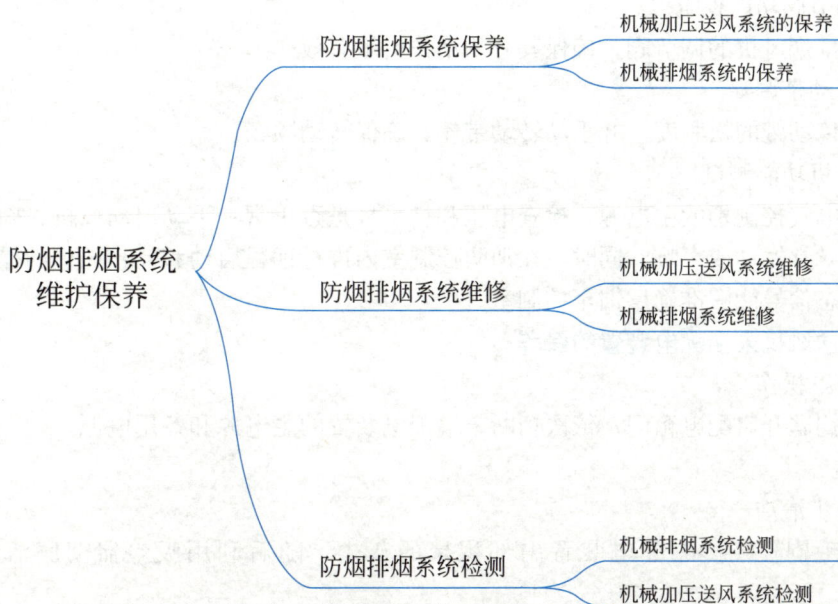

在 2023 年 7 月，上海的某综合体发生了一起火灾，由于排烟风机长期未进行必要的润滑和检查，当火灾警报响起时，风机无法正常启动，从而导致烟雾在建筑内部迅速积聚，严重阻碍了人员的安全疏散，增加了救援难度。火灾造成了巨大的经济损失，并对该综合体的声誉造成了负面影响。

任务 2.1　防烟排烟系统保养

2.1.1　机械加压送风系统的保养

一、送风机的保养

1. 断电与安全警示

首先断开主电源，并挂上安全标志牌，以确保安全。同时检查电动机的接地情况，确保其接地良好。

2. 清洁维护

对电动机、风滤器和机壳内部进行彻底清洁，去除灰尘和杂质。

3. 紧固与润滑

检查所有部件，对松动的螺栓和联轴器进行紧固，并在转动部位加注润滑油，以保持机械运转的灵活性和稳定性。

4. 更换密封材料

检查并更换所有接合面的垫片和密封填料，确保密封性能。

5. 调节阀功能检查

检查排烟风机的调节阀，确保其开闭动作灵敏有效。

6. 传动带调整

调整传动带的松紧度，并手动转动带轮，确保转动顺畅。

7. 风机功能测试

接通电气控制柜的主电源，检查电压和指示灯是否正常。手动启动风机，确保其运转平稳，无异常振动或声响。同时，在消防控制室内进行远程启动和停止风机的操作，确保风机的状态信号能够准确反馈至控制室。

二、送风机末端配电装置的保养

1. 断电操作

使用钥匙开启配电箱门，依次切断末端配电装置的主电源和备用电源，确保断电操作的安全性。

2. 初步清洁

使用毛刷轻轻扫除配电装置内部积聚的灰尘，随后利用吸尘器彻底清理，去除灰尘。

3. 细致清洁

用柔软的布料擦拭配电装置的外壳、内部设备和线路，确保其所有表面干净整洁，无残留污渍。若配电柜出现水渍或受潮，需用干布彻底擦干，并在确保完全干燥后才能重新通电。

4. 检查与维护

检查配电线路的接头，寻找可能的氧化或锈蚀迹象。一旦发现，应立即采取措施进行防潮和防锈处理，如镀锡或涂抹凡士林。同时，对螺栓和垫片进行检查，如有生锈迹象应立即更换，以确保电气连接的牢固性。

5. 外观保洁

再次用软布清洁配电装置的外部表面，去除所有污渍和灰尘，确保指示灯和显示屏区域清洁，无污垢遮挡。

三、送风口、送风阀的保养

在保养送风口时，首先要彻底清除设备表面积累的灰尘和杂物。接着，对所有部件进行检查，并对任何松动或脱落的部分进行紧固，确保设备结构稳固。最后，确保移除所有可能影响送风口正常运作的障碍物，包括建筑装饰或杂物，以保障送风口的畅通无阻和高效运行。送风口如图 6-2-1 所示。

在进行送风阀的保养时，首先要对阀体表面进行彻底清洁，确保外观无尘且整洁；然后，对复位按钮、导轮、钢丝和转轴等部件进行检查，并为执行机构和阀体等活动部件添加润滑，以保持其运转顺畅；最后，清除所有可能影响阀体和执行机构动作的障碍物，包括建筑装饰或杂物，确保送风阀能够无阻碍地正常工作。送风阀如图 6-2-2 所示。

图 6-2-1　送风口

图 6-2-2　送风阀

四、风管（风道）的保养

1. 外观检查与清洁

首先检查风管（风道）的表面，确保其平整无扭曲、锈蚀或破损。对外观进行清洁，并修复任何变形的部位。

2. 连接部件加固

紧固所有连接部件的螺栓或共板法兰，对于损坏的部件进行及时维修或更换，以确保风管（风道）与风机之间的连接稳固可靠。

3. 防火封堵与包敷层检查

检查风管（风道）穿墙处的防火封堵是否完整，以及风管（风道）外层的防火包敷层是否有脱层现象，并及时进行修复。

4. 吊架支撑检查与维护

对风管（风道）的吊架支撑进行仔细检查，如有锈蚀、开裂或脱落的情况，进行紧固或更换，以确保支撑结构的稳固性。风管支架和吊架如图 6-2-3 所示。

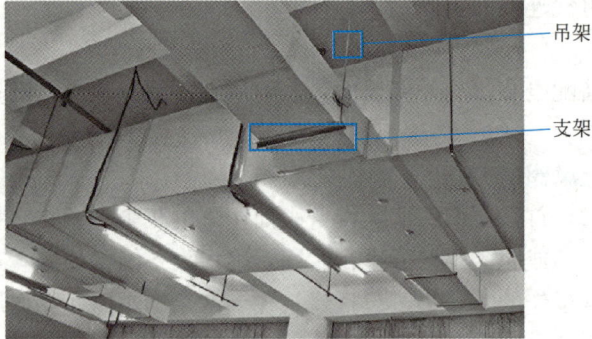

图 6-2-3　风管支架和吊架

五、填写记录

保养完毕后，按规定做好记录。

2.1.2　机械排烟系统的保养

一、排烟风机的保养

排烟风机的保养与送风机基本一致，具体操作要求见送风机的保养内容。

二、排烟防火阀、排烟阀、排烟口的保养

排烟防火阀和排烟阀在结构上具有相似性，包括阀体、叶片和执行机构等关键部件。然而，它们之间的主要差异在于排烟防火阀配备了温度控制装置，即温度感应元件，而排烟阀则没有这一特性。排烟防火阀、排烟阀的保养与送风阀基本一致，具体要求见送风阀的保养内容。排烟口的保养与送风口基本一致，具体操作要求见送风口的保养内容。

排烟阀、排烟口、排烟防火阀分别如图 6-2-4、图 6-2-5 以及图 6-2-6 所示。

图 6-2-4　排烟阀　　　　　　　图 6-2-5　排烟口　　　　　　　图 6-2-6　排烟防火阀

三、风管（风道）的保养

机械排烟系统风管（风道）的保养与机械加压送风系统风管（风道）基本一致，具体操作要求见本机械加压送风系统中风管（风道）的保养内容。

四、挡烟垂壁的保养

1. 对设备外观进行全面清洁，移除所有障碍物，并对任何损坏的部件进行必要的维修或更换。确保设备外观保持完好无损，表面无明显的凹陷或机械损伤。同时，检查所有部件的组装和拼接是否准确无误，确保无错位现象，并且所有标识都应清晰可见。

2. 仔细检查活动式挡烟垂壁的控制功能，包括手动操作、远程控制以及联动控制，确保这些功能都能正常运行。

3. 对活动部件进行适当的润滑，确保其运行平稳无阻。检查设备在运行过程中是否存在卡滞现象，并清除任何可能妨碍挡烟垂壁正常动作的障碍物。

五、填写记录

保养完毕后，按规定做好记录。

任务 2.2　防烟排烟系统维修

2.2.1　机械加压送风系统维修

以下操作方法针对某特定产品，对于其他厂家和形式的产品，请参照其产品说明书进行维修。

一、更换损坏的防火阀执行机构

1. 仔细核对新更换部件的规格型号和性能参数，确保它们与待更换部件完全匹配或一致。

2. 使用扳手拆卸手柄的固定螺栓，然后取下操作手柄。

3. 取下执行机构的外壳，轻轻拉出钢丝绳拉环。

4. 按照顺序拆下执行机构与模块间的接线，并确保线头得到妥善保护，同时做好线路的标记工作。

5. 拆卸执行机构外壳的固定螺栓，取下执行机构，并清洁阀体以及新执行机构的连接部位。

6. 手动调整以确保阀门与新执行机构的当前启闭状态一致，检查齿轮和槽口是否对齐，温感器是否正确对准阀体预留的孔洞。

7. 安装新执行机构，并拧紧固定螺钉，装回手柄，测试阀门的启闭功能是否正常。

8. 根据线路标记或执行机构接线图正确连接线路，扣合外壳后，再次装上手柄并拧紧固定螺栓。

9. 手动操作风阀的启闭，检查执行机构的信号反馈功能是否运作正常。上述操作如图 6-2-7 所示。

二、现场不能手动正常启闭风阀故障的维修

首先，应对执行机构进行全面检查，以确保其没有发生卡阻现象。如果发现有卡阻，

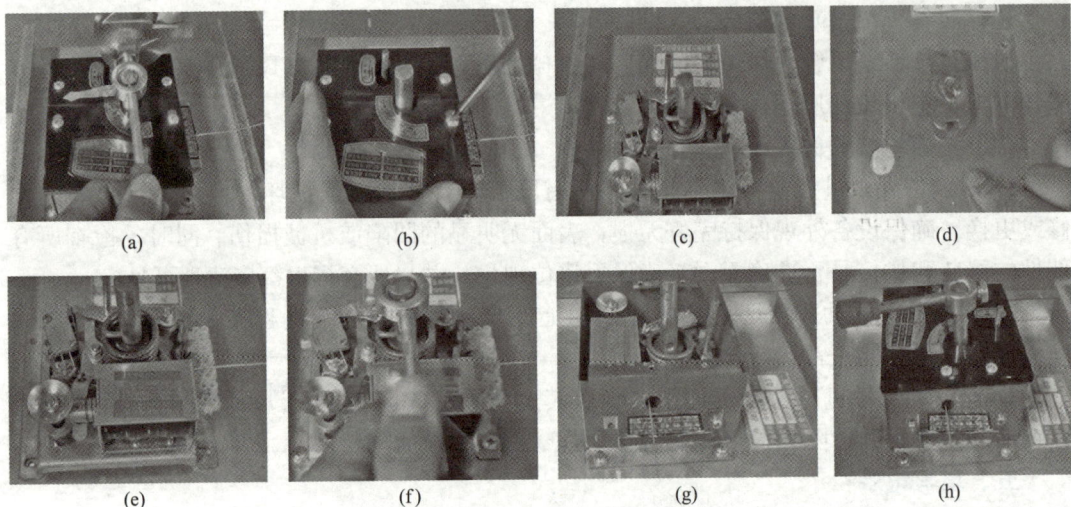

图 6-2-7　更换防火阀执行机构

（a）使用扳手旋松手柄固定螺栓；（b）卸下操作手柄；（c）取下外壳；（d）取下执行机构；
（e）固定新执行机构；（f）按照手柄测试；（g）安装外壳；（h）安装完毕

应立即清除所有杂物。若执行机构运转流畅，可向其转轴部位喷洒除锈剂，并进行润滑，以延长其使用寿命。在检查过程中，如果发现执行机构的任何组件出现损坏，应立即进行维修或更换为相同型号的产品，以确保设备的正常运行和性能。

三、通过电气控制柜无法启动风机故障的维修

首先，将电气控制柜切换至"手动"状态。然后，使用万用表在交流电压（AC）模式下检测控制器的电压，确保其正常。如果发现电压异常，立即进行故障线路的检查与修复。按下启动按钮，确认接触器是否正常吸合。同时，对风机电动机进行细致检查，确保其运转正常，如有故障，应即刻进行检修。此外，仔细检查联动线路的完整性和功能，确保所有连接正确无误。一旦发现联动线路存在问题，及时对专用线路进行详尽检查和必要的维修。通过电气控制柜无法启动风机故障的维修有关操作如图 6-2-8 所示。

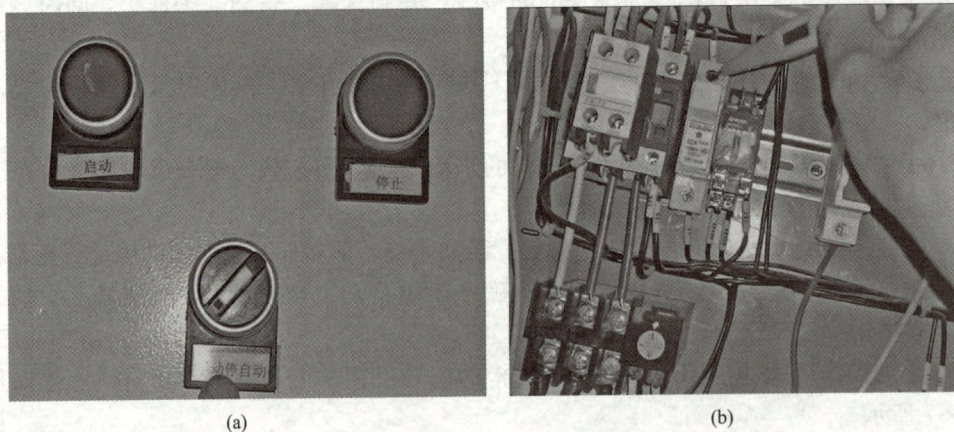

图 6-2-8　通过电气控制柜无法启动风机故障的维修有关操作

（a）调整为"手动"状态；（b）用电笔检测电源电路

四、风机无法联动启动故障的维修

首先，确保消防联动控制器已正确设置为具有"自动允许"的操作权限，并且风机电气控制柜已调整至"自动"状态。然后，检查消防联动信号确认后联动模块是否执行了预期动作。如果联动模块未能动作，应迅速检查信号线和24V电源线是否正常，一旦发现问题，立即进行维修或更换故障线路。同时，验证联动公式是否设置正确，若有异常，重新配置以确保其准确性。如果所有检查均显示正常，但联动模块仍未响应，这可能意味着联动模块已经损坏或出现故障，此时应更换联动模块以恢复系统的正常运行。

五、常闭送风口不能联动启动风机故障的维修

首先，检查风机电气控制柜是否已设置为"自动"模式。如果控制柜当前未处于"自动"状态，请将其调整回此模式。接下来，对联动控制线路进行全面检修，确保所有连接和信号传输都正常。如果在检修过程中发现控制线路或联动模块存在故障，应立即更换损坏的线路或模块，并在更换后进行重新调试，以确保系统恢复正常运行和功能。

六、填写记录

维修完毕后，按规定做好记录。

2.2.2　机械排烟系统维修

一、风机、排烟口（排烟阀）故障的维修

机械排烟系统的风机、排烟口（排烟阀）故障的维修与机械加压送风系统基本一致，具体操作要求见机械加压送风系统的风机、送风口（送风阀）故障维修有关内容。

二、更换排烟防火阀执行机构

排烟防火阀执行机构的更换操作与机械加压送风系统的防火阀执行机构基本一致，具体操作要求见机械加压送风系统的防火阀执行机构更换方法。

三、现场不能手动正常启闭风阀故障的维修

机械排烟系统风阀故障的维修与机械加压送风系统基本一致，具体操作要求见机械加压送风系统的风阀维修方法。

四、活动式挡烟垂壁无法降落故障的维修

首先，进行供电系统的全面检查，确保供电正常；一旦发现供电问题，立即对配电柜和供电线路进行必要的检修。其次，对控制箱进行功能检查，确保其正常运作；如有故障，及时进行维修或更换，以保障控制系统的稳定性。再次，对驱动电动机进行细致检查，确保其运转正常；若电动机存在问题，进行检修或更换，以维持设备的动力性能。最后，对控制模块进行评估，根据需要进行更换或对控制线路进行检修，确保整个系统的控制逻辑和信号传输准确无误。

五、活动式挡烟垂壁升降不顺畅故障的维修

使用专用工具调整导轨开口并涂抹润滑油，同时在控制箱内设定挡烟垂壁的上下限位，确保其运行精准。

六、填写记录

维修完毕后，按规定做好记录。

任务 2.3　防烟排烟系统检测

2.3.1　机械排烟系统检测

一、检查机械排烟系统安装质量

对照消防设计文件和相关产品资料，仔细核对机械排烟系统部件的型号、规格、数量以及安装位置，确保它们完全符合设计规范。通过目测或借助专业工具，对这些部件的安装质量进行彻底检查。

二、测试排烟口（排烟阀）的联动控制功能

确认排烟风机的电气控制柜处于"自动"状态，并确保消防联动控制器处于"自动允许"操作权限状态。在现场，手动操作任一排烟口（排烟阀），观察排烟风机的启动过程和信号是否反馈到消控室。测试完成后，停止风机运行，并将排烟口（排烟阀）及消防联动控制器复位。

三、测试机械排烟系统的联动控制功能

触发防烟分区内任意两个独立的火灾探测器，观察排烟风机以及该防烟分区内所有排烟阀、排烟口、活动式挡烟垂壁和自动排烟窗的动作响应和信号反馈情况。同时，观察通风空调系统是否按照设计要求联动关闭以及补风系统是否正确启动。

四、测试机械排烟系统的风阀联锁停止风机控制功能

手动关闭排烟防火阀，观察相应的排烟风机、补风机动作。

五、测量排烟口（排烟阀）风速

保持风速仪风扇外壳标注气流方向与排烟口（排烟阀）气流方向一致，其余与机械加压送风系统的送风口风速测试方法一致。风速仪如图 6-2-9 所示。

图 6-2-9　风速仪

六、填写记录

检测完毕后，按规定做好记录。

2.3.2　机械加压送风系统检测

一、检查机械加压送风系统安装质量

对照消防设计文件及相关产品资料，核查机械加压送风系统部件的型号、规格、数量和安装位置是否符合设计要求。通过目测或使用专业工具，对这些部件的安装质量进行检查，保证满足消防设计的要求。

二、测试常闭式加压送风口的联动控制功能

1. 检查确认送风机电气控制柜处于"自动"状态，进入消防联动控制器"自动允许"操作权限。

2. 现场手动打开任一常闭式加压送风口，观察送风机启动和信号反馈情况。

3. 测试完毕后，停止风机，复位常闭式加压送风口和消防联动控制器。

三、测试机械加压送风系统的联动控制功能

触发防火分区内任意两个独立的火灾探测器或一个火灾探测器与一个手动火灾报警按钮，观察该防火分区所有疏散楼梯间、着火层及其相邻上下各一层的疏散楼梯间和前室或合用前室的常闭加压送风口与加压送风机是否正确启动，并检查信号反馈情况。测试结束后，对机械加压送风系统进行复位。

四、测量送风口风速

1. 检查确认送风机电气控制柜处于"自动"状态，进入消防联动控制器"自动允许"操作权限。

2. 触发火灾探测器模拟火灾发生，联动启动送风机和送风口。

3. 使用风速仪测量送风口处风速值并记录，保持风速仪风扇外壳标注气流方向与送风口气流方向一致。送风口风速获取一般采用多点位测量取平均值的方法，测量时应根据风管横截面几何类型和面积大小，分别采用不同的测点布置方案，如图 6-2-10 所示。

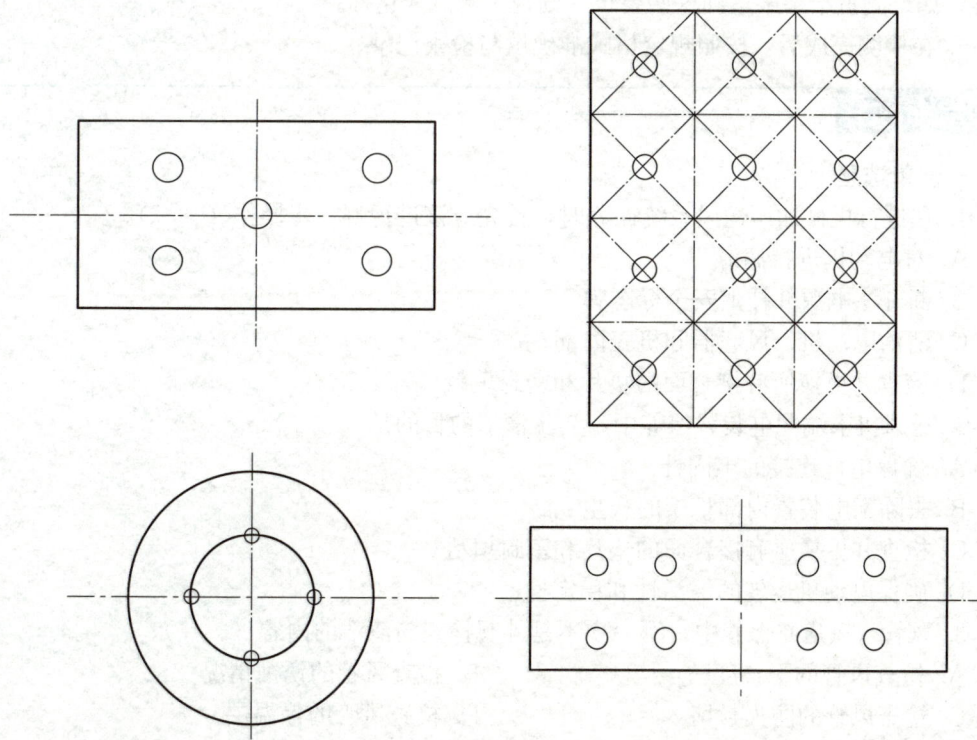

图 6-2-10　测点布置方案

风口面积小于 $0.3m^2$ 时，可采用 5 个测点。

送风口风速不宜大于 7m/s，排烟口的风速不宜大于 10m/s，且偏差不大于设计值的 10%。如不符合上述要求，则送风口风速不达标。

五、测量加压送风部位余压值

1. 检查送风机的电气控制柜是否设定在"自动"模式，并确保进入消防联动控制器

"自动允许"操作权限。

2. 选择系统中送风系统末端最不利的三个连续楼层作为模拟起火层及其相邻层，对于封闭的避难层（间），只需选择该层本身。触发火灾探测器以模拟火灾情况，并观察送风机和送风口是否按设计联动启动。

3. 利用数字微压计，分别对前室和楼梯间的余压值进行测量，如图 6-2-11 所示。注意，不同品牌和型号的微压计操作可能有所差异，务必参照产品说明书进行正确操作。

4. 测试完成后，对机械加压送风系统进行复位。

5. 记录整个检查和测试的详细情况，确保所有数据的准确性和完整性。

加压送风系统应确保压力顺序为：防烟楼梯间压力＞前室压力＞走道压力＞房间压力。余压值应满足以下标准：前室与走道之间的压差维持在 25～30Pa，楼梯间与走道之间的压差维持在 40～50Pa。如果测量结果未达到这些要求，则视为测试未达标。

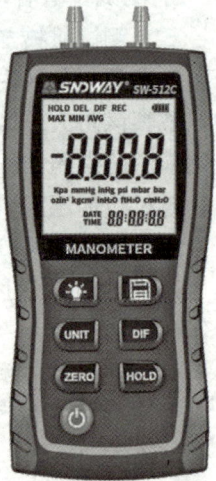

图 6-2-11　数字微压计

6. 在检测完成后，按照规定格式准确填写检查记录。

【随堂练习】

一、单选题

1. 在进行机械加压送风系统保养时，首先应该进行哪一步操作（　　）。

A. 对电动机进行润滑

B. 断开主电源并挂上安全标志牌

C. 清洁电动机、风滤器和机壳内部

D. 检查并更换所有接合面的垫片和密封填料

2. 送风机末端配电装置保养中，初步清洁的目的是（　　）。

A. 确保电气连接的牢固性

B. 去除配电装置内部积聚的灰尘

C. 检查并更换所有接合面的垫片和密封填料

D. 确保电动机运转的灵活性和稳定性

3. 风管（风道）保养中，哪一项不是外观检查与清洁的内容（　　）。

A. 检查风管的平整度　　　　　　　　B. 检查风管的锈蚀情况

C. 检查风管的防火封堵　　　　　　　D. 检查风管的保温层

4. 在机械排烟系统维修中，更换排烟防火阀执行机构时，不需要考虑的因素是（　　）。

A. 规格型号和性能参数的匹配　　　　B. 执行机构与模块间的接线保护

C. 执行机构的固定方式　　　　　　　D. 执行机构的颜色

二、多选题

1. 机械加压送风系统保养中，送风机的保养包括以下哪些步骤（　　）。

A. 断电与安全警示　　　　　　　　　B. 清洁维护

C. 紧固与润滑　　　　　　　　　　　D. 更换密封材料

E. 接线端子检查

2. 送风机末端配电装置保养中，需要进行哪些检查与维护（　　）。

A. 检查配电线路的接头　　　　　　B. 对螺栓和垫片进行检查

C. 外观保洁　　　　　　　　　　　D. 检查指示灯和显示屏区域

E. 双电源转化开关检查

3. 风管（风道）保养中，需要进行哪些检查与维护（　　）。

A. 外观检查与清洁　　　　　　　　B. 连接部件加固

C. 防火封堵与包敷层检查　　　　　D. 吊架支撑检查与维护

E. 风道内壁清洁

4. 机械加压送风系统检测中，需要进行哪些测试（　　）。

A. 测试常闭加压送风口的联动控制功能

B. 测试机械加压送风系统的联动控制功能

C. 测量送风口风速

D. 测量加压送风部位余压值

E. 测量风机转速

三、判断题

1. 机械加压送风系统保养时，首先应该进行的操作是断电与安全警示。（　　）

2. 送风机末端配电装置保养中，不需要进行细致清洁。（　　）

3. 风管（风道）保养中，不需要检查风管的防火封堵。（　　）

四、简答题

描述机械加压送风系统保养中，送风机的保养步骤。

【数字资源】

资源名称	防烟与排烟系统	机械防烟排烟系统	现代建筑中的防烟排烟系统	排烟口复位机构	防烟排烟系统调试与运行
资源类型	视频	视频	视频	视频	视频
资源二维码					

模块7 电气火灾监控系统

项目1　电气火灾监控系统监控操作

【学习目标】

【知识目标】	了解电气火灾监控系统各主要组件的运行内容,熟练掌握监控报警处置、故障报警处置、自检和电气火灾监控系统的报警、显示功能测试的操作内容
【能力目标】	具备电气火灾监控系统各主要组件运行操作的能力
【素质目标】	通过对电气火灾监控系统监控操作知识的学习,预警和处理潜在火灾风险。强化学生遵守国家规范的意识,贯彻消防安全管理制度、执行消防安全操作规程

【思维导图】

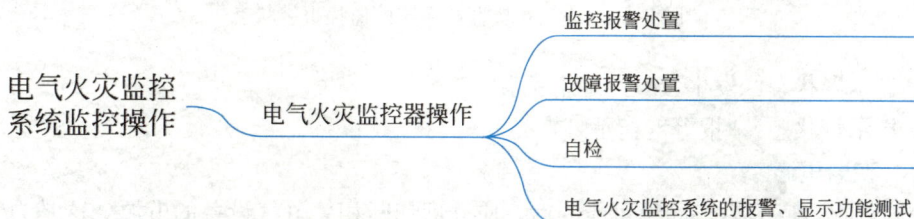

电气火灾监控系统监控操作　——　电气火灾监控器操作　——
- 监控报警处置
- 故障报警处置
- 自检
- 电气火灾监控系统的报警、显示功能测试

【情景导入】

　　某大型商业综合体,配备了先进的电气火灾监控系统。某日晚,该商业综合体内的一处电气线路因老化短路而引发火灾。由于监控系统失效,火灾初期并未被及时发现,火势迅速蔓延,最终造成了一定的财产损失和人员疏散困难。为了有效预防电气火灾事故的发生,必须确保电气监控系统的正确设置与运行,加强操作人员的培训与管理,并定期对系统进行维护与检查。

电气火灾监控器操作

1.1.1 监控报警处置

一、确认监控报警状态

电气火灾监控设备应能接收来自电气火灾监控探测器的监控报警信号，并在 10s 内发出声、光报警信号，指示报警部位，显示报警时间；应能实时接收来自电气火灾监控探测器测量的剩余电流值和温度值。当电气火灾监控设备发出报警声（一般为消防车警报声），报警指示灯亮，液晶显示器显示相应报警信息，可判定电气火灾监控系统处于监控报警状态。电气火灾监控系统的监控报警状态如图 7-1-1 所示。通过查看显示屏上的文字信息和指示灯等信息可以查看报警具体发生时间、具体发生位置。

图 7-1-1　电气火灾监控系统的监控报警状态

1. 显示屏状态：发生位置"地下室"。
2. 指示灯状态："报警"指示灯点亮。

二、切断电源

在确认报警原因后，如果可能的话，应立即切断相关电气设备的电源。这是为了防止火势蔓延和减少触电风险。如果无法立即切断电源，应使用绝缘工具进行操作，并避免直接接触裸露的电线或电器部件。

三、检查与排查

1. 检查监控系统

确认监控系统的报警器等设备是否正常工作，是否存在误报或漏报的情况。

2. 排查电路

仔细检查涉及报警的电路部分，查看是否有过载、短路、漏电等现象。可以使用专业的检测工具，如万用表、绝缘电阻测试仪等，进行详细的检测。

3. 检查设备

如果报警是由设备故障引起的，应对相关设备进行详细检查，找出故障的具体原因。

四、处理与修复

1. 修复故障

根据检查结果，对发现的故障进行修复。例如，如果是线路过热引起的报警，应检查并修复电线接头；如果是漏电引起的报警，应找出漏电点并进行绝缘处理。

2. 更换设备

如果设备损坏严重或无法修复，应及时更换新的设备。

五、报告与记录

1. 报告相关部门

在处理完报警后，应及时向相关部门报告处理情况，以便他们了解电气火灾隐患的消除情况。

2. 记录处理过程

详细记录报警时间、报警原因、处理过程、处理结果等信息，以便日后查阅和分析。

六、后续措施

1. 加强巡查

加强对电气设备的巡查力度，及时发现并处理潜在的电气火灾隐患。

2. 定期维护

定期对电气火灾监控系统进行维护，确保其能够正常运行并准确监测电气火灾隐患。

3. 培训与演练

加强员工的消防安全培训和应急演练，提高他们应对电气火灾的能力。

1.1.2　故障报警处置

一、确认故障报警原因

当电气火灾监控设备与电气火灾监控探测器之间的连接线断路、短路时，应能在 100s 内发出与监控报警信号有明显区别的声、光故障信号，显示故障部位。当电气火灾监控设备发出故障报警声（一般为救护车警报声），故障指示灯亮，通过专用类型指示灯或者液晶显示器显示信息判断出故障类型，包括传感器故障、主电故障、备电故障、通信故障等。图 7-1-2 中报警原因为"主电故障"。

图 7-1-2　电气火灾监控系统的故障报警状态

1. 显示屏状态：故障类型"主电故障"。
2. 指示灯状态："总故障"指示灯点亮。

二、切断电源

在确认报警原因后，如果可能的话，应立即切断相关电气设备的电源。这是为了防止火势蔓延和减少触电风险。如果无法立即切断电源，应使用绝缘工具进行操作，并避免直接接触裸露的电线或电器部件。

三、检查与排查

1. 检查监控系统

确认监控系统的报警器等设备是否正常工作，是否存在误报或漏报的情况。

2. 排查电路

仔细检查涉及报警的电路部分，查看是否有过载、短路、漏电等现象。可以使用专业的检测工具，如万用表、绝缘电阻测试仪等，进行详细的检测。

3. 检查设备

如果报警是由设备故障引起的，应对相关设备进行详细检查，找出故障的具体原因。

四、处理与修复

1. 修复故障

根据检查结果，对发现的故障进行修复。例如，如果是线路过热引起的报警，应检查并修复电线接头；如果是漏电引起的报警，应找出漏电点并进行绝缘处理。

2. 更换设备

如果设备损坏严重或无法修复，应及时更换新的设备。

五、报告与记录

1. 报告相关部门

在处理完报警后，应及时向相关部门报告处理情况，以便他们了解电气火灾隐患的消除情况。

2. 记录处理过程

详细记录报警时间、报警原因、处理过程、处理结果等信息，以便日后查阅和分析。

六、后续措施

1. 加强巡查

加强对电气设备的巡查力度，及时发现并处理潜在的电气火灾隐患。

2. 定期维护

定期对电气火灾监控系统进行维护，确保其能够正常运行并准确监测电气火灾隐患。

3. 培训与演练

加强员工的消防安全培训和应急演练，提高他们应对电气火灾的能力。

1.1.3 自检

电气火灾监控系统的自检是其日常维护和功能验证的重要环节，旨在确保系统能够在电气故障发生时及时、准确地发出报警信号。电气火灾监控设备应能对本机及所配接的电气火灾监控探测器进行功能检查，在执行自检期间，与其连接的外接设备不应动作，还应能手动检查其音响器件和面板上所有指示灯、显示器的工作状态。

一、自检目的

电气火灾监控系统的自检主要目的是检查系统内部各部件、电路及软件是否正常工作，包括探测器、监控器、报警装置等，以确保系统整体性能的稳定性和可靠性。

二、自检内容

1. 探测器自检

探测器是电气火灾监控系统的前端设备，负责实时监测电气线路中的异常信号。自检时，应按动探测器的"自检"试验按钮，观察探测器是否发出声、光报警信号，并检查监控器是否接收到报警信息。

2. 监控器自检

监控器是电气火灾监控系统的核心部件，负责接收和处理来自探测器的报警信号，并发出相应的控制指令。自检时，应检查监控器的各项功能是否正常，包括报警信号处理、声光报警输出、故障自诊断等。监控器通常具有自检功能，可以通过软件或硬件方式启动自检程序，对系统内部各部件进行全面检查。

3. 报警装置自检

报警装置是电气火灾监控系统的重要组成部分，用于在发生电气火灾时发出声、光报警信号，提醒人员采取相应措施。自检时，应检查报警装置是否能正常发出报警信号，并确保其声音和光信号清晰可辨。

4. 通信线路自检

通信线路是电气火灾监控系统各部件之间数据传输的通道。自检时，应检查通信线路是否畅通无阻，各部件之间的数据传输是否准确可靠。

三、自检步骤

1. 启动自检程序

根据系统说明书或操作手册，启动电气火灾监控系统的自检程序。

2. 观察自检结果

在自检过程中，注意观察系统显示屏上的自检结果和指示灯状态，记录任何异常或错误信息。

3. 处理异常情况

如果发现自检结果中存在异常或错误信息，应及时进行处理。根据系统说明书或操作手册中的故障排除指南，检查并修复相应部件或电路。

4. 完成自检报告

自检完成后，应编制自检报告，记录自检过程、结果及处理情况，以备后续参考和归档。

四、注意事项

1. 定期自检

电气火灾监控系统应定期进行自检，以确保系统性能的稳定性和可靠性。具体自检周期应根据系统说明书或相关标准规定执行。

2. 专业人员操作

自检过程应由具有相关专业知识和技能的专业人员进行操作，以确保自检结果的准确性和可靠性。

3. 备份数据

在进行自检之前，应备份系统中的重要数据，以防在自检过程中发生数据丢失或损坏。

4. 遵守安全规定

在进行自检过程中，应严格遵守电气安全规定和操作规程，确保人员和设备的安全。

通过定期的自检和维护，可以及时发现并解决电气火灾监控系统中的潜在问题，提高其可靠性和稳定性，从而更有效地预防电气火灾的发生。

1.1.4 电气火灾监控系统的报警、显示功能测试

电气火灾监控系统的报警与显示功能测试是确保其有效运行的关键步骤。通过模拟电气故障并观察系统的报警和显示响应，可以及时发现并解决潜在问题，提高电气火灾监控系统的可靠性和准确性。在测试过程中，应严格遵守操作规程和安全要求，确保测试结果的准确性和可靠性。

一、报警功能测试

1. 测试目的

验证电气火灾监控系统在检测到异常电气信号时，能否及时、准确地发出报警信号。

2. 测试方法

(1) 模拟电气故障：使用专业的测试设备或方法，模拟电气线路中的过电流、漏电、短路等故障情况。

(2) 观察报警响应：观察电气火灾监控系统的报警指示灯是否亮起，同时检查报警声音或光信号是否正常发出。

(3) 记录报警信息：记录报警时间、报警类型（如过电流报警、漏电报警等）以及报警位置等关键信息，以便后续分析和处理。

3. 注意事项

(1) 在测试过程中，应确保测试设备不会对电气火灾监控系统造成永久性损害。

(2) 测试前应关闭可能影响测试结果的其他设备或系统。

(3) 测试结束后，应及时恢复电气火灾监控系统的正常工作状态。

二、显示功能测试

1. 测试目的

验证电气火灾监控系统能否清晰、准确地显示电气线路中的实时状态和报警信息。

2. 测试方法

(1) 检查显示屏：首先检查显示屏是否清晰无损坏，显示内容是否完整。

(2) 模拟报警状态：如上文所述，模拟电气故障并触发报警，观察显示屏上是否能正确显示报警信息。

(3) 查看历史记录：检查系统是否能记录并显示历史报警信息和故障信息，以便后续分析和追溯。

3. 注意事项

(1) 在测试过程中，应注意观察显示屏的亮度、对比度等参数是否满足要求。

(2) 检查显示屏上的文字、图标等是否易于识别和理解。

（3）测试结束后，应确保所有显示信息均已正确清除或保存。

【随堂练习】

一、单选题

1. 电气火灾监控设备应能接收来自电气火灾监控探测器的监控报警信号，并在（　　）s内发出声、光报警信号。

A. 1　　　　　　　　B. 10　　　　　　　　C. 50　　　　　　　　D. 100

2. 当电气火灾监控设备与电气火灾监控探测器之间的连接线断路、短路时，电气火灾监控设备应能在（　　）s内发出与监控报警信号有明显区别的声、光故障信号，显示故障部位。

A. 1　　　　　　　　B. 10　　　　　　　　C. 50　　　　　　　　D. 100

二、多选题

1. 电气火灾监控系统主要由（　　）等组成。

A. 电气火灾监控设备　　　　　　　　B. 剩余电流式电气火灾监控探测器

C. 测温式电气火灾监控探测器　　　　D. 故障电弧探测器

E. 喷头

2. 电气火灾监控系统的功能有（　　）。

A. 监控报警

B. 故障报警

C. 自检

D. 当被保护线路剩余电流达到报警设定值时报警

E. 当被监视部位温度达到设定值时报警

三、判断题

1. 当电气火灾监控设备发出报警声（一般为消防车警报声），报警指示灯亮，液晶显示器显示相应报警信息，可判定电气火灾监控系统处于故障报警状态。（　　）

2. 电气火灾监控设备是电气火灾监控系统的核心控制单元，能为连接的电气火灾监控探测器供电。（　　）

四、简答题

请简述电气火灾监控系统自检有哪些内容。

项目2　电气火灾监控系统维护保养

【学习目标】

【知识目标】	掌握电气火灾监控系统组件检查及功能测试内容、常见故障及维修的内容,掌握电气火灾监控系统的保养项目
【能力目标】	具备电气火灾监控系统各主要组件功能测试的能力,具备常见故障及维修的方法,掌握电气火灾监控系统的保养方法
【素质目标】	通过对电气火灾监控系统维修保养的学习,及时为实现电气火灾的有效防控提供有力的保障。贯彻消防安全管理制度、执行消防安全操作规范的维修保养方式,避免发生火灾

【思维导图】

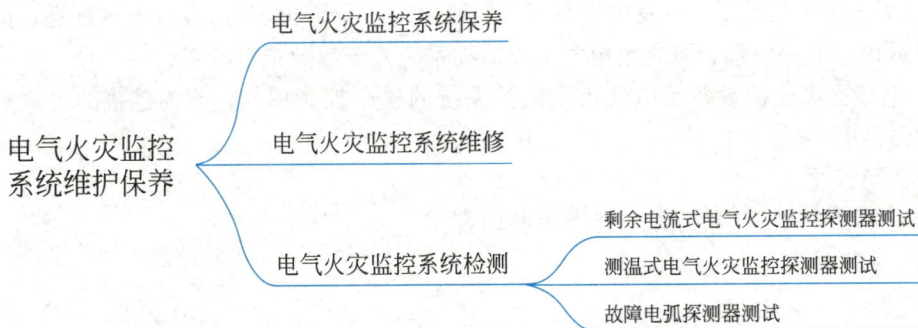

【情景导入】

　　2022 年,某大型商业综合体因电气火灾监控系统长期未进行专业维保,导致系统反应迟钝,未能及时发现并预警一处隐蔽电气线路的老化短路。火情初期,电气火灾监控系统未能有效介入,火势迅速蔓延,最终造成重大财产损失及人员疏散困难。

任务 2.1　电气火灾监控系统保养

一、定期清洁（表 7-2-1）

定期清洁 表 7-2-1

操作流程	操作内容描述
第一步	开箱门，手动切断监控器的主电源与备用电源供应，确保设备安全断电
第二步	使用细软小毛刷清理机柜（或壳体）内部设备缝隙及线材表面灰尘与杂质。利用高效吸尘器彻底吸除尘埃，保持内部环境洁净
第三步	使用柔软清洁抹布全面擦拭装置柜（或壳体）内部所有设备及线材，确保表面光洁无污。发现机柜内部有水分时，立即用干燥吸水抹布吸干，确保内部完全干燥。清洁机壳外表面的指示灯与显示器，确保指示灯光亮、显示清晰
第四步	细致检查所有线路接头连接处，查看是否有氧化或锈蚀。对发现的问题采取防潮、防锈措施，如镀锡或涂抹凡士林。检查螺栓及垫片状态，有生锈现象时及时更换，确保连接紧密无松动
第五步	完成保养步骤后，新接通监控器电源。仔细检查设备是否正常运行，确认无误后用钥匙锁闭箱门，确保设备安全
第六步	根据维护保养实际情况，认真填写"建筑消防设施维护保养记录表"，详细记录过程、问题及采取措施等信息

二、检查与维护（表 7-2-2）

检查与维护 表 7-2-2

检查项目	检查内容	注意事项
检查连接线路	定期检查设备连接线是否完好无损	如有松动、老化或破损现象，应及时处理，防止电路短路、断路等安全隐患
检查指示灯	检查设备指示灯是否正常	如有异常应及时处理，以确保设备能够准确发出报警信号
内部检查	定期检查设备内部元器件是否有异响、异味等	如有异常应立即停止使用并联系专业人员进行检查。避免在保养过程中使用有机溶剂、强酸强碱等化学物品，以免对设备造成腐蚀

三、环境要求（表 7-2-3）

环境要求 表 7-2-3

保养与维护	注意事项
避免恶劣环境	避免在潮湿、高温、低温等恶劣环境下使用电气火灾监控器，以免影响设备性能和使用寿命
防雷防电	避免在雷雨天气下使用电气火灾监控器，以免雷电对设备造成损害。定期检查电源线是否出现老化、破损现象，以免造成触电危险

四、其他注意事项（表 7-2-4）

其他注意事项　　　　　　　　　　　　　　　　　　　　　　表 7-2-4

保养与维护	注意事项
定期更新	定期更新软件程序,确保设备能够正常运行并适应新的安全标准和需求
轻拿轻放	在移动设备时,应轻拿轻放,避免摔落造成损伤
专业维修	在保养过程中,如遇到无法解决的问题,应及时联系专业人员进行维修,切勿私自拆卸或修理设备
遵循说明书	严格按照产品说明书和保养流程进行操作,避免错误操作对设备造成损害

五、保养周期（表 7-2-5）

保养周期　　　　　　　　　　　　　　　　　　　　　　表 7-2-5

保养项目	保养频率	描述
外观清洁	每月一次	定期对设备进行外观清洁,保持设备整洁
内部检查	每季度一次	每季度对设备内部进行检查,包括内部电路模板、组件及其接线等,确保设备内部正常运作
全面检查与维护	每年一次	每年进行一次全面的检查与维护,包括设备内部元器件的更换、电路校准等,确保设备性能稳定、安全可靠

任务 2.2　电气火灾监控系统维修

电气火灾监控系统在实际运行过程中可能会遇到多种常见故障,这些故障可能会影响系统的正常运行和监控效果,以下是一些常见的电气火灾监控系统故障:

一、通信故障

通信故障是指监控主机与探测器之间的通信中断或不稳定。引起这种故障可能是由于通信线路损坏、接触不良、线路过长导致信号衰减,或者是通信协议不匹配、设备地址冲突等原因。

二、电源故障

电源故障是指系统供电不稳定或电源模块损坏,导致监控设备无法正常工作。电源故障包括电源电压不稳定、电源线路短路或断路等。

三、探测器故障

电气火灾探测器（如剩余电流探测器、温度传感器等）无法正常工作或误报、漏报。探测器故障可能由传感器损坏、灰尘积累影响探测精度、设置参数错误等原因引起。

四、报警故障

报警故障是指系统在发生电气火灾时无法及时发出报警信号,或者报警信号不准确。报警故障可能由报警设置错误、报警设备损坏、报警线路故障等原因引起。

五、显示故障

监控主机的显示屏出现花屏、黑屏或无法显示正常信息。显示故障可能由显示屏损坏、显示驱动电路故障、连接线路不良等原因引起。

针对这些常见故障，需要采取相应的处理措施，如检查通信线路、更换损坏的电源或探测器、修复软件缺陷、调整报警设置、更换存储设备、修复显示屏等。同时，为了预防故障的发生，还需要加强系统的日常维护和保养工作，定期检查设备运行情况并及时处理潜在问题。

任务 2.3　电气火灾监控系统检测

电气火灾监控系统检测是确保建筑物电气安全、预防电气火灾发生的重要环节。

一、检测内容

1. 设备功能性测试：检测设备的传感器、报警器、控制器等功能是否正常。这包括检查传感器是否能准确感知电气线路中的异常信号，报警器是否能及时发出警报以及控制器是否能正确处理和响应这些信号。

2. 系统稳定性测试：通过长时间运行测试和温度变化测试等，验证系统在各种环境下的稳定性。这有助于确保系统在各种极端条件下仍能正常工作，不出现误报或漏报的情况。

3. 系统可靠性测试：测试设备的故障率、可恢复性、容错能力等，以确保系统在出现故障时仍能保持一定的可靠性，包括模拟各种故障情况，观察系统的响应和处理能力。

4. 电气参数检测：检测电路中的电流、电压、功率因数等参数，以判断电路是否处于正常工作状态。这有助于及时发现潜在的电气火灾隐患。

5. 线路检查：检查电气线路是否有破损、老化、接触不良等现象，确保线路安全可靠，这包括检查线路的绝缘性能、接地电阻等关键指标。

6. 软件监测：如果电气火灾监控系统配有相应的软件，可以通过软件界面查看电气线路的工作状态和报警信息。这有助于实现远程监控和实时管理。

二、检测标准

电气火灾监控系统的检测需要依据相关标准进行，主要包括火灾监控系统相关国家标准、各省地方标准、制造商提供的技术规范和测试要求等。

这些标准规定了电气火灾监控系统的性能要求、测试方法、测试环境等关键要素，为检测工作提供了明确的指导。

2.3.1　剩余电流式电气火灾监控探测器测试

剩余电流式电气火灾监控探测器是检测低压配电线路中剩余电流的电气火灾监控探测器（图 7-2-1）。以设置在低压配电系统首端为基本原则，宜设置在第一级配电柜的出线端；在供电线路泄漏电流大于 500mA 时，宜设置在其下一级配电柜（不宜设置在 IT 系统配电线路和消防配电线路中）。剩余电流式电气火灾监控探测器的测试涉及多个检测项目和检测要求，这些测试项目和要求通常依据《电气火灾监控系统　第 2 部分：剩余电流式电气火灾监控探测器》GB 14287.2—2014 进行。

图 7-2-1　剩余电流式电气火灾监控探测器

一、检测项目（表 7-2-6）

剩余电流式电气火灾监控探测器检测项目　　　　　　　　表 7-2-6

测试项目	测试方法
大电流冲击适应性	测试探测器在承受大电流冲击时的稳定性和安全性
显示器	检查显示器的显示功能是否正常，包括报警指示、电流显示等
静电放电抗扰度试验	评估探测器在静电放电环境下的抗干扰能力
重复性	测试探测器在多次相同条件下的报警响应是否一致
射频场感应的传导骚扰抗扰度试验	测试探测器在射频场干扰下的工作稳定性
绝缘电阻	测量探测器的绝缘性能，确保其在正常工作环境下的安全性
工频磁场抗扰度试验	评估探测器在工频磁场干扰下的工作稳定性
通信功能	测试探测器的通信模块是否正常，包括与上位机或监控系统的通信
低温（运行）试验	在低温环境下测试探测器的运行稳定性
浪涌（冲击）抗扰度试验	评估探测器在浪涌冲击下的抗干扰能力和保护能力
电快速瞬变脉冲群抗扰度试验	测试探测器在电快速瞬变脉冲群干扰下的工作稳定性
基本功能	检查探测器的各项基本功能是否满足设计要求
振动试验	模拟探测器在运输或使用过程中可能遇到的振动环境，测试其耐振性能
接线端子	检查接线端子的质量和连接可靠性
恒定湿热（运行）试验	在恒定湿热环境下测试探测器的运行稳定性
电压暂降、短时中断和电压变化的抗扰度试验	评估探测器在电压波动情况下的工作稳定性
分类	根据探测器的功能、性能等进行分类测试
指示灯	检查指示灯的显示状态是否准确反映探测器的工作状态
碰撞试验	模拟探测器在意外碰撞情况下的耐撞性能
电气强度	测试探测器的电气绝缘强度，确保其在高电压下的安全性

续表

测试项目	测试方法
防护性能	评估探测器的外壳防护等级,防止外部物体或液体的侵入
泄漏电流	测量探测器的泄漏电流,确保其在安全范围内
结构	检查探测器的结构是否合理,是否符合设计要求
剩余电流传感器	测试剩余电流传感器的灵敏度和准确性
射频电磁场辐射抗扰度试验	评估探测器在射频电磁场辐射环境下的抗干扰能力
一致性	检查探测器的各项性能指标是否与设计要求一致
监控报警功能	测试探测器的监控报警功能是否正常,包括报警信号的输出、报警值的设置等
平衡性	评估探测器在安装和使用过程中的平衡性,防止因安装不当导致的问题
电压波动	测试探测器在电压波动情况下的工作稳定性

二、检测要求（表 7-2-7）

剩余电流式电气火灾监控探测器检测要求　　　表 7-2-7

测试项目	要求
报警性能测试	探测器报警值应满足标准要求,通常不应小于 20mA 且不应大于 1000mA,且应在报警设定值的 80%～100% 之间。当被保护线路剩余电流达到报警设定值时,探测器应在规定时间内(如 60s 内)发出报警信号
绝缘电阻和电气强度	绝缘电阻应满足标准要求,电气强度测试应无击穿或闪络现象
环境适应性	探测器应能在规定的温度、湿度、振动等环境条件下正常工作
通信功能	探测器应与上位机或监控系统通信正常,数据传输准确可靠
防护性能	探测器外壳应具有一定的防护等级,防止外部物体或液体的侵入
安装要求	探测器应安装在合适的位置,避免受到外部干扰和机械损伤

2.3.2　测温式电气火灾监控探测器测试

测温式电气火灾监控探测器是检测低压配电线路中线路温度的电气火灾监控探测器,应设置在电缆接头、端子、重点发热部件等部位。保护对象为 1000V 及以下的配电线路,测温式电气火灾监控探测器应采用接触式布置;保护对象为 1000V 以上的供电线路,测温式电气火灾监控探测器宜选择光栅光纤测温式或红外测温式电气火灾监控探测器,光栅光纤测温式电气火灾监控探测器应直接设置在保护对象的表面。

温度传感器能够感受温度并转换成可用输出信号。按测量方式可分为接触式和非接触式两大类,按传感器材料及电子元件分为热电阻和热电偶两类,是测温式电气火灾监控探测器的核心测量部件(图 7-2-2)。测温式电气火灾监控探测器的测试标准主要依据《电气火灾监控系统 第 3 部分:测温式电气火灾监控探测器》GB 14287.3—2014 进行,该标准规定了测温式电气火灾监控探测器的检测项目和检测要求,以确保其在实际应用中能够准确、可靠地监测电气火灾风险并及时发出报警信号。

图 7-2-2　测温式电气火灾监控探测器

一、检测项目（表 7-2-8）

测温式电气火灾监控探测器检测项目　　　　　　　　表 7-2-8

试验项目	描述
基本性能试验	评估探测器的基本功能和性能,如温度检测准确性、响应时间等
监控报警功能试验	测试探测器在达到预设温度阈值时能否及时发出报警信号,包括声光报警信号的发出和保持时间
通信功能试验	验证探测器与电气火灾监控设备之间的通信是否正常,确保数据传输的准确性和可靠性
重复性试验	多次重复测试以评估探测器性能的稳定性,确保在不同条件下均能正常工作
绝缘电阻试验	测量探测器的绝缘电阻值,确保其在正常大气条件下的绝缘性能符合要求
泄漏电流试验	测试探测器在正常监视状态下的总泄漏电流值,以评估其电气安全性能
电磁兼容性试验	包括射频电磁场辐射抗扰度试验、射频场感应的传导骚扰抗扰度试验、静电放电抗扰度试验、电快速瞬变脉冲群抗扰度试验和浪涌(冲击)抗扰度试验等,以确保探测器在各种电磁干扰环境下能正常工作
环境适应性试验	包括低温(运行)试验、恒定湿热(运行)试验、振动(正弦)(运行)试验和碰撞试验等,以评估探测器在不同环境条件下的稳定性和可靠性

二、检测要求（表 7-2-9）

测温式电气火灾监控探测器检测要求　　　　　　　　表 7-2-9

项目	描述	具体要求(标准)
报警时间	当被保护线路温度值达到报警设定值时,探测器应在规定时间内发出报警信号	应在 40s 内发出报警信号
报警值准确性	探测器的报警值应设定在规定的温度范围内,且设定报警值与实际报警值的误差不应超过允许范围	报警值范围:55~140℃;误差范围:±10%
报警信号	探测器在报警时应发出声光报警信号,并予以保持,直至手动复位;同时,声压级和光信号的可视性应符合相关标准要求	声压级应大于一定值(如 70dB),光信号在特定条件下清晰可见
绝缘电阻	绝缘电阻在正常大气条件下应不小于规定的值	应不小于 100MΩ

项目	描述	具体要求(标准)
泄漏电流	在正常监视状态下,探测器的总泄漏电流值应符合相关标准要求	需符合相关电气安全标准
抗扰度	探测器在各种电磁干扰环境下应能正常工作,不受外界干扰影响	需通过电磁兼容性测试,包括射频电磁场辐射抗扰度、静电放电抗扰度等
环境适应性	探测器应能在各种环境条件下(如低温、高温、湿热、振动等)稳定工作,并保持其性能不受影响	需通过环境适应性测试,包括低温运行、恒定湿热运行、振动试验等

2.3.3　故障电弧探测器测试

故障电弧探测器是能够区分低压配电线路中操作正常电弧和故障电弧,消除电气火灾隐患的电气火灾监控探测器。故障电弧是一种气体游离放电现象,引起故障电弧的原因有很多,如电气线路或者设备中绝缘层老化破损、电压电流过高、空气潮湿等原因都可能引起空气击穿所导致的气体游离放电现象。故障电弧探测器如图 7-2-3 所示。故障电弧探测器的检测项目和检测要求主要依据《电气火灾监控系统 第 4 部分:故障电弧探测器》GB 14287.4—2014 进行。

图 7-2-3　故障电弧探测器

一、检测项目 (表 7-2-10)

故障电弧探测器检测项目　　　　　　　　　　表 7-2-10

检测项目	描述
串联碳化路径电弧试验	通过模拟线路中的串联碳化路径电弧,检验探测器对此类故障电弧的检测能力
并联碳化路径电弧试验	模拟线路中的并联碳化路径电弧,评估探测器的检测灵敏度
并联金属性接触电弧试验	测试探测器对金属性接触电弧的探测能力,这种电弧通常发生在导线接触不良或短路时
报警性能试验	检验探测器在被探测线路中发生规定数量和频率的故障电弧时,是否能在规定时间内发出报警信号,并点亮报警指示灯
电气性能试验	包括绝缘电阻试验、泄漏电流试验和电气强度试验,确保探测器在电气安全方面的性能符合标准
绝缘电阻试验	测量探测器的绝缘电阻值,确保其符合电气安全标准
泄漏电流试验	在正常监视状态下,测试探测器的总泄漏电流值,评估其电气安全性能
电气强度试验	检验探测器承受一定电压而不被破坏的能力
环境适应性试验	通过低温、高温、湿热、振动等环境条件下的测试,评估探测器在不同环境条件下的稳定性和可靠性

检测项目	描述
低温试验	在低温环境下测试探测器的运行稳定性和报警功能
高温试验	在高温环境下测试探测器的运行稳定性和报警功能
湿热试验	在湿热环境下测试探测器的耐腐蚀性和运行稳定性
振动试验	通过模拟振动环境,测试探测器的抗振能力和运行稳定性
电磁兼容性试验	检验探测器在电磁干扰环境下的抗扰度,确保其在各种电磁环境下都能正常工作
射频电磁场辐射抗扰度试验	测试探测器在射频电磁场辐射下的抗扰度
静电放电抗扰度试验	测试探测器对静电放电的抵抗能力
电快速瞬变脉冲群抗扰度试验	测试探测器对电快速瞬变脉冲群的抵抗能力
浪涌(冲击)抗扰度试验	测试探测器对浪涌(冲击)电压的抵抗能力

二、检测要求（表 7-2-11）

故障电弧探测器检测要求　　　　　　　　　　　　　　表 7-2-11

检测项目	描述
报警时间	当被探测线路在 1s 内发生 14 个及以上半周期的故障电弧时,探测器应在 30s 内发出报警信号,并点亮报警指示灯
报警准确性	探测器应能准确区分正常电弧和故障电弧,避免误报警。报警信号的声压级和光信号的可视性应符合相关标准要求
电气安全性能	探测器的绝缘电阻值应不小于 20MΩ 或更高,在正常监视状态下的总泄漏电流值应符合相关电气安全标准。探测器还应能耐受一定电压的电气强度试验
环境适应性	探测器应能在低温、高温、湿热、振动等环境条件下稳定工作,并保持其性能不受影响。试验后,探测器应无破坏涂覆和腐蚀现象,且报警时间应满足标准要求
电磁兼容性	探测器应能耐受各种电磁干扰环境的影响,确保在各种电磁环境下都能正常工作
稳定性与重复性	通过多次重复测试评估探测器的稳定性和重复性,确保其在不同条件下均能正常工作并准确报警

【随堂练习】

一、单选题

1. 电气火灾监控系统的常见故障原因不包括（　　）。

A. 设备自身故障　　　　　　　　　B. 电气火灾监控系统通信线路故障

C. 系统软件版本过新　　　　　　　D. 系统部分回路或探测器通信故障

2. 在电气火灾监控系统的维保过程中，发现监控设备与探测器之间的线路未连接，应首先采取的措施是（　　）。

A. 更换监控设备　　　　　　　　　B. 升级系统软件

C. 线路重新连接并进行测试　　　　D. 更换所有探测器

二、多选题

1. 电气火灾监控系统的维保工作中，通常需要关注哪些方面以确保系统的正常运行（　　）。

A. 定期检查设备硬件是否完好，包括传感器、报警器等

B. 校验系统软件的最新版本，并进行必要的升级

C. 清洁设备外壳和内部电路板，防止灰尘积累

D. 测试通信线路，确保监控设备与探测器之间的信号传输畅通

E. 无需关注环境因素，因为电气火灾监控系统具有高度的抗干扰能力

2. 在进行电气火灾监控系统的故障排查时，可能会考虑哪些因素作为排查方向（　　）。

A. 系统日志中的错误和警告信息

B. 监控设备与探测器之间的通信状态

C. 系统软件与硬件的兼容性

D. 设备的安装位置和周边环境

E. 系统上一次维保的时间记录

三、判断题

1. 电气火灾监控系统的维保工作应仅由制造商的专业技术人员进行，以确保维保质量和系统稳定性。（　　）

2. 在进行电气火灾监控系统维保时，必须对所有探测器进行逐一拆除和彻底清洁，以确保其性能不受影响。（　　）

四、简答题

简述电气火灾监控系统维保的主要内容和目的。

【数字资源】

资源名称	电气火灾监控系统调试	电气火灾监控系统
资源类型	视频	视频
资源二维码		

模块8　可燃气体探测报警系统

项目1　可燃气体探测报警系统监控操作

【学习目标】

【知识目标】	熟悉可燃气体探测报警系统状态;掌握可燃气体探测报警系统报警处置和控制方式
【能力目标】	具有操作可燃气体探测报警系统的能力,能够对可燃气体报警进行有效处置
【素质目标】	通过对可燃气体探测报警系统监控操作的学习,坚定"预防为主,防消结合"的方针。及时提供情报,理解预防火灾和把火灾损失降到最低程度的重要意义。培养未雨绸缪和防患于未然的意识。

【思维导图】

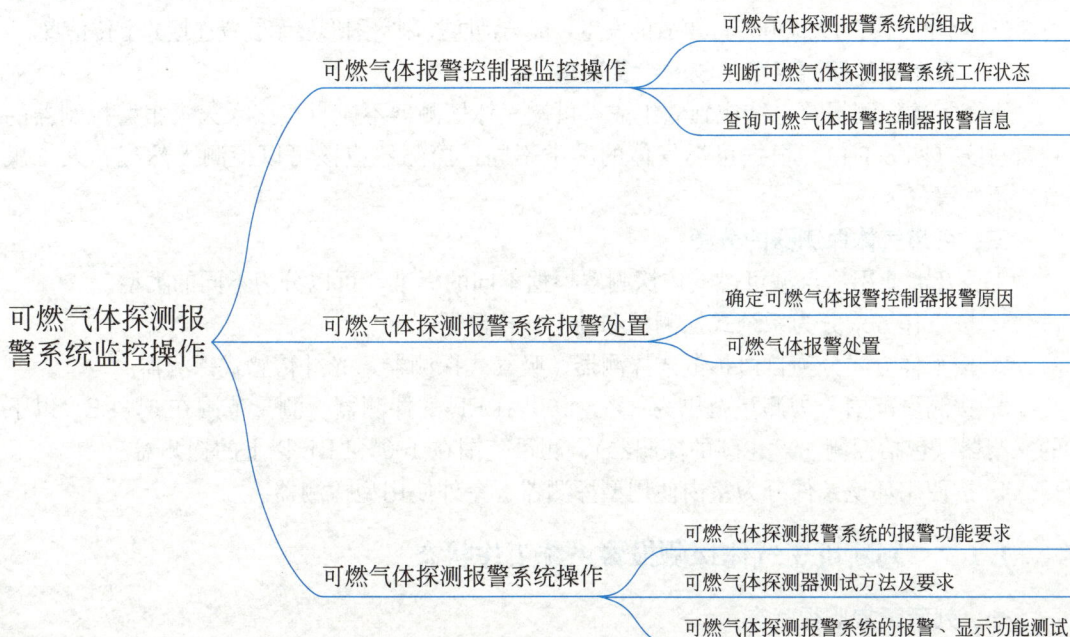

可燃气体探测报警系统监控操作

- 可燃气体报警控制器监控操作
  - 可燃气体探测报警系统的组成
  - 判断可燃气体探测报警系统工作状态
  - 查询可燃气体报警控制器报警信息
- 可燃气体探测报警系统报警处置
  - 确定可燃气体报警控制器报警原因
  - 可燃气体报警处置
- 可燃气体探测报警系统操作
  - 可燃气体探测报警系统的报警功能要求
  - 可燃气体探测器测试方法及要求
  - 可燃气体探测报警系统的报警、显示功能测试

【情景导入】

2019 年 12 月 3 日，位于北京顺义区某公司生产车间内发生燃气爆炸事故，造成 4 人死亡，10 人受伤，直接经济损失约 1429 万元。

事故直接原因：生产车间燃气管道主阀门 A、B 法兰垫片为甲基乙烯基硅橡胶材质，受管道内液化石油气和二甲醚混合气体长期腐蚀，垫片物理机械性能下降，发育出微小裂隙并逐渐增长，局部发生破损脱落；在管道内部压力作用下，B 垫片发生撕裂并形成泄漏口，泄漏出的气体与空气混合，在冷藏库内外空间形成爆炸性混合气体，遇电气火花等点火源发生爆炸，并引燃现场可燃物，导致事故发生。

据调查，燃气泄漏区域未按标准设置安全设施，部分管道、阀门等燃气设施封闭在通风不良的场所内，且未按照国家标准设置通风、燃气泄漏报警等安全设施。

任务 1.1　可燃气体报警控制器监控操作

可燃气体探测报警系统的监控工作状态主要包括正常监视状态、可燃气体报警状态、故障报警状态、自检状态和屏蔽状态。

1.1.1　可燃气体探测报警系统的组成

一、可燃气体探测报警系统的作用

可燃气体探测报警系统由可燃气体报警控制器、可燃气体探测器、火灾声光报警器组成，能够在保护区域内泄漏可燃气体的浓度低于爆炸下限的条件下提前报警，从而预防由于可燃气体泄漏引发的火灾和爆炸事故的发生，能与消防控制室图形显示装置连接并上传信息。

二、可燃气体探测报警系统的设置要求

可燃气体探测报警系统应独立组成，可燃气体探测器不应直接接入火灾报警控制器的报警总线（图 8-1-1）。根据可燃气体的种类不同，探测器应该可以检测天然气、人工煤气、沼气等气体。

三、可燃气体探测器的分类

工业及商业用途点型可燃气体探测器根据不同的标准，可以分为不同的类型。

1. 按工作方式分为系统式探测器和独立式探测器。

2. 按采样方式分为自由扩散式探测器、吸气式探测器、光纤传感式探测器。

3. 按测量范围分为测量范围为 3%～100%LEL 的探测器、测量范围在 3%LEL 以下的探测器（包括探测一氧化碳的探测器）、测量范围在 100%LEL 以上的探测器。

4. 按使用环境条件分为室内使用型探测器、室外使用型探测器。

1.1.2　判断可燃气体探测报警系统工作状态

一、判断正常监视状态

当可燃气体报警控制器无声音发出，主电工作指示灯亮，其他指示灯如报警、故障、

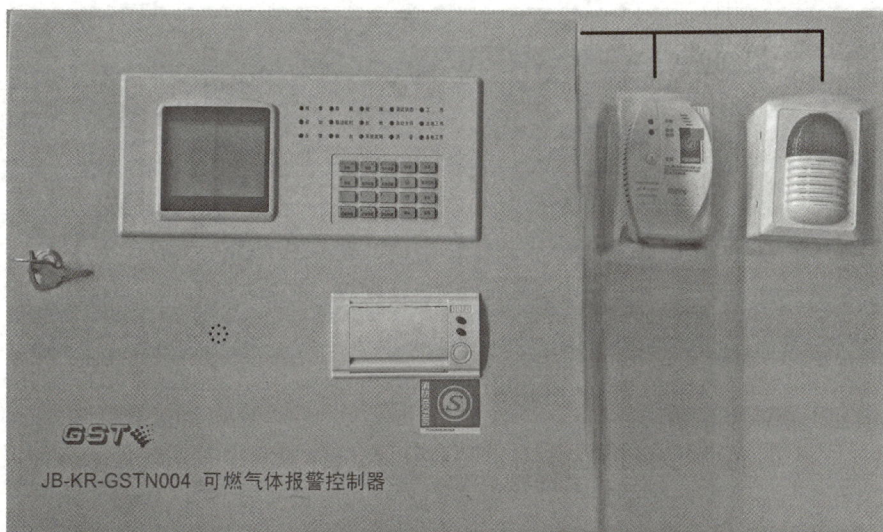

图 8-1-1　可燃气体探测报警系统组成示意

自检、屏蔽灯不亮，液晶显示屏显示"系统运行正常"等信息时，可判断可燃气体探测报警系统处于正常监视状态，如图 8-1-2 所示。

图 8-1-2　可燃气体报警控制器正常监控状态

二、判断可燃气体报警状态

1. 对于有低限、高限两段报警的可燃气体报警控制器，当可燃气体报警控制器发出报警声，报警指示灯亮，液晶显示屏显示低限或高限报警相关信息时，可判断可燃气体探测报警系统处于可燃气体报警状态。

2. 对于只有低限报警的控制器，当发出报警声且报警指示灯亮时，可判断可燃气体探测报警系统处于可燃气体报警状态，如图 8-1-3 所示。

三、判断故障报警状态

当可燃气体报警控制器发出故障报警声，故障指示灯亮，可以通过专用指示灯或液晶显示屏显示的信息判断出故障类型，包括传感器故障、主电故障、备电故障、通信故障等，表示系统处于故障报警状态。

当可燃气体报警控制器发出故障报警声，报警指示灯和故障指示灯都亮，液晶显示屏

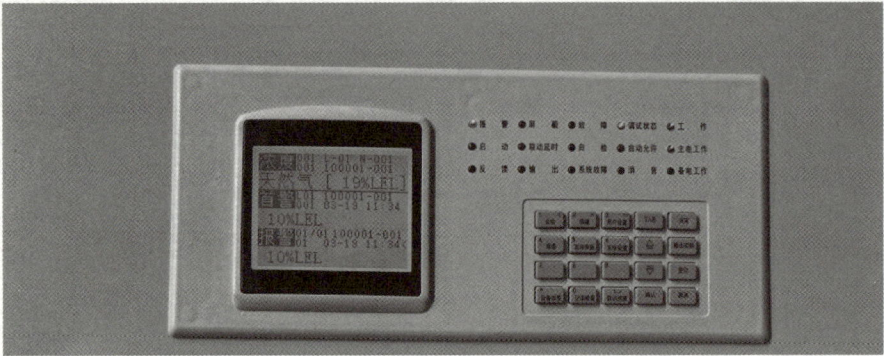

图 8-1-3　可燃气体探测报警系统处于可燃气体报警状态

显示可燃气体报警信息和故障报警信息，可判断可燃气体探测报警系统处于多种报警并存状态。

当可燃气体报警控制器面板界面上单独的"系统故障"指示灯点亮，则应判断可燃气体报警控制器处于系统故障状态，如图 8-1-4 所示。

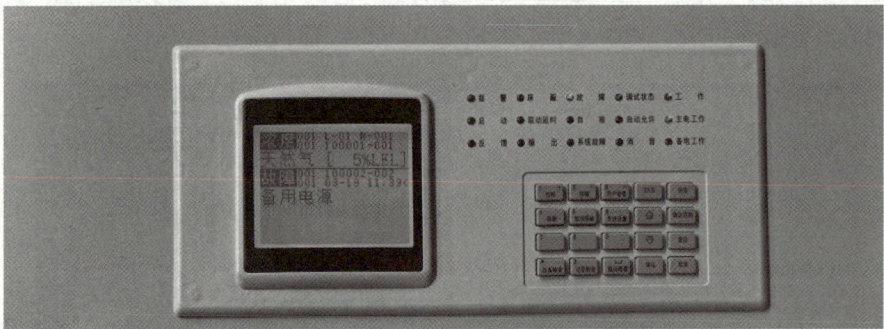

图 8-1-4　可燃气体报警控制器备电故障

四、判断屏蔽状态

如果可燃气体报警控制器的专用屏蔽总指示灯点亮，且显示屏显示屏蔽时间、部位等信息，则可判断可燃气体探测报警系统处于屏蔽状态，如图 8-1-5 所示。

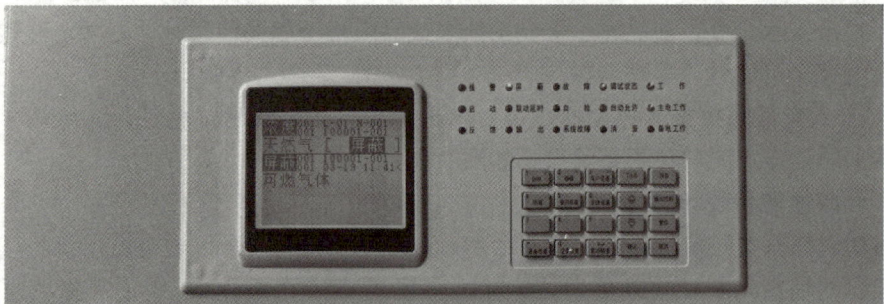

图 8-1-5　可燃气体报警控制器屏蔽状态

1.1.3　查询可燃气体报警控制器报警信息

一、识别可燃气体报警控制器当前的报警状态类别

当处于正常监视状态的可燃气体报警控制器发生报警时，可根据可燃气体报警控制器面板上的各报警类型专用指示灯点亮情况和报警声信号形式，判断可燃气体报警控制器报警信息类别，如图 8-1-6 所示。

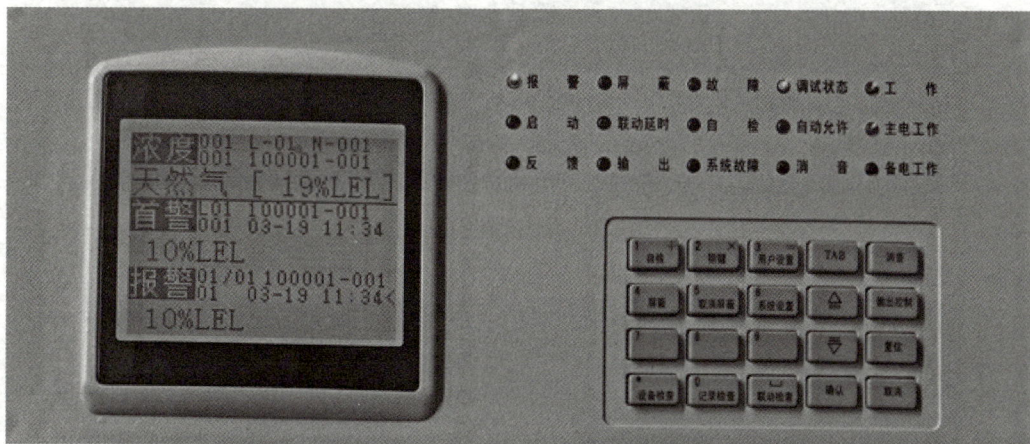

图 8-1-6　可燃气体报警控制器报警信息

二、查看液晶显示屏每条信息内容

通过查看可燃气体报警控制器液晶显示屏上的显示内容，确定当前类别报警信息的数量、发生报警的时间、设备类型、报警部位相关信息；如果报警部位信息只有设备编码而无设备注释信息，应立即查看系统设备编码与保护区（房间）对照表等资料，确定报警部位的具体房间或位置。

1. 可燃气体报警状态

首先，通过查看液晶显示屏显示的可燃气体报警部位确定报警位置；其次，通过查看液晶显示屏上显示的当前报警部位总数来确定报警部位信息。注意，当显示屏上不足以显示全部可燃气体报警部位时，会按照顺序循环显示。

2. 故障报警状态

液晶显示屏上会显示故障时间、故障类型和发生故障的位置信息。

任务 1.2　可燃气体探测报警系统报警处置

1.2.1　确定可燃气体报警控制器报警原因

当可燃气体探测报警系统发出声、光报警信息，首先需要确认可燃气体探测器报警的原因。通常，可燃气体探测报警系统会因为燃气泄漏、设备故障或者探测器与报警器之间的连接出了问题等原因而发出报警信号。

通过可燃气体报警控制器上的液晶显示屏、指示灯可判断当前报警是故障报警还是可燃气体报警，如图 8-1-7 和图 8-1-8 所示。

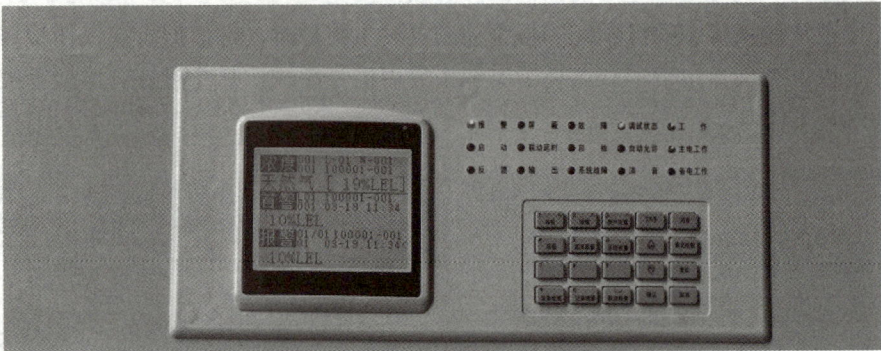

图 8-1-7　可燃气体报警示例

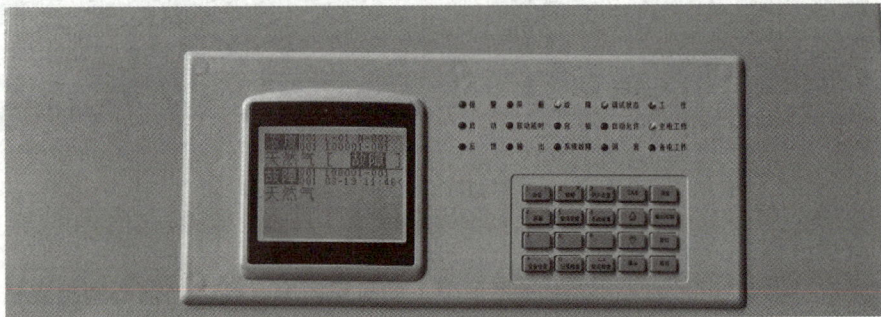

图 8-1-8　故障报警示例

1.2.2　可燃气体报警处置

一、可燃气体报警处置流程

当发生可燃气体报警时，需要立即采取应对措施，以确保安全。

1. 停止使用可燃气体

关闭总阀门，停止使用可燃气体。

2. 立即通风

将室内空气排放到室外，以降低可燃气体浓度。

3. 撤离

通知防护区相关人员迅速撤离现场，到安全区域。由专业人员进行检查处理。

4. 恢复正常监控状态

排除引发可燃气体探测器报警的各种原因后，恢复可燃气体探测报警系统正常监控状态。

5. 填写表格

填写值班记录表。如有维修操作，需要填写"建筑消防设施维修记录表"。

二、可燃气体报警处置注意事项

1. 遇到可燃气体探测器报警，不得开启或关闭任何电器开关。
2. 将可能引发火灾或爆炸的因素移除，包括引火源、电线短路等。

任务 1.3　可燃气体探测报警系统操作

1.3.1　可燃气体探测报警系统的报警功能要求

一、点型可燃气体探测器、独立式可燃气体探测器和便携式可燃气体探测器的报警功能的要求

探测器的报警功能要求在被检测区域内的可燃气体浓度达到报警设定值时，探测器应能发出报警信号。探测器具有低限、高限两个报警设定值时，其低限报警设定值应在1%～25%LEL 范围，高限报警设定值应为 50%LEL；对于仅有一个报警设定值的探测器，其报警设定值应在 1%～25%LEL 范围。

二、测量人工煤气的点型可燃气体探测器、独立式可燃气体探测器、便携式可燃气体探测器的报警功能的要求

在被监测区域内的可燃气体浓度达到报警设定值时，探测器应能发出报警信号。探测器具有低限、高限两个报警设定值时，其报警设定范围需要符合表 8-1-1 的规定。对于仅有一个报警设定值的探测器，其报警设定值符合表 8-1-1 中低限报警设定值范围的要求。

可燃气体报警设定范围 表 8-1-1

试验气体	低限报警设定范围（体积分数）	高限报警设定值（体积分数）
氢气	$(125 \sim 750) \times 10^{-6}$	1250×10^{-6}
一氧化碳	$(50 \sim 300) \times 10^{-6}$	500×10^{-6}

三、可燃气体报警控制器的报警功能

控制器应能直接或间接地接收来自可燃气体探测器及其他报警触发器件的报警信号，在 10s 内发出可燃气体报警声、光信号，指示报警部位，记录报警时间。

1.3.2　可燃气体探测器测试方法及要求

可燃气体探测器报警测试一般采用标准气体，标准气体是生产厂家配制的具有一定浓度的可燃气体，储存在钢瓶中，如图 8-1-9 所示。标准气体钢瓶应避免阳光直射和重物撞击。在使用和存储环节，应严格遵照标准气体的说明要求。

1.3.3　可燃气体探测报警系统的报警、显示功能测试

一、模拟探测器报警

选用生产厂商提供的或指定的标准气体，通过减压阀、流量计、气管，用标定罩对准可燃气体探测器传感器，调整标准气体钢瓶的减压阀，使标准气体缓慢注入，检查探测器

图 8-1-9　标准气体样例

报警确认灯点亮情况。注意标准气体的浓度值一定要大于可燃气体探测器的高限报警设定值。

二、查询报警控制器的报警信息

1. 检查可燃气体报警控制器报警状态情况，在可燃气体探测器报警确认灯点亮后 10s 内发出可燃气体报警声、光信号，指示报警部位，记录报警时间。

2. 查询探测器浓度值功能。在可燃气体报警控制器报警状态下，操作可燃气体报警控制器，查询探测器的实时浓度显示。

三、消除报警控制器的报警声音

当可燃气体报警控制器接收到报警信息，报警指示灯点亮，同时发出报警提示音。按下消音键，检查控制器消音指示灯是否点亮，检查控制器的报警声是否停止（图 8-1-10 和图 8-1-11）。

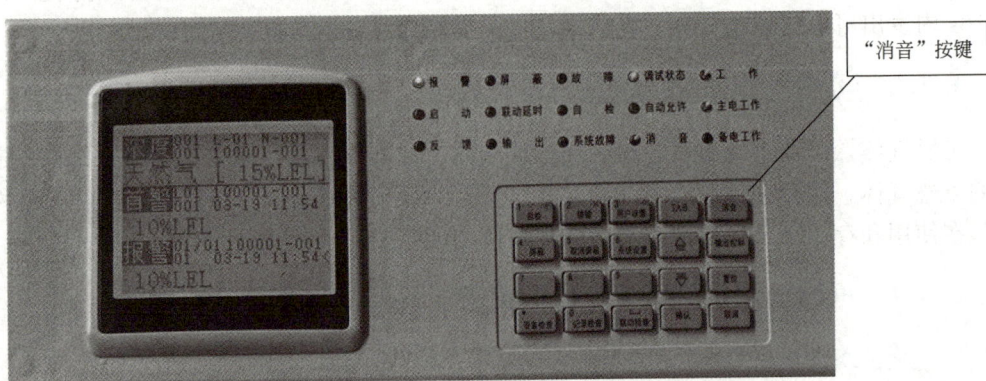

图 8-1-10　可燃气体报警控制器"消音"操作示例

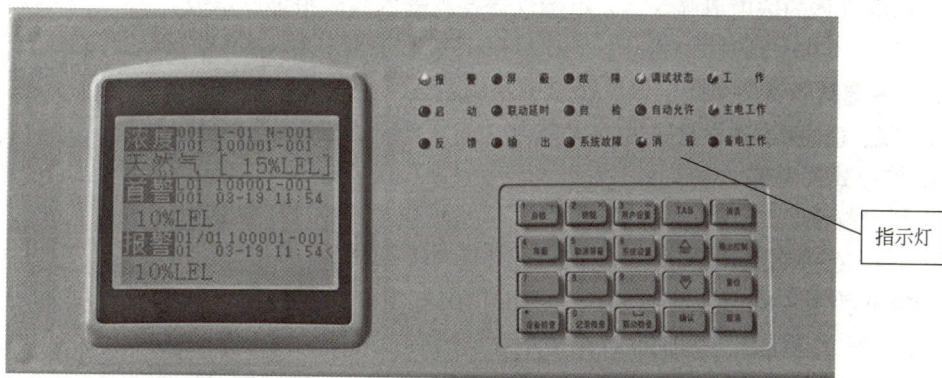

图 8-1-11　可燃气体报警控制器"消音"状态示例

四、查询控制器的显示信息

1. 查询报警信息，操作可燃气体报警控制器，查询首警部位、首警时间和报警总数。

2. 手动查询报警信息，操作可燃气体报警控制器手动"查询"按键，查看后续报警部位是否按照报警时间顺序显示。

3. 查询报警状态下的故障信息，在可燃气体报警控制器报警状态下，模拟非报警探测器发出故障，操作可燃气体报警控制器，查询探测器的故障信息。

五、复位报警控制器

手动操作控制器的"复位"按键，检查探测器指示灯的变化情况，检查控制器的工作状态，如图 8-1-12 所示。控制器应在 20s 内完成复位操作，恢复至正常监视状态。

图 8-1-12　可燃气体报警控制器"复位"示例

【随堂练习】

一、单选题

1. 在可燃气体探测器报警确认灯点亮后（　　）内发出可燃气体报警声、光信号，指示报警部位，记录报警时间。

A. 30s　　　　　　　B. 15s　　　　　　　C. 5s　　　　　　　D. 10s

2. 标准气体的浓度值（　　）可燃气体探测器的高限报警设定值。

A. 大于　　　　　　　B. 等于　　　　　　　C. 小于　　　　　　　D. 小于等于

二、多选题

1. 可燃气体探测器根据采样方式分为（　　）。

A. 扩散式探测器　　　　　　　　B. 吸气式探测器

C. 线型探测器　　　　　　　　　D. 电子围栏

E. 光纤传感式探测器

2. 当可燃气体报警控制器无声音发出，主电工作指示灯亮，其他指示灯如（　　）不亮，液晶显示屏显示"系统运行正常"等信息时，可判断为正常监视状态。

A. 报警　　　　　　　B. 故障　　　　　　　C. 自检　　　　　　　D. 屏蔽

E. 手动

三、判断题

1. 可燃气体探测器可以直接接入火灾报警控制器的报警总线。（　　）

2. 可燃气体探测报警系统能够在保护区域内泄漏可燃气体的浓度低于爆炸下限的条件下提前报警。（　　）

3. 控制器应能直接或间接地接收来自可燃气体探测器及其他报警触发器件的报警信号，在10s内发出可燃气体报警声、光信号。（　　）

四、简答题

1. 请简述点型可燃气体探测器、独立式可燃气体探测器和便携式可燃气体探测器的报警功能的要求。

2. 请简述可燃气体探测报警系统的报警、显示功能测试过程。

项目2　可燃气体探测报警系统维护保养

【学习目标】

【知识目标】	熟悉可燃气体探测报警系统维护保养等基本知识；掌握可燃气体探测报警系统的维修、检测及保养方法
【能力目标】	具有可燃气体探测报警系统的检测、维修与保养能力。能够对可燃气体探测报警系统进行日常的保养、维修及测试
【素质目标】	可燃气体探测报警系统维护保养对于确保人们的生命安全至关重要，可有效预防可燃气体泄漏导致火灾爆炸事故。通过本项目的学习，让学生养成注重细节以及防患于未然的意识，并培养学生认真严谨的工匠精神

【思维导图】

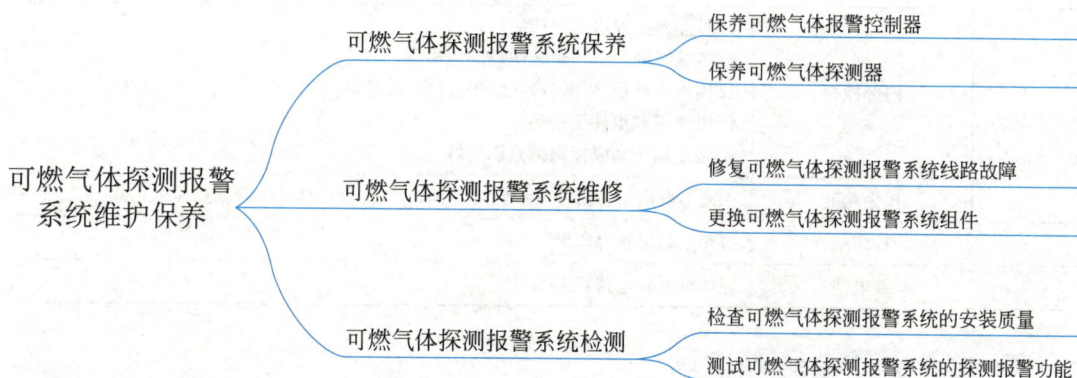

【情景导入】

　　2022年10月29日20时20分许，位于江西某开发区某商铺内发生爆炸事故，造成4人死亡、18人受伤，直接经济损失约861.92万元。

事故直接原因：老巷子早餐店内供气液化石油气气瓶及管道各阀门在停止营业后仍处于开启状态，气化炉缺少防止液相流出的安全保护装置，导致液相流出进入低压燃气管道系统，并在封闭管道内逐渐汽化，压力不断升高，燃气管路在超压状态下发生泄漏。泄漏的燃气浓度达到爆炸临界点，遇店内收银台区域设置的电气设备产生的电火花发生燃气爆炸。

事故调查组认定，此次爆炸事故是一起主要因餐饮经营者违规设置液化石油气气瓶组和气化炉，且日常使用管理不当，从而导致燃气泄漏爆炸的较大生产安全责任事故。

任务 2.1　可燃气体探测报警系统保养

2.1.1　保养可燃气体报警控制器

一、可燃气体报警控制器保养项目及要求

可燃气体报警控制器保养项目及要求见表 8-2-1。

可燃气体报警控制器保养项目及要求　　　　　　　　　　表 8-2-1

序号	保养项目	要求
1	运行环境	1. 控制器周边应保持干净、整洁； 2. 安装部位无漏水、渗水现象
2	设备外观	1. 控制器安装牢固，对松动部位进行紧固； 2. 控制器外观无明显的机械损伤； 3. 控制器的显示正常； 4. 操作控制器声光自检按键，检查控制器的音响和显示器件完好
3	表面清洁	控制器操作面板、控制开关、机箱保持干净整洁
4	内部检查	1. 控制器接线口的封堵完好； 2. 各接线的绝缘护套无明显的龟裂、破损； 3. 内部电路板、电池、接线端子保持干净整洁； 4. 电路板和组件无松动； 5. 接线端子和线标保持紧固完好
5	报警功能	探测器发出报警信号，控制器报警信号和探测器地址注释信息显示正常
6	打印纸	打印纸盒里有打印纸
7	蓄电池	能够满足备电持续工作时间

二、保养可燃气体报警控制器

1. 检查报警控制器运行环境

检查控制器安装部位，如发现可燃物及杂物，应及时清理；如发现有漏水、渗水现象，应上报维修。

2. 检查报警控制器外观

检查控制器是否安装牢固、对松动部位进行紧固；检查控制器表面是否存在明显的机械损伤，有外观损伤应及时上报。

3. 清洁报警控制器表面

用吸尘器吸除控制器操作面板、控制开关、机箱里的尘土；用微湿软布清洁控制器表面的灰尘、污物，清洁时避免造成控制器表面划伤，避免触及按键造成误动作。

4. 检查及吹扫报警控制器内部

检查控制器接线口的封堵是否完好，各接线的绝缘保护套是否有明显的龟裂、破损。用吸尘器吸除控制器内部电路板、电池、接线端子的灰尘，吸除时避免触及电气元件，以免造成控制器损伤或人员触电危险。检查控制器电路板和组件是否松动、接线端子和线标是否紧固完好，对松动部位进行紧固。

5. 更换打印纸与蓄电池保养

可燃气体报警控制器更换打印纸和保养蓄电池的方式同火灾报警控制器打印纸更换、蓄电池保养方式。

2.1.2　保养可燃气体探测器

一、可燃气体探测器的保养项目及要求

可燃气体探测器保养项目及要求见表 8-2-2。

可燃气体探测器保养项目及要求　　　　　　　　表 8-2-2

序号	保养项目	保养要求
1	运行环境	1. 探测器周边应保持干净、整洁； 2. 安装部位无漏水、渗水现象； 3. 线型探测器的发射器和接收器之间无遮挡
2	设备外观	1. 探测器安装牢固； 2. 探测器外观无明显的机械损伤； 3. 探测器的指示灯显示正常
3	表面清洁	探测器外表面干净整洁
4	报警功能	当探测器监测区域的可燃气体浓度达到探测器的报警阈值,检查探测器的报警确认灯点亮情况及控制器的显示情况

二、保养可燃气体探测器

1. 检查运行环境

检查探测器安装的部位，如发现线型可燃气体探测器的发射器和接收器之间有遮挡物，应及时清理；如发现有漏水、渗水等现象，及时上报维修。

2. 检查探测器外观

（1）检查探测器的安装质量。检查探测器安装是否牢固，对松动部位进行紧固；检查探测器线路接头和端子处是否有松动、虚接现象，对相应部位进行紧固。

（2）检查探测器的机械损伤。检查探测器表面是否存在明显的机械损伤，如有应上报维修。

（3）检查探测器显示及指示系统。检查探测器的显示及指示系统是否有显示器花屏、指示灯无规则闪烁等明显故障，如有上述故障应上报维修。

3. 清洁探测器表面

用吸尘器或者微湿软布清洁探测器表面的灰尘、污物，清洁时避免造成探测器表面划

伤、避免触及按键造成误动作。

任务 2.2　可燃气体探测报警系统维修

2.2.1　修复可燃气体探测报警系统线路故障

一、可燃气体探测报警系统线路故障种类

可燃气体探测报警系统的常见线路故障有两种，一种是系统设备内部的连接线路故障，如图 8-2-1 所示。另一种是可燃气体报警控制器和可燃气体探测器之间的连接线路故障，如图 8-2-2 所示。

图 8-2-1　可燃气体报警控制器显示屏显示故障信息示例

图 8-2-2　可燃气体报警控制器线路板连接线脱落示例

二、可燃气体探测报警系统线路常见故障及维修方法

可燃气体探测报警系统线路常见故障及维修方法见表 8-2-3。

可燃气体探测报警系统线路常见故障及维修方法　　　　　　　　表 8-2-3

序号	常见故障	原因	维修方法
1	可燃气体报警控制器无显示	1. 未连接主电源； 2. 未连接备用电源； 3. 熔断器损坏	1. 检查主、备电线路； 2. 复位/更换熔断器
2	某一回路可燃气体探测器全部掉线	1. 探测器供电线路短路或者断路； 2. 探测器通信线路短路或者断路； 3. 该回路出现接地故障	1. 检查该回路供电/通信连接线是否断开，连接好该回路供电/通信连接线路； 2. 用万用表检查该回路供电/通信线路是否存在短路情况，排查短路故障； 3. 利用兆欧表检测该回路供电/通信线路与大地之间的接地电阻，阻值小于产品说明书中的绝缘要求则为接地故障，利用分段法排查回路线路接地点并修复接地故障
3	某只探测器掉线	1. 该探测器连接线断开； 2. 该探测器损坏	1. 用万用表检查该探测器供电/通信连接线，连接好该探测器供电/通信连接线； 2. 如探测器仍无法恢复正常工作状态，更换该探测器

三、修复可燃气体探测报警系统线路故障

1. 查询并判断可燃气体报警控制器线路故障

将可燃气体报警控制器的任一探测回路断开，查询控制器的故障信息，判断出故障回路的编号，结合系统布线图找出故障回路。

2. 维修可燃气体报警控制器线路故障

使用万用表、剥线钳、电烙铁、绝缘胶带等工具，将故障回路重新正确连接。观察并记录可燃气体报警控制器的故障信息是否恢复。

3. 查找并判断可燃气体探测器的线路故障

将与可燃气体报警控制器连接的任意探测器断开，通过查询控制器的故障信息，判断出发生故障的探测器地址编码，结合系统点位图查找出发生故障的探测器。

4. 维修可燃气体探测器线路故障

使用万用表、旋具、剥线钳、绝缘胶带等工具，对照说明书将探测器重新正确连接。观察并记录可燃气体报警控制器的故障信息是否恢复。

四、注意事项

1. 对设备、线路进行检查时，应对线路进行断电处理。

2. 注意安全防护，避免发生危险。

2.2.2　更换可燃气体探测报警系统组件

一、可燃气体探测报警系统组件的种类

可燃气体探测报警系统需要更换的组件包括发生故障的可燃气体探测器以及可燃气体报警控制器的组件。

二、更换可燃气体探测报警系统组件

1.更换发生故障的可燃气体探测器

（1）断开不能现场维修的发生故障的可燃气体探测器与控制器之间的连接线，如图 8-2-3 所示。

（2）拆除发生故障的探测器，保留好固定用的螺栓等配件。

（3）设置好新探测器的地址编码。

（4）安装好新探测器，确保新探测器固定牢固，使用万用表、剥线钳、电烙铁、绝缘胶带等工具按照产品说明书中的连接线要求接好新探测器与控制器的连接线，如图 8-2-4 所示。

（5）观察新探测器是否正常工作，在控制器上核查新探测器信息和工作状态。

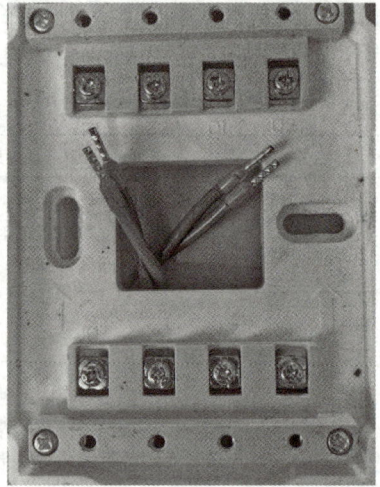

图 8-2-3　断开发生故障的可燃气体探测器与控制器之间的连接线

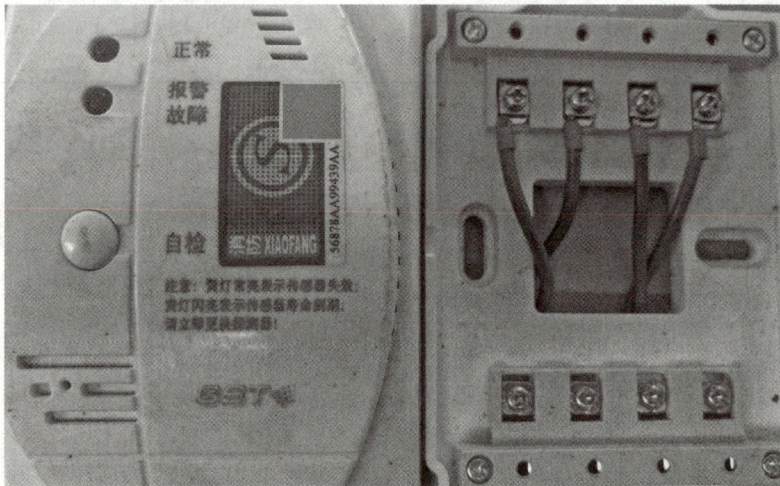

图 8-2-4　新的探测器与控制器之间的连接

2.更换可燃气体报警控制器组件

（1）断开出现故障的可燃气体报警控制器的主电源和备用电源。

（2）拆除存在故障的组件，如回路板、电源板或蓄电池等，保留好固定用的螺栓等配件。

（3）设置好要更换的新组件，如设置好更换回路的地址和通信波特率等。

（4）安装好组件，确保新组件固定牢固，使用万用表、电烙铁、绝缘胶带等工具按照产品说明书中的接线要求接好新组件的连接线。

（5）接通可燃气体报警控制器的主电源和备用电源，观察可燃气体报警控制器是否正常工作，在可燃气体报警控制器上核查系统信息和各探测器的工作状态。

任务 2.3　可燃气体探测报警系统检测

2.3.1　检查可燃气体探测报警系统的安装质量

一、可燃气体探测报警系统的安装要求

1. 系统组成要求

可燃气体探测报警系统由可燃气体报警控制器、可燃气体探测器、火灾声光警报器等组成。

2. 可燃气体探测器设置一般要求

（1）当探测气体密度小于空气密度时，可燃气体探测器应设置在被保护空间的顶部。

（2）当探测气体密度大于空气密度时，可燃气体探测器应设置在被保护空间的下部，离地面高度不大于 0.3m。

（3）探测气体密度与空气密度相当时，可燃气体探测器可设置在被保护空间的中间部位或者顶部。

3. 点型可燃气体探测器保护半径要求

（1）可燃气体释放源处于露天或敞开式布置的设备区域内。如果探测器位于释放源的全年最小频率风向的上风侧，探测器与释放源的距离不宜大于 15m；如果探测器位于释放源的全年最小频率风向的下风侧时，探测器与释放源的距离不宜大于 5m。

（2）可燃气体释放源处于封闭或者局部通风不良的半敞开厂房内，每隔 15m 可设一台可燃气体探测器，且探测器距其所覆盖范围内的任一释放源不宜大于 7.5m。

4. 线型可燃气体探测器安装要求

（1）线型可燃气体探测器的保护区域长度不宜大于 60m。

（2）线型可燃气体探测器在安装时，应使发射器和接收器的窗口避免日光直射，且在发射器与接收器之间不应有遮挡物，两组探测器之间的距离不应大于 14m。

5. 可燃气体报警控制器的设置

可燃气体报警控制器建议设置在消防控制室内，若无法设置的，应设置在 24h 人员值班的场所。控制器安装在墙上时，其主显示屏高度宜为 1.5～1.8m，其靠近门轴的侧面距离不应小于 0.5m，正面操作距离不应小于 1.2m。

二、可燃气体探测报警系统安装质量检测

1. 通过现场观测、检查资料，明确现场最小频率风向、可能发生泄漏的部位及可能泄漏的气体种类。

2. 根据现场环境风向、可能发生泄漏的部位、可能泄漏的气体种类及其与空气之间的密度对比等因素，通过核查探测器产品说明书，并进行现场观察，检查探测器安装位置是否符合要求。

3. 检查可燃气体报警控制器的设置位置、安装高度、距墙距离、操作距离是否符合要求。对照图样，现场观察检查探测器安装数量是否符合要求。

4. 检查可燃气体报警控制器、探测器、声光警报器、电源箱安装是否牢固，有无松

动现象，机箱是否做好接地保护。

2.3.2　测试可燃气体探测报警系统的探测报警功能

一、可燃气体报警控制器报警功能要求

1. 控制器应具有低限报警或低限、高限两段报警功能。

2. 控制器应能直接或间接地接收来自可燃气体探测器及其他报警触发器件的报警信号，发出可燃气体报警声光信号，指示报警部位、记录报警时间，并保持至手动复位。

3. 当有可燃气体报警信号输入时，控制器应在 10s 内发出报警声光信号。对来自可燃气体探测器的报警信号，可设置报警延时，其最大延时时间不应超过 1min，延时期间应有延时光指示，延时设置信息应至少有两组控制输出。

4. 控制器在可燃气体报警状态下应至少有两组控制输出。

5. 控制器应有专门可燃气体报警总指示灯。控制器处于可燃气体报警状态时，总指示灯应点亮。

6. 可燃气体报警声信号应能手动消除，当再次有可燃气体报警信号输入时，应能再次启动。

7. 控制器显示功能应满足以下要求：能显示当前可燃气体报警部位的总数、能区分最先报警部位、后续报警部位按报警时间顺序连续显示，当显示区域不足以显示全部报警部位时，按顺序循环显示，同时有手动查询按键。

8. 控制器应设手动复位按键，复位后，仍然存在的状态及相关信息应保持或在 20s 内重新建立。

9. 通过控制器可改变与其连接的可燃气体探测器报警设定值时，该报警设定值应在控制器上手动可查。

10. 除复位操作外，对控制器的任何操作均不应影响控制器接收和发出可燃气体报警信号。

二、可燃气体探测报警系统的探测报警功能要求

1. 可燃气体探测报警系统应独立组成，可燃气体探测器不应接入火灾报警控制器的探测器回路，当可燃气体的报警信号需要接入火灾自动报警系统时，应由可燃气体报警控制器接入。

2. 石化行业涉及过程控制的可燃气体探测器报警信号应接入消防控制室。

3. 可燃气体报警控制器的报警信息和故障信息，应在消防控制室图形显示装置或起集中控制功能的火灾报警控制器上显示，但该类信息与火灾报警信息的显示应有区别。

4. 可燃气体报警控制器发出报警信号时，应能启动保护区域的火灾声光警报器。

5. 可燃气体探测报警系统保护区域内有联动和警报要求时，应由可燃气体报警控制器或消防联动控制器联动实现。

三、测试可燃气体探测报警系统探测报警功能

1. 检查可燃气体报警控制器高限、低限报警功能及控制输出点数及手动直接控制按键的设置是否符合要求。

2. 利用导管、标定罩从标准气体瓶中取样，使用标定罩向可燃气体探测器释放其应响应的气体，如图 8-2-5 所示。

图 8-2-5   用标准气体测试探测器报警功能

3. 检查可燃气体探测器发出报警信号的情况并记录报警响应时间。

4. 可燃气体探测器发出报警信号后，观察并记录可燃气体控制器发出可燃气体报警声光信号（包括报警总指示、部位指示等）情况和控制输出接点动作及计时、打印情况。

5. 检查可燃气体报警控制器消音功能、可燃气体报警声信号再启动功能和可燃气体报警信息显示功能，如图 8-2-6 所示。

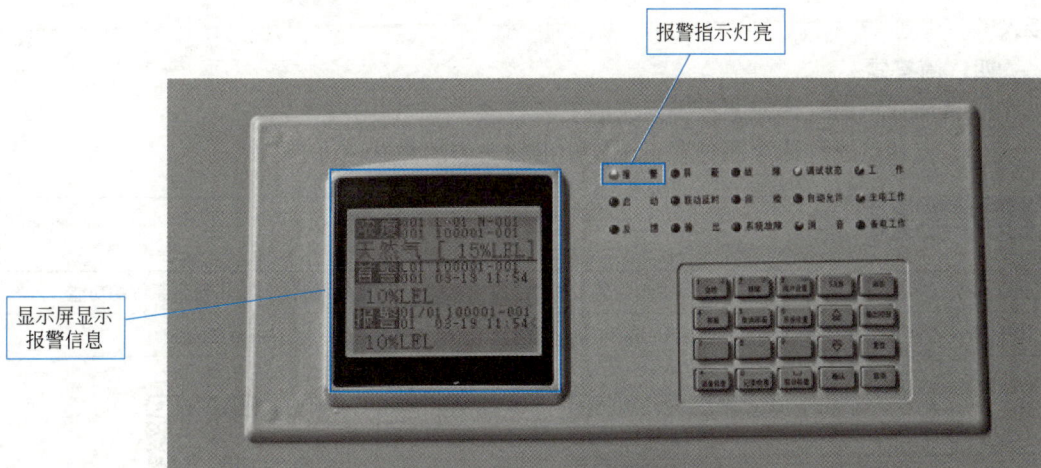

图 8-2-6   可燃气体报警控制器报警状态示例

6. 保持可燃气体探测器发出报警信号，手动复位可燃气体报警控制器，20s 后检查可燃气体报警控制器是否再次发出报警声光信号。

7. 停止测试气体的释放，开启通风措施，消除测试部位气体，至所有可燃气体探测器不再发出可燃气体报警信号。

8. 手动复位可燃气体报警控制器，20s 后检查可燃气体报警控制器的指示情况。

【随堂练习】

一、单选题

1. 线型可燃气体探测器在安装时，应使发射器和接收器的窗口避免日光直射，且在发射器与接收器之间不应有遮挡物，两组探测器之间的距离不应大于（　　）m。

A. 16　　　　　　　B. 14　　　　　　　C. 10　　　　　　　D. 20

2. 可燃气体释放源处于封闭或者局部通风不良的半敞开厂房内。每隔（　　）可设一台可燃气体探测器，且探测器距其所覆盖范围内的任一释放源不宜大于（　　）。

A. 15m；7.5m　　B. 15m；10m　　C. 10m；5m　　　D. 16m；8m

二、多选题

1. 可燃气体报警控制器无显示的可能原因有（　　）。

A. 未连接主电源　　　　　　　　B. 未连接备用电源

C. 熔断器损坏　　　　　　　　　D. 探测器脱落

E. 探测器连接线故障

2. 某一回路可燃气体探测器全部掉线的可能原因有（　　）。

A. 探测器供电线路短路或者断路　　B. 探测器通信线路短路或者断路

C. 该回路出现接地故障　　　　　　D. 监控器内部线路没有连接好

E. 探测器没有与底座连接好

三、判断题

1. 当探测气体密度小于空气密度的可燃气体探测器应设置在被保护空间的顶部。（　　）

2. 当可燃气体的报警信号需要接入火灾自动报警系统时，应由可燃气体报警控制器接入。（　　）

四、简答题

1. 请简述可燃气体探测报警系统的安装要求。

2. 请简述可燃气体探测报警系统探测报警功能的测试。

【数字资源】

资源名称	可燃气体探测报警系统的组成	可燃气体探测报警系统的功能
资源类型	视频	视频
资源二维码		

模块9　防火门及防火卷帘

项目1　防火门及防火卷帘监控操作

【学习目标】

【知识目标】	了解防火门及防火卷帘的主要组件的运行,熟练掌握防火门和防火卷帘的操作和控制内容
【能力目标】	具备防火门、防火卷帘监控、操作和控制的能力
【素质目标】	通过对防火门及防火卷帘监控操作知识的学习,树立安全无小事,事事记心间。守责任,事严谨:防火门和防火卷帘的合理设置,对人员安全疏散有着重要意义

【思维导图】

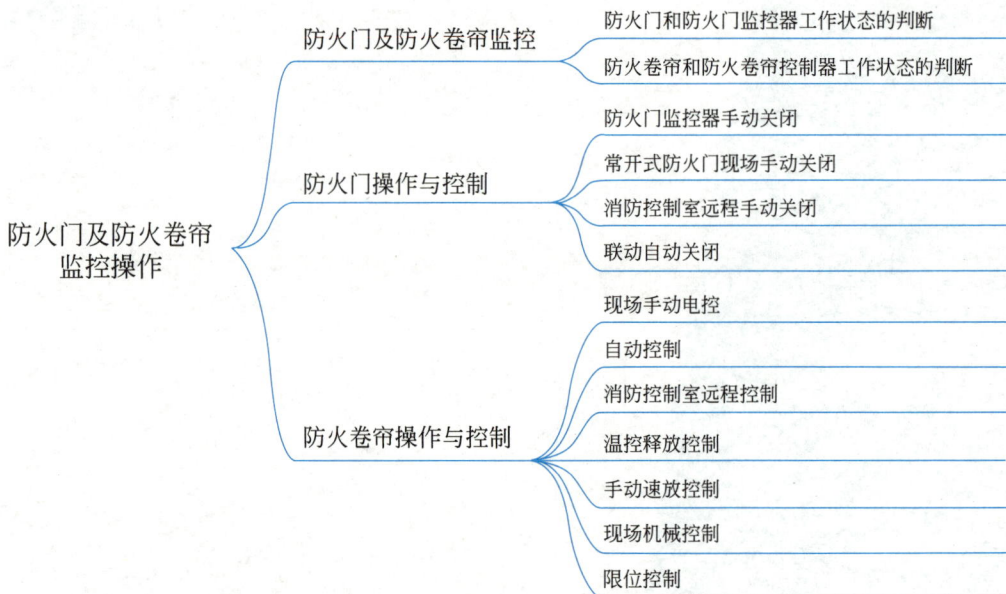

【情景导入】

　　凌晨三点多,某市一处民房发生火灾。该失火民房为4层"通天房"式居住出租房,一楼前半间是用作卖菜的营业摊铺,后半间是用作存放米粮的仓库等。底层到顶楼一条楼梯通顶，一旦发生火灾，这种楼房就像一根大烟囱，极易促使火势加强。失火民房有人员被困，情势紧急。消防救援人员抵达火场后迅速将火灾扑灭，被困人员及时脱险。火场勘查时发现，此次火灾主要燃烧在一层，因房主配合消防改造，设置了防火门，有效阻隔了火势和烟气的蔓延，为灭火救援提供了充足的时间和条件，火灾现场无人员伤亡。

任务 1.1　防火门及防火卷帘监控

1.1.1　防火门和防火门监控器工作状态的判断

一、防火门的工作状态判断

防火门根据日常的启闭状态可分为常开式防火门和常闭式防火门。防火门的工作状态可以通过防火门监控器指示灯或显示器信息进行判断。以下显示和操作针对某特定产品，因不同厂家和型号的产品的操作和显示不同，请参照各自产品说明书进行。

1. 正常工作状态

常开式防火门的正常工作状态为开启状态，常闭式防火门的正常工作状态为关闭状态。当防火门监控器显示屏出现图 9-1-1 所示界面时，表明常开式防火门处于开启、常闭式防火门处于关闭的正常工作状态。

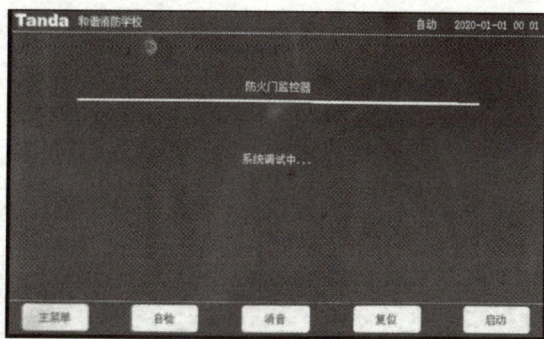

图 9-1-1　防火门监控器上常开/常闭防火门正常监视状态示例

2. 非正常工作状态

（1）常开防火门处于关闭状态。当防火门监控器的显示屏上联动信息显示"电动闭门器"，指示灯区域"常开门关"和"反馈"指示灯点亮时，则表明常开式防火门处于关闭的非正常工作状态。防火门监控器上常开防火门关闭动作反馈信号状态示例如图 9-1-2 所示。

（2）常闭防火门处于开启状态。当防火门监控器的显示屏上监管信息显示为"防火门门磁开关"，指示灯区域"常闭门开"和"故障"指示灯点亮，则表明常闭式防火门处于开启的非正常状态。防火门监控器上常闭防火门开启动作反馈信号状态示例如图 9-1-3 所示。

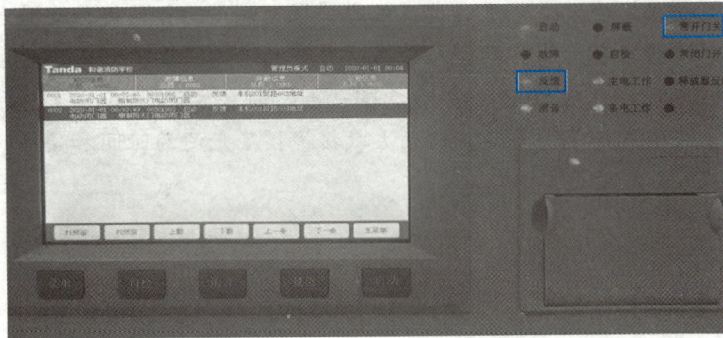

图 9-1-2　防火门监控器上常开防火门关闭动作反馈信号状态示例

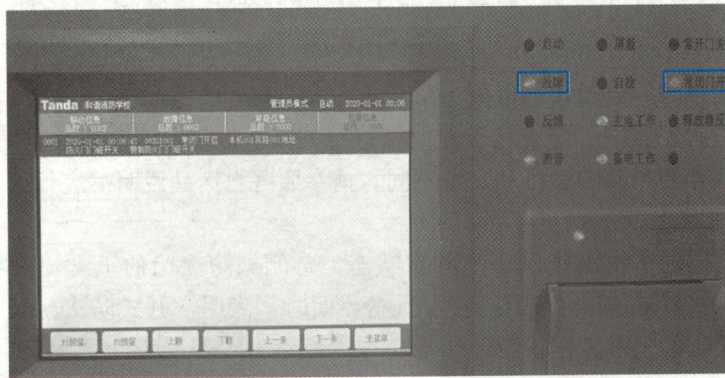

图 9-1-3　防火门监控器上常闭防火门开启动作反馈信号状态示例

二、防火门监控器的工作状态判断

1. 电源状态（主电/备电状态）

（1）当防火门监控器的指示灯区域"主电工作"和"备电工作"指示灯同时点亮时，说明目前防火门监视器是主电在工作。防火门监控器的主电电源状态示例如图 9-1-4 所示。

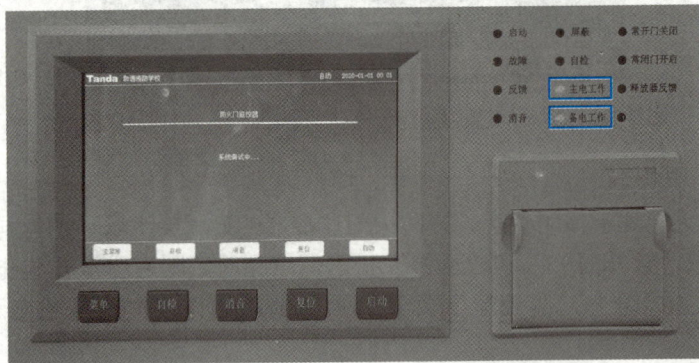

图 9-1-4　防火门监控器的主电电源状态示例

（2）切断防火门监控器主电源，防火门监视器上指示灯区域"主电工作"指示灯熄灭，"备电工作"和"故障"指示灯亮，监控器显示盘上显示"主电故障"，则表明防火门监视器是备电处于工作状态。防火门监控器的备电电源状态示例如图 9-1-5 所示。

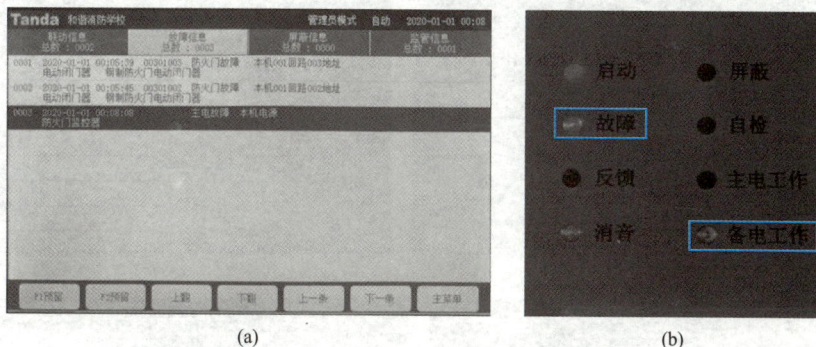

图 9-1-5 防火门监控器的备电电源状态示例
(a) 监控器显示屏信息显示；(b) 监控器指示灯指示

2. 控制状态（手动/自动状态）

当防火门监控器显示屏右上角管理员模式处显示"自动"，代表防火门监控器目前处于自动允许状态，此时当监控器接收到联网控制器火警信息时，监控器将按照预设的联动方式进行联动。当右上角管理员模式处显示"手动"，代表防火门监控器处于手动工作状态，此时当监控器接收到联网控制器火灾报警信息时，监控器不会进行自动联动。防火门监控器的控制状态示例如图 9-1-6 所示。

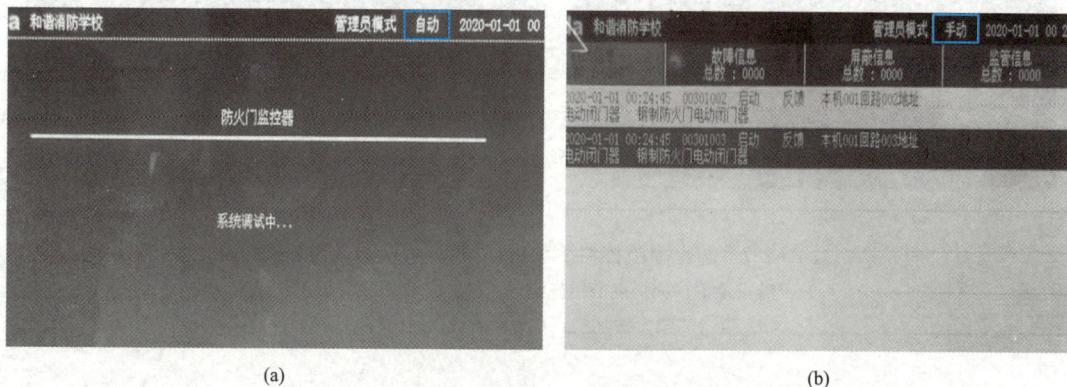

图 9-1-6 防火门监控器的控制状态示例
(a) 自动状态；(b) 手动状态

3. 防火门监控器手动/自动状态切换操作步骤

（1）点击防火门监控器显示屏左下角的"主菜单"。
（2）进入主菜单后，点击"用户设置"。
（3）选择"3 手自动模式"。
（4）点击"F1"键切换，进行手动/自动状态切换。
（5）点击确认后，防火门监控器便实现手动/自动状态的切换。
防火门监控器手动/自动状态切换的操作示例如图 9-1-7 所示。

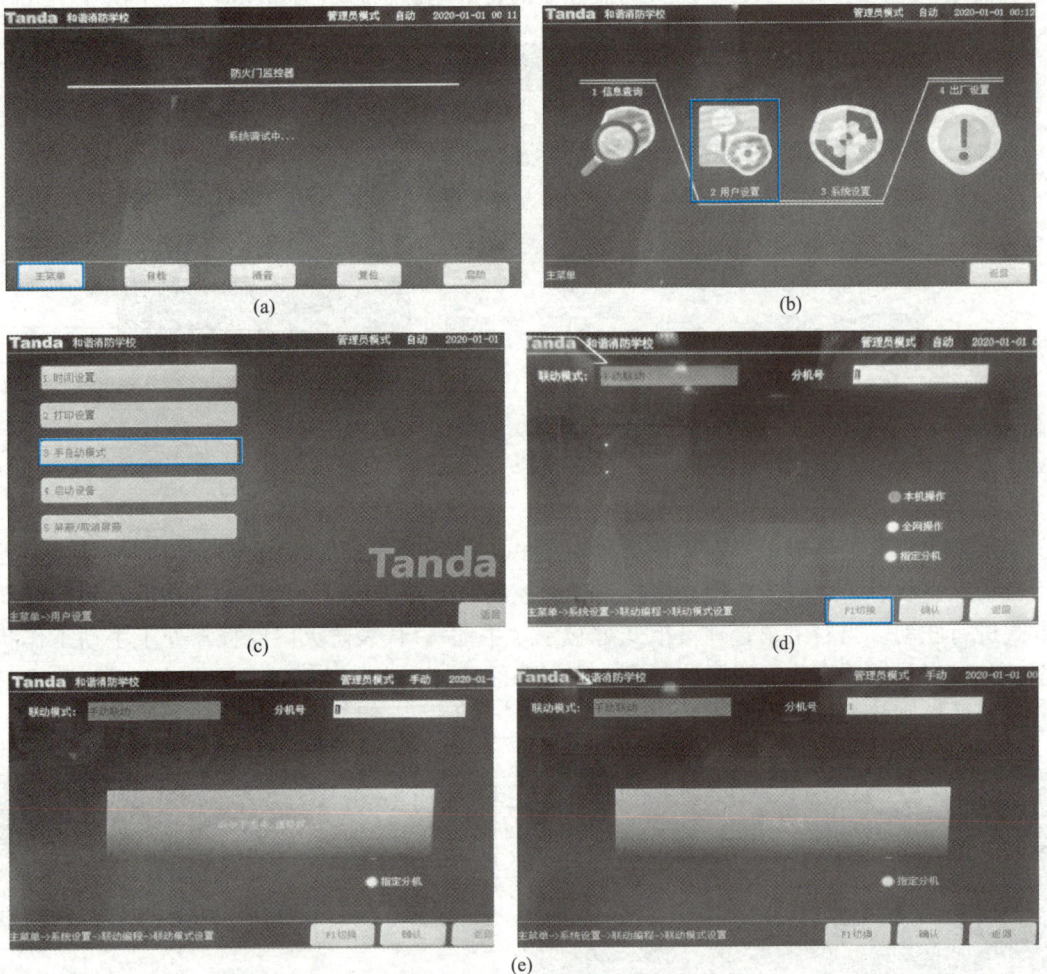

图 9-1-7 防火门监控器手动/自动状态切换的操作示例

(a) 点击主菜单；(b) 点击用户设置；(c) 选择"3 手自动模式"；

(d) 点击"F1"键切换；(e) 点击确认后的屏幕显示

1.1.2 防火卷帘和防火卷帘控制器工作状态的判断

以下显示和操作针对某特定产品，因不同厂家和型号的产品的操作和显示不同，请参照各自产品说明书进行。

一、通过火灾报警控制器判断防火卷帘的工作状态

1. 防火卷帘中位状态

火灾报警控制器的"反馈"指示灯点亮，显示器上显示"卷帘半降"的启动和反馈信息时，表明防火卷帘此时处于中位（1.8m）状态。防火卷帘中位状态显示示例如图 9-1-8 所示。

2. 防火卷帘下位状态

火灾报警控制器的"反馈"指示灯点亮，显示器上显示"卷帘全降"的启动和反馈信

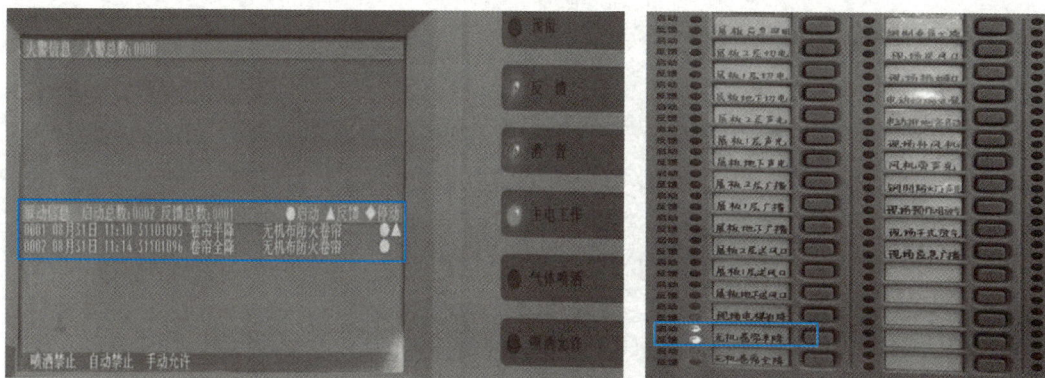

图 9-1-8 防火卷帘中位状态显示示例

息时，表明防火卷帘此时处于下位状态。防火卷帘下位状态显示示例如图 9-1-9 所示。

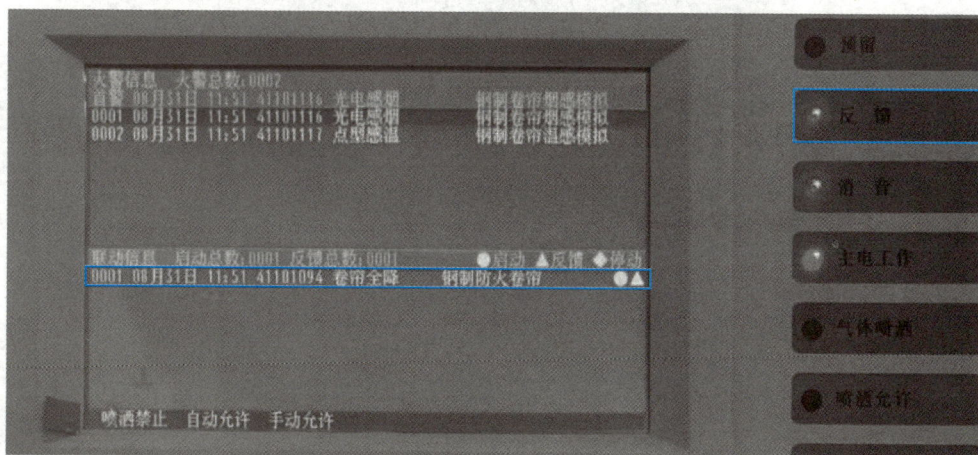

图 9-1-9 防火卷帘下位状态显示示例

3. 防火卷帘故障状态

火灾报警控制器的"故障"指示灯点亮，显示器上显示防火卷帘故障信息时，表明防火卷帘此时处于故障状态。

二、通过防火卷帘控制器判断防火卷帘的工作状态

1. 防火卷帘上行状态

当防火卷帘控制器的"上行"指示灯点亮时，表明防火卷帘此时处于上升状态。防火卷帘上行状态示例如图 9-1-10 所示。

2. 防火卷帘下行状态

当防火卷帘控制器的"下行"指示灯点亮时，表明防火卷帘此时处于下降状态。防火卷帘下行状态示例如图 9-1-11 所示。

3. 防火卷帘故障状态

当防火卷帘控制器的"故障"指示灯点亮时，表明防火卷帘此时处于故障状态。防火卷帘故障状态示例如图 9-1-12 所示。

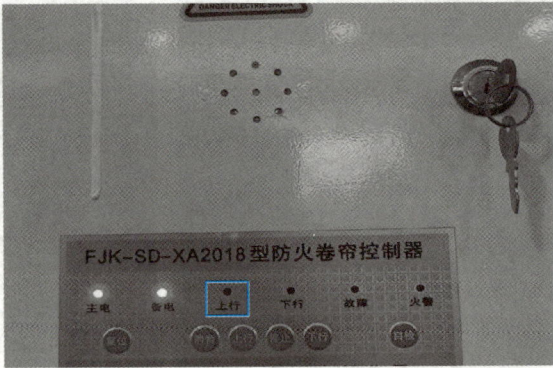

图 9-1-10　防火卷帘上行状态示例

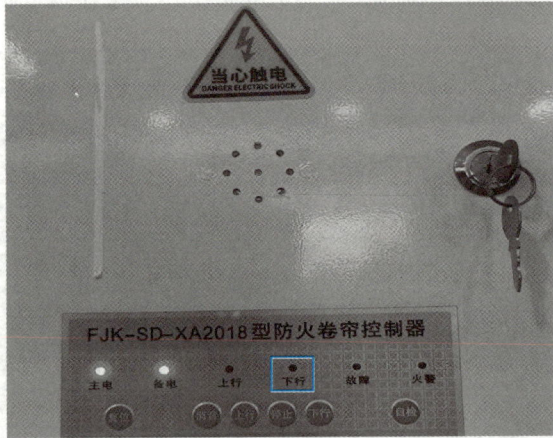

图 9-1-11　防火卷帘下行状态示例

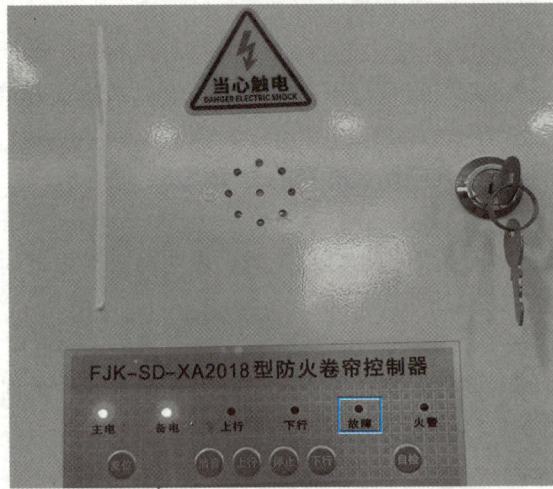

图 9-1-12　防火卷帘故障状态示例

任务 1.2　防火门操作与控制

以下显示和操作针对某特定产品，因不同厂家和型号的产品的操作和显示不同，请参照各自产品说明书进行。

1.2.1　防火门监控器手动关闭

一、操作步骤

1. 到达防火门监控器所在位置。

2. 根据防火门监控器面板按钮的设置情况，找到相应的启动或释放按钮。

3. 按下启动或释放按钮，可以控制所有常开式防火门（总启动控制）或仅控制对应的常开式防火门（一对一启动控制）关闭。

4. 观察防火门的关闭效果、监视器相关声响和现实变化情况，并核查相关反馈信息。

防火门监控器手动关闭示例如图 9-1-13 所示。

图 9-1-13　防火门监控器手动关闭示例

二、注意问题

1. 操作前，应确保了解当前防火门的状态，并确保已掌握防火门监控器的具体操作方法。

2. 操作过程中须谨慎操作，避免因误操作导致其他防火门的不必要关闭。

3. 确认防火门周围没有人员或阻挡防火门关闭的障碍物后，方可按下释放按钮。

1.2.2　常开式防火门现场手动关闭

一、操作步骤

1. 到达常开式防火门所在位置。

2. 按下或拨动常开式防火门的现场释放按钮，常开式防火门在闭门器的作用下应自动关闭。

3. 观察防火门的关闭效果、监视器相关声响和现实变化情况，并核查相关反馈信息。

常开式防火门现场手动关闭示例如图 9-1-14 所示。

图 9-1-14　常开式防火门现场手动关闭示例

二、注意问题

1. 防火门的安装方式和设计要求不同，可能导致现场释放器所处的位置不同。

2. 确认防火门周围没有人员或阻挡防火门关闭的障碍物后，方可按下释放按钮。

1.2.3　消防控制室远程手动关闭

一、操作步骤

1. 到达消防控制室。

2. 在消防控制室的消防联动控制器上找到可手动控制常开式防火门关闭的界面或按钮。

3. 选择需要关闭的防火门，手动操作控制器的界面或按钮，进行关闭防火门的操作。

4. 观察防火门的关闭效果，核查相关反馈信息。

二、注意问题

1. 消防控制室远程手动关闭防火门时，应与现场人员保持联系，以便能随时掌握防火门的实际状态和防火门周围环境的具体情况。

2. 为防止误操作或滥用权限等情况的发生，通过消防控制室远程关闭防火门时须具有明确的管理权限，并应做好详细的操作记录。

1.2.4　联动自动关闭

根据《民用建筑电气设计标准》GB 51348—2019 的规定，由常开防火门所在防火分区内任意两只感烟火灾探测器或一只感烟探测器和一只手动火灾报警按钮的报警信号作为常开式防火门关闭的联动触发信号。火灾报警控制器将确认的火警信息控制指令发送到防火门监控器上，防火门监控器通过控制现场常开式防火门电动闭门器或电动释放器动作，实现常开式防火门的自动关闭。

需要注意的是常开式防火门联动自动关闭时，应保证火灾报警控制器和防火门监控器均需处于"自动允许"状态。

任务 1.3　防火卷帘操作与控制

1.3.1　现场手动电控

防火卷帘可以通过防火卷帘手动按钮盒进行现场手动控制。

一、操作要领

1. 将防火卷帘手动按钮盒上的专用钥匙打到开启的位置，解锁防火卷帘手动按钮盒控制面板上的按钮。

2. 按下防火卷帘手动按钮盒控制面板上的"上升""停止""下降"按钮，以电控的方式控制防火卷帘的上升、停止和下降。操作时，按下"上升"按钮，卷帘应上升；按下"下降"按钮，卷帘应下降；按下"停止"按钮，卷帘则应停止运行。

3. 观察防火卷帘控制器有无声响、指示灯有无变化及防火卷帘的运行情况。现场手动电控防火卷帘操作示例如图 9-1-15 所示。

二、注意事项

1. 防火卷帘手动按钮盒应安装在防火卷帘内外两侧的墙壁上，当卷帘一侧为无人场所时，可安装在一侧墙壁上。

2. 防火卷帘手动按钮盒的安装应牢固可靠，其底边距地面高度宜为 1.3～1.5m。

3. 手动电控方式可以控制防火卷帘的上升和下降。

4. 操作过程中，卷帘下严禁站人、置物或有人员通行。

图 9-1-15　现场手动电控防火卷帘操作示例

1.3.2　自动控制

一、操作原理

防火卷帘的升降应由防火卷帘控制器控制。防火卷帘的联动控制分为"一步降"和"两步降"两种。"一步降"是指防火卷帘接收到启动信号后，一步下降到底。"两步降"是指考虑到防火卷帘的防烟、人员疏散和防火分隔功能，将防火卷帘的下降分为两步。防火卷帘接收到半降信号指令后，先下降到距离楼板面 1.8m 的中位处停止，当防火卷帘接收到全降信号后，再继续下降至楼板面。

1. "一步降"方式

通常情况下，非疏散通道上设置的防火卷帘仅用于建筑的防火分隔，不具有人员疏散的功能，因此采用一步降落的方式。在自动方式下，由防火卷帘所在防火分区内的任意两只独立的火灾探测器的报警信号作为防火卷帘下降的联动触发信号，即可联动控制防火卷帘直接下降至楼板面。

2. "两步降"方式

根据《火灾自动报警系统设计规范》GB 50116—2013 的要求，疏散通道上设置的防火卷帘及地下车库车辆通道上设置的防火卷帘应采用"两步降"的方式。防火卷帘的半降信号来自防火卷帘所在防火分区内的任两只感烟探测器或任一只专门用于联动防火卷帘的感烟火灾探测器。当任两只感烟探测器或任一只专门用于联动防火卷帘的感烟火灾探测器报警时，联动控制防火卷帘下降至距离楼板面 1.8m 处，既起到防烟的作用又可以保证人员的疏散。防火卷帘的全降信号与防火卷帘半降信号不同，只能来自专门用于联动防火卷帘的感温探测器。当任一只专门用于联动防火卷帘的感温火灾探测器报警时，表示火势已经蔓延到此处，人员已无从此处逃生的可能，因此防火卷帘应下降至楼板面，起到防火分隔的作用。

二、注意事项

1. 火灾报警控制器或消防联动控制器应处于"自动"状态。

2. 设置在疏散通道上的防火卷帘的任一侧距卷帘纵深 0.5～5m 内，应设置不少于 2 只专门用于联动防火卷帘的感温火灾探测器，其目的是保障防火卷帘在火势蔓延到防护卷帘前能及时动作，同时也是为了防止单只探测器由于偶发故障而不能动作。

3. 操作过程中，卷帘下严禁站人、置物或有人员通行。

4. 防火卷帘动作后，防火卷帘动作信号、联动控制报警信号均应反馈至消防联动控制器。

1.3.3 消防控制室远程控制

一、操作要领

1. 将消防联动控制器设为"手动允许"操作权限，在火灾报警控制器手动控制盘中找到待控防火卷帘的控制键，按下"下降"按钮。

2. 防火卷帘的启动灯点亮，防火卷帘下降至楼板面后"反馈"灯点亮。

二、注意事项

1. 消防控制室远程控制防火卷帘关闭时，应与现场人员保持联系，以便能随时掌握防火卷帘的实际状态和防火卷帘周围环境的具体情况。

2. 操作过程中，卷帘下严禁站人、置物或有人员通行。

3. 疏散通道上的防火卷帘不能在消防控制室手动控制盘上控制其下降。

1.3.4 温控释放控制

为实现无电、无人情况下防火卷帘的防火分隔作用，防火卷帘应装配温控释放装置。温控释放装置是一种温控联锁装置，分为温控金属释放装置和温控玻璃释放装置。当温控释放装置的感温元件周围温度达到（73±0.5）℃时，温控元件（易熔金属或闭式玻璃球）熔化或爆裂，释放装置动作，牵引开启卷门机的制动装置，松开刹车盘，卷帘依靠自重下降至全闭。

需要注意的是，温控释放装置适用于安装在垂直卷的防火卷帘上。但用于疏散通道处的防火卷帘因具有两步降的功能，故不可安装温控释放装置。温控释放装置如图 9-1-16 所示。

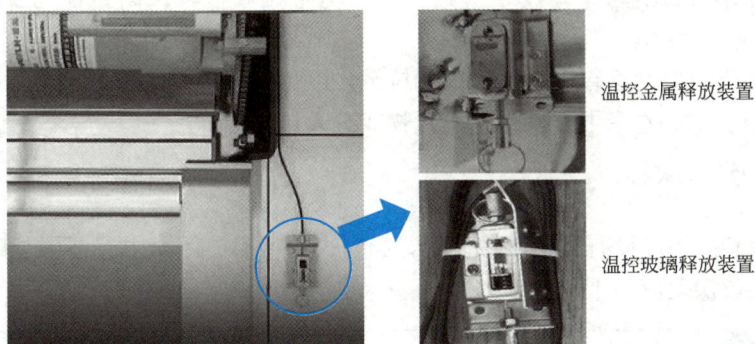

温控金属释放装置

温控玻璃释放装置

图 9-1-16　温控释放装置

1.3.5　手动速放控制

防火卷帘具有依靠自重恒速下降的功能。当卷门机电源发生故障时，可通过手动速放装置控制防火卷帘的关闭。手动速放装置如图 9-1-17 所示。

一、操作原理

1. 拉下手动速放装置的拉环，打开防火卷帘电机的制动机构。

2. 刹车盘松开，卷帘在帘面底座的作用下依靠自身重力下降。

3. 通过减速箱控制电机卷轴的下降速度，使其恒速（匀速）下降至关闭。

二、注意事项

1. 手动速放控制只能控制防火卷帘的下降。

2. 拉动手动速放装置的下拉臂力不应大于 70N。

3. 操作过程中，卷帘下严禁站人、置物或有人员通行。

1.3.6　现场机械控制

防火卷帘可以通过一条设在防火卷帘防护罩（箱体）内的圆环式手动拉链进行机械控制操作，通过手动拉链带动链轮和压链板，实现卷帘的上升或下降，以确保在火灾探测器、联动装置或消防电源发生故障时，防火卷帘仍能释放。

图 9-1-17　手动速放装置

一、操作要领

1. 打开防火卷帘防护罩（箱体）取出手动拉链，使其处于自然下垂状态。

2. 用手向下拉靠近卷帘帘面一侧的拉链，卷帘缓慢下降。

3. 用手向下拉另一侧的拉链，卷帘缓慢卷起。

二、注意事项

1. 人工拉动防火卷帘卷门机上的手动拉链，可以控制卷帘的上升和下降，该功能完全依靠手动操作，与报警联动控制系统无关。

2. 拉动手动拉链的动作幅度不宜过大，切勿生拉硬拽，严防拉链与保护罩（箱体）间发生剐蹭。

3. 在防火卷帘电动运行时，不得拉动拉链，以免损坏机件。

4. 操作过程中，卷帘下严禁站人、置物或有人员通行。

1.3.7　限位控制

防火卷帘卷门机应设有自动限位装置，当防火卷帘启、闭至上、下限位时，应自动停止，其重复定位误差应小于 20mm。

【随堂练习】

一、单选题

1. 温控释放装置是利用动作温度为（　　　　）℃的感温元件控制防火卷帘依靠自重下降的装置。

A. 73±0.5　　　　　　　　　　B. 75±0.5

C. 73±5　　　　　　　　　　　D. 75±5

2. 下列可以远程控制防火卷帘下降的组件是（　　　）。

A. 总线控制盘　　　　　　　　B. 现场手动按钮

C. 金属拉链　　　　　　　　　D. 温控释放装置

3. 防火卷帘卷门机应设有自动限位装置，当防火卷帘启、闭至上、下限位时，应自动停止，其重复定位误差应小于（　　　）mm。

A. 10　　　　　　B. 15　　　　　　C. 20　　　　　　D. 25

二、多选题

1. 防火门的工作状态判断可以通过（　　　）方法进行。

A. 通过防火门的尺寸判断其工作状态

B. 查看防火门监控器判断其工作状态

C. 实地巡查防火门工作状态

D. 通过防火门的颜色判断其工作状态

E. 通过防火门的材质判断其工作状态

2. 常开式防火门的关闭方法有（　　　）。

A. 防火门监控器手动关闭　　　　　　B. 现场手动关闭

C. 消防控制室远程手动关闭　　　　　D. 切断电源自动关闭

E. 联动自动关闭

3. 防火卷帘的控制方式包括（　　　）。

A. 现场手动电控　　　　　　　　　　B. 自动控制

C. 现场机械控制　　　　　　　　　　D. 消防控制室远程手动控制

E. 温控释放控制

三、判断题

1. 当温控释放装置动作后，防火卷帘依靠电机自动下降至全闭。（　　　）

2. 常开式防火门关闭的联动触发信号，是常开式防火门所在防火分区内任意的两只

感烟探测器或一只感烟探测器和一只手动火灾报警按钮的报警信号。（　　）

3. 设置在疏散通道上的防火卷帘的任一侧距卷帘纵深 0.3～3m 内，应设置不少于 2 只专门用于联动防火卷帘的感温火灾探测器。（　　）

四、简答题

1. 简述防火门监视器如何进行手动/自动状态切换。

2. 简述防火卷帘现场手动电控的操作要领。

项目2　防火门及防火卷帘维护保养

【学习目标】

【知识目标】	掌握防火门配件和监控器、防火卷帘配件和控制器的检查保养内容,熟练掌握防火门及防火卷帘常见故障的维修、检测内容及相关操作
【能力目标】	具备防火门及防火卷帘主要组件功能检测的能力,具备常见故障及维修的技能,掌握防火门和防火卷帘的维护保养方法
【素质目标】	通过对防火门及防火卷帘维修保护知识的学习,建立按时检查,及时维修保养的观念。防隐患,遏事故:防火门和防火卷帘的保养,对火灾防控有着重要意义

【思维导图】

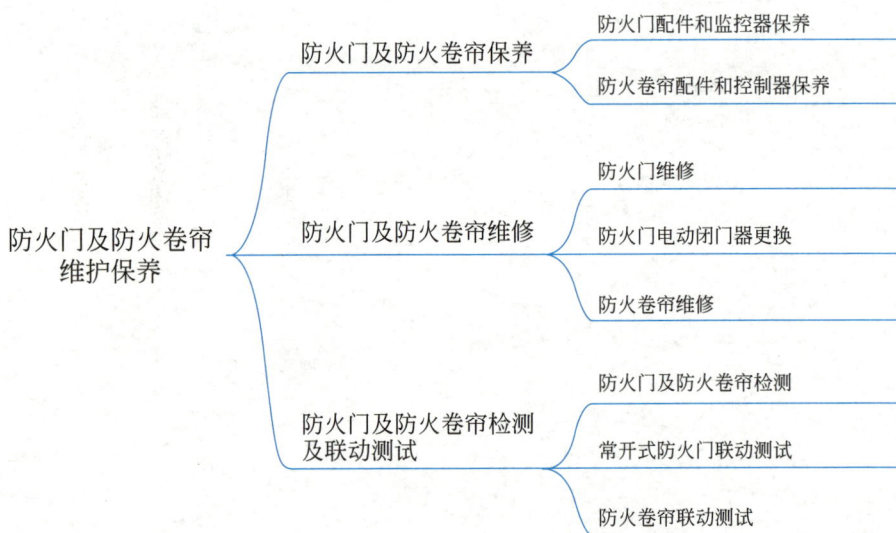

【情景导入】

　　保护消防设施，筑牢安全屏障：某日下午 14 时许，某小区地下二层停车场，一导风机电气线路故障引发火灾。产生的烟雾触发建筑设置的感烟火灾探测器，探测器立即向消防控制室主机发出报警信号，消防控制室值班人员马上通知巡查人员确认火灾情况，并迅速报警。火灾发生后不久，防火卷帘自动下降到底实施防火隔离，火灾温度不断上升，闭式喷头温感元件被高温熔化脱落，停车场的自动喷水灭火系统启动自动喷水，控制了火势蔓延。消防人员到达现场后很快扑灭火势，火灾未造成人员伤亡。报警、防火卷帘、下降喷淋等一气呵成。关键时刻，消防设施第一时间"出手"，及时控制火势，为生命财产筑起一道"安全屏障"。

任务 2.1　防火门及防火卷帘保养

2.1.1　防火门配件和监控器保养

一、防火门电磁释放器的保养

1. 检查内容

　　定期检查电磁释放器的表面有无明显机械损伤、安装是否牢固，电气线路有无破损，接头各接线端子处有无松动、虚接等现象，确保螺栓完好紧固。手动操作释放防火门时，确保动作灵活可靠。防火门电磁释放器如图 9-2-1 所示。

2. 保养操作

　　（1）使用一周后，检查并重新紧固所有的螺栓，后续每月进行一次该操作。

　　（2）使用 24h 后，可用红外测温仪检查电磁释放器的温升状况，后续每月进行一次温升检查，如果发现温升异常，应及时更换电磁释放器。

　　（3）打开电磁释放器的外壳，添加润滑脂，添加完毕后将外壳安装好并拧紧螺栓。

　　（4）用吸尘器吸除或用微湿软布清洁防火门电磁释放器表面的灰尘、污物。

　　（5）按下防火门释放器手动按钮，观察防火门能否正常关闭，防火门监控器能否收到闭门信号，检查声光报警等功能是否正常。测试结束后，将系统恢复到正常工作状态。

图 9-2-1　防火门电磁释放器

　　（6）根据保养情况，规范填写"消防设施维护保养记录表"。

3. 注意事项

　　（1）清洁电磁释放器时要注意不要划伤电磁释放器表面，不要造成误动作。

　　（2）保养操作过程中注意安全。

二、闭门器的保养

1. 检查内容

检查闭门器表面有无明显机械损伤、安装是否牢固、螺栓有无松动或丢失、连接臂与门体或门框有无擦碰、门体有无变形或松动、关门的缓冲效果、支撑导向件有无漏油等；闭门器使用时能否运转平稳、灵活，储油部件有无渗漏油现象；电动闭门器的电气线路有无破损、接头各接线端子处有无松动、虚接等现象；定期紧固螺栓、调试速度、清洁和加油。防火门闭门器如图 9-2-2 所示。

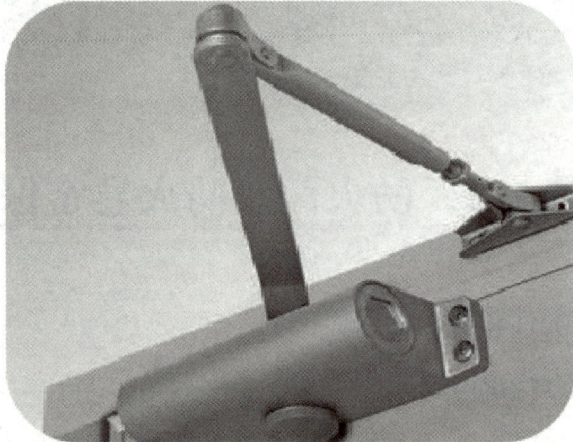

图 9-2-2　防火门闭门器

2. 保养操作

（1）新装闭门器使用一周后，需要对安装螺栓和连接螺栓重新紧固，防止出现松退、未拧紧等情况。如果防火门安装在频繁开关的使用场所，则需要每个月对闭门器的安装螺栓和连接螺栓进行检查，防止螺纹松退。

（2）使用半个月后闭门器的关门速度可能会发生轻微变化，需要通过旋转调速阀对关门速度进行微调。

（3）用吸尘器吸除或用微湿软布清洁闭门器表面的灰尘、污物。

（4）拧出油孔螺栓，加注机油，加满后将螺栓拧紧。

（5）从任意一侧打开常闭式防火门门扇，检查开启的灵活性，将门扇开启至最大后，释放门扇，检查门扇能否自动关闭严密；按下常开式防火门释放器手动按钮，释放门扇，检查门扇是否能自动关闭严密。

（6）根据保养情况，规范填写"消防设施维护保养记录表"。

3. 注意事项

（1）使用闭门器时，要让闭门器自然回位，不可施加外力，以防造成闭门器的损坏。

（2）清洁时要注意不要划伤闭门器开关表面，不要造成误动作。

三、顺序器的保养

1. 检查内容

定期查看顺序器螺栓是否完好，检查滚轮是否活动正常，确保连接部位润滑。手动操作开关防火门，顺序器动作应灵活可靠，保证双扇或多扇防火门能按顺序关闭严密。防火门的顺序器如图 9-2-3 所示。

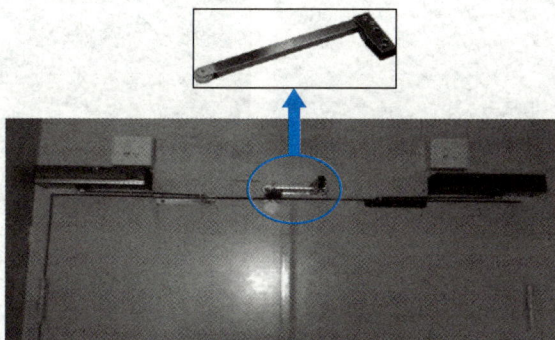

图 9-2-3　顺序器

2. 保养方法

（1）使用一周后，检查顺序器所有的螺栓，对固定螺栓进行加固拧紧，后续每月进行一次检查。

（2）检查长杆上的滚轮是否活动正常。

（3）清洁顺序器、加机油，确保链接部位润滑。

（4）同时释放双、多扇防火门，检查门扇能否实现顺序关闭，并保持严密。如果主门不能完全关闭，需重点检查长杆上的滚轮是否活动正常，必要时更换顺序器。

（5）每个月至少一次将双扇门完全打开，先释放主门，检查主门是否受顺序器的作用保持在一固定角度静止。然后再释放副门，当副门边沿与顺序器长杆接触时，检查副门是否将长杆压入并使长杆趋向于平行，如没有，则顺时针调整调节螺栓直至副门能动作为止，如果调节螺栓没有任何作用，检查长杆是否有变形，必要时更换顺序器。

（6）根据保养情况，规范填写"消防设施维护保养记录表"。

3. 注意事项

（1）注意操作安全。

（2）清洁擦拭过程中应使用潮湿抹布轻轻擦拭。

四、防火门监控器的保养

1. 检查内容

检查监控器安装是否牢固、有无松动，监控器的外观是否存在明显的机械损伤；监控器的显示是否存在花屏、指示灯无规则闪烁等明显故障；监控器接线口的封堵是否完好，接线的绝缘护套有无明显的龟裂、破损；监控器电路板及组件是否松动，各接线端子和线标是否紧固完好。

2. 保养方法

（1）用吸尘器吸除或用微软的湿布擦拭监控器表面、操作面板、控制开关和机箱的灰尘、污物；用吸尘器吸除或用压缩空气、毛刷清洁监控器内部电路板、电池、接线端子的灰尘。防火门监控器内部结构如图 9-2-4 所示。

（2）紧固连接松动的接线端子，更换锈蚀的螺栓、端子垫片等连接部件，去除锈蚀的导线端，搪锡后重新连接。

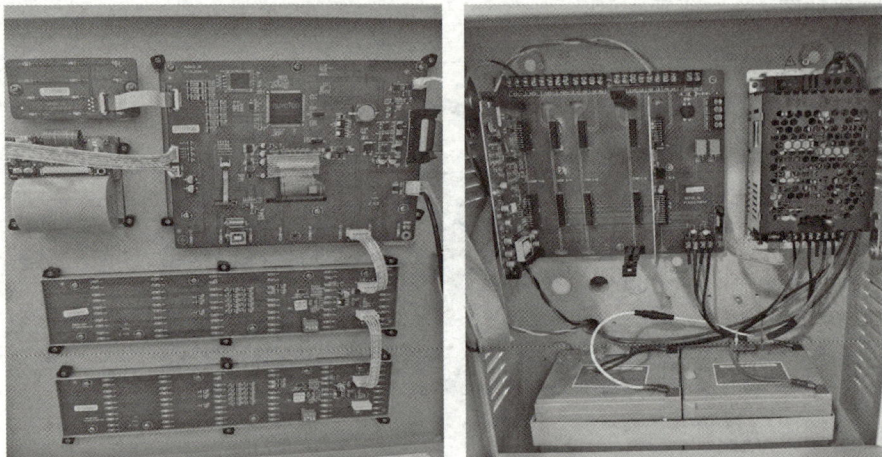

图 9-2-4　防火门监控器内部结构

（3）用万用表测量监控器总线回路末端门磁开关、电动闭门器、释放器供电电压，供电电压值小于说明书规定值时应更换回路板或调整线路。

（4）进行监控器的主备电切换检查，如果蓄电池不能满足备电持续工作时间的要求，应及时予以更换。

（5）检查监控器打印纸的情况，如果缺失，应及时予以补充。打印机走纸不正常或打印文字不清晰时，应及时修理。

（6）根据保养情况，规范填写"消防设施维护保养记录表"。

3. 注意事项

（1）如果防火门监控器处于空气潮湿的场所，可在柜体内放置干燥剂。

（2）清洁擦拭监控器表面时注意不要划伤监控器表面，不要触碰到按键，以免造成误动作。

（3）清洁监控器内部时注意不要触及电气元件，以免造成监控器损伤或人员触电的危险。

2.1.2　防火卷帘配件和控制器保养

一、防火卷帘维护保养周期

根据《防火卷帘、防火门、防火窗施工及验收规范》GB 50877—2014 的规定，防火卷帘应定期进行检查、维护。

防火卷帘维护保养周期见表 9-2-1。

防火卷帘维护保养周期　　表 9-2-1

维护频次	维护内容
每日一次	检查防火卷帘下部，清除妨碍设备启闭的物品
每季度一次	手动启动防火卷帘内外两侧控制器或按钮盒上的控制按钮，检查防火卷帘上升、下降、停止功能
	手动操作防火卷帘手动速放装置，检查防火卷帘依靠自重恒速下降功能
	手动操作防火卷帘的手动拉链，检查防火卷帘升、降功能，且无滑行撞击现象

续表

维护频次	维护内容
每年一次	检查防火卷帘控制器的火灾报警功能、自动控制功能、手动控制功能、故障报警功能、备用电源转换功能

二、帘面及导轨的维护保养

1. 查看帘面是否正常：钢质帘面不应有裂纹、压坑及明显的凹凸、锤痕、毛刺等缺陷；无机纤维复合帘面所选用的纺织物不应有撕裂、缺角、跳线、断线、挖补及色差等缺陷；相对运动件在加工处不应有毛刺。整个帘面组件是否齐全完好，紧固件有无松动现象。如果发现卷帘帘面上有电线缠绕、打结等情况，应及时处理。

2. 检查导轨间隙是否存有异物，若有应及时清理，以保持导轨内部清洁、运行畅通。查看帘面在导轨内的运行状态是否平稳顺畅，有无脱轨和明显的倾斜现象。

3. 按下"下行"按钮，观察卷帘向下运行过程是否保持平稳顺畅、有无卡阻，帘面是否匀速运行，帘面下降到地面时是否能自动停止，关闭是否严密。

4. 卷帘停止后，俯身检查卷帘底边与地面是否完全接触，是否存在过度下降情况。

5. 按下"上行"按钮，观察卷帘上升至高位时能否正常停止。

6. 根据保养情况，规范填写"消防设施维护保养记录表"。

三、卷门机、卷轴及手动链条的维护保养

1. 定期检查卷门机金属零部件的表面，有无裂纹、压坑及明显的凹凸，卷门机、卷轴和手动拉链表面有无锈蚀。

2. 检查卷门机是否设有接地装置和标识，电气接线端是否套装耐热绝缘套管，电动机出线端子有无加装金属接线盒。

3. 切断卷门机的电源，清洁卷门机，确保卷门机进风口处无尘土、纤维等杂物阻碍，确保行程限位齿轮无损坏或断裂。

4. 定期对卷门机的行程控制器、卷轴、传动链条添加润滑剂进行润滑保养，以确保卷门机传动顺畅。

5. 检查电气线路是否损坏，卷门机运转是否正常，是否符合各项指令，如有损坏或不符合要求时应立即检修。

6. 进行现场手动、远程手动和机械应急操作防火卷帘运行功能检测，检查运行是否平稳顺畅、有无卡涩，限位是否准确，关闭是否严密。若发现帘面落不到底，应校对上、下行程开关位置。测试结束后，将系统恢复至正常工作状态。

7. 根据保养情况，规范填写"消防设施维护保养记录表"。

四、控制器和手动按钮的维护保养

1. 切断防火卷帘控制器输入电源。检查防火卷帘控制器内部器件，紧固接线端口、螺栓等。防火卷帘控制器内部结构如图 9-2-5 所示。

2. 清洁控制箱内和表面的灰尘污物，防止按钮卡阻不能反弹，若发现有电线缠绕、打结等现象应及时处理。

3. 检查电气线路是否损坏，运转是否正常，如有损坏或不符合要求时应立即检修，修复完毕，应将设备恢复至正常状态。

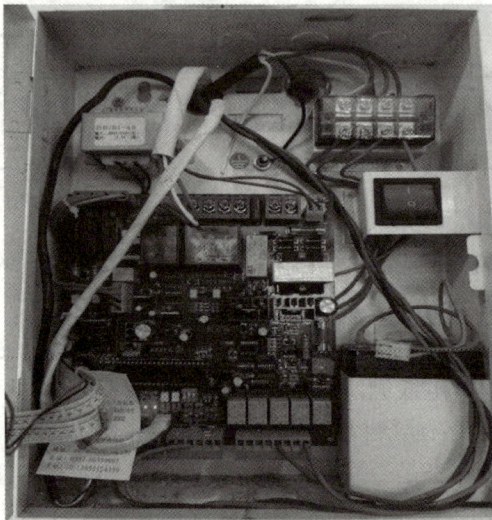

图 9-2-5　防火卷帘控制器内部结构

4. 保养结束后，接通电源，通过防火卷帘控制器控制防火卷帘，查看防火卷帘动作及信号反馈情况。

5. 与火灾自动报警系统联动的防火卷帘控制器要定期进行远程手动启动控制，查看动作反馈信号是否正确。

6. 根据保养情况，规范填写"消防设施维护保养记录表"。

任务 2.2　防火门及防火卷帘维修

2.2.1　防火门维修

防火门常见故障的维修见表 9-2-2。

表 9-2-2

防火门常见故障的维修

序号	常见故障	故障原因	维修操作
1	常开式防火门无法正常关闭	1. 电磁释放器出现消磁故障，无法正常消磁； 2. 电动闭门器滑槽内锁舌过紧或锁舌位置不当，导致防火门开启角度过大； 3. 闭门器发生故障； 4. 模块被损坏或无法联动公式； 5. 防火门监控器发生故障	1. 检查电磁释放器控制线路及控制模块，发现故障及时维修或报修； 2. 润滑锁舌，必要情况下重新调试锁舌位置； 3. 若闭门器存在严重损坏、变形等问题，须及时更换闭门器； 4. 更换故障模块，重新编写联动公式； 5. 检修防火门监控器，检查监控器与火灾报警控制器的通信是否正常； 6. 如更换电动闭门器、监控模块等，按产品说明书操作，并重新调试； 7. 维修完毕，根据维修情况，规范填写"消防设施维修记录表"

续表

序号	常见故障	故障原因	维修操作
2	防火门关闭缓慢、过速或关闭不严	1. 闭门器拉力调节不当; 2. 顺序器损坏; 3. 门扇变形、损坏	1. 按照产品说明书重新调节闭门器连杆、螺杆和调速阀; 2. 按照顺序器说明书要求,调整顺序器,无法调整的,维修、更换损坏的顺序器; 3. 门体门框变形或损坏,采取相应维修措施,变形、损坏严重的,更换门框门体; 4. 维修完毕,根据维修情况,规范填写"消防设施维修记录表"
3	防火门关闭后无反馈信号	1. 电动闭门器滑槽内的信号反馈装置调试不到位或损坏; 2. 没有安装门磁开关或门磁开关故障; 3. 接线错误; 4. 监控模块损坏	1. 重新调试电动闭门器滑槽内的信号反馈装置或更换损坏的反馈装置; 2. 安装门磁开关,对损坏元件进行修复; 3. 对照说明书进行接线; 4. 更换损坏的监控模块; 5. 维修完毕,根据维修情况,规范填写"消防设施维修记录表"
4	防火门启、闭卡阻	1. 铰链等转(传)动部件变形或润滑不佳; 2. 门扇与地面之间存有异物或间隙过小,导致局部摩擦	1. 对铰链等转(传)动部件加涂润滑剂或更换变形的部件; 2. 检查门扇下框和地面间是否存在异物,如有及时清除异物。调整门扇与地面间隙,确保门扇启闭过程中灵活,无摩擦卡滞现象; 3. 维修完毕,根据维修情况,规范填写"消防设施维修记录表"

2.2.2 防火门电动闭门器更换

一、防火门电动闭门器更换操作

防火门电动闭门器的更换见表9-2-3。

防火门电动闭门器的更换   表9-2-3

更换内容	更换操作
更换防火门电动闭门器滑槽	1. 核查拟新换电动闭门器滑槽的规格、型号和性能参数,确保与待换滑槽一致或匹配; 2. 将防火门监控模块的上盖取下,拆开滑槽与模块之间的连接线路; 3. 卸下连杆与滑槽的连接螺栓和滑槽的固定螺栓,取下滑槽; 4. 确定新滑槽安装位置,接线端应朝向并且贴近铰链侧,确保滑槽安装的水平度和连杆与滑槽连接后的水平度符合要求,确保各活动部件运转不受阻碍。将新滑槽紧固在门框上,按标准接线方式连接滑槽与模块的电源线和信号线; 5. 将门扇开启至所需角度后,将滑槽内的电控定位器调整到合适位置,并紧固在滑轨上。门扇关闭到位后,将滑槽内的信号反馈装置调整到合适位置,紧固在滑轨上; 6. 连接连杆与滑槽,将连接螺栓紧固到位,合上防火门监控模块上盖; 7. 进行手动和电动关门测试,查看防火门动作情况、关闭效果和信号反馈,并结合测试情况对闭门器、滑槽反馈装置等进行调节; 8. 更换完毕,规范填写"消防设施维修记录表"

更换内容	更换操作
更换防火门电动闭门器	1. 更换前切断电动闭门器所在回路的信号总线、电源线； 2. 使用专业拆卸工具拆卸电动闭门器及其他组件； 3. 更换的是一体式闭门器时，需对新电动闭门器重新编码； 4. 确定好安装方向(拉门侧或推门侧)，安装闭门器滑槽及液压缸； 5. 安装到位后，复位防火门监控器； 6. 逐个检查每只更换后的电动闭门器及其他组件的使用功能； 7. 更换完毕，规范填写"消防设施维修记录表"

二、注意事项

1. 更换后的防火门监控组件须与之前的系统兼容。

2. 更换防火门组件或检修线路前须切断防火门监控器和直流消防电源。

3. 如需拆线，必须做好线标。

4. 一切拆卸、安装环节切勿带电操作。

5. 仔细检查接线无误后方可打开电源。

6. 测试常开门模块或一体式电动闭门器时须确保防火门周围无闲杂人员以免关门时误伤。

2.2.3　防火卷帘维修

防火卷帘常见的故障原因及维修操作见表 9-2-4。

防火卷帘常见的故障原因及维修操作　　　　　　表 9-2-4

序号	常见故障	故障原因	维修操作
1	手动按钮开关不能启动防火卷帘门运行	1. 电源故障； 2. 卷帘门控制箱未接电源或已经损坏； 3. 手动按钮开关故障； 4. 行程开关断开； 5. 卷门机过热保护； 6. 卷帘被卡住	以手动按钮损坏导致防火卷帘无法正常运行，更换防火卷帘手动按钮盒为例： 1. 核对新换件规格型号与性能参数，与原组件是否匹配； 2. 关闭防火卷帘控制器的电源； 3. 将手动按钮盒手动钥匙打到"关闭"状态； 4. 拆开手动按钮盒的面板与防火卷帘控制器连接的线路，取下手动按钮盒； 5. 按照产品说明书的操作将新换手动按钮盒与防火卷帘控制器进行接线后，将新换手动按钮盒安装到原位置，拧紧新换手动按钮盒面板螺栓； 6. 打开防火卷帘控制器的电源； 7. 测试新换手动按钮盒的上升、下降、停止功能是否正常； 8. 维修完毕，规范填写"消防设施维修记录表"
2	消防控制室无法联动控制防火卷帘的降落	1. 卷帘帘面、导轨变形或有异物卡阻； 2. 电源、卷门机、行程开关等出现故障； 3. 控制器、控制模块及联动控制线路发生故障	1. 检查卷帘帘面、座板有无变形、导轨有无异物，对变形的帘面或座板进行矫正，对导轨内存有的异物及时清除； 2. 检查主电源、控制电源、卷门机、手动按钮开关、行程开关，发现故障及时予以维修或更换； 3. 检查控制器、控制模块及联动控制线路，发现故障应按照产品说明书要求修理故障设备或器件，更换损坏的设备或零配件； 4. 维修完毕，规范填写"消防设施维修记录表"

续表

序号	常见故障	故障原因	维修操作
3	防火卷帘只能单向运行	1. 按钮损坏； 2. 接触器触头及线圈出现故障； 3. 限位开关损坏或断开； 4. 接触器联锁动断触点故障； 5. 控制器主板故障	1. 检查手动按钮、控制器主板是否存在故障； 2. 检查卷帘上升或下降接触器触头及线圈、限位开关、上升或下降接触器联锁动断触点是否存在故障，发现问题部件进行维修或更换； 3. 维修完毕，根据维修情况，规范填写"消防设施维修记录表"
4	防火卷帘运行时噪声大	1. 五金件安装不牢靠； 2. 帘面走位； 3. 未涂润滑油	1. 紧固卷门机、帘面、门轴等五金件； 2. 检查并调节帘面位置，保证其与导轨相互平行； 3. 对活动零部件加涂润滑油； 4. 维修完毕，根据维修情况，规范填写"消防设施维修记录表"
5	防火卷帘的升降不到位	1. 行程开关调节不准确； 2. 被异物卡住	1. 调整行程开关位置，检查防火卷帘门体安装是否规范； 2. 重新调整安装帘面，调整上下行程，使卷帘运行正常，限位准确； 3. 维修完毕，根据维修情况，规范填写"消防设施维修记录表"

任务 2.3　防火门及防火卷帘检测及联动测试

2.3.1　防火门及防火卷帘检测

一、防火门的检测

1. 检测内容

防火门的检测内容见表 9-2-5。

防火门的检测内容　　　　　　　　　　　　　　　　表 9-2-5

序号		检测内容
1	外观	防火门门框、门扇及各配件表面应平整光洁，无明显凹凸、擦痕等缺陷
		明显部位应设有耐久性标牌，清晰标明产品名称、型号、规格、耐火性能及商标、生产单位（制造商）名称和厂址、出厂日期及产品生产批号、执行标准等内容
		常闭式防火门装有闭门器等，双扇和多扇防火门装有顺序器
		常开式防火门装有火灾时能自动关闭门扇的装置和现场手动控制装置
		防火插销安装在双扇门或多扇门相对固定一侧的门扇上
2	安装质量	除特殊情况外，用于疏散的防火门应向疏散方向开启，在关闭后应能从任何一侧手动开启
		设置在变形缝附近的防火门，须安装在楼层数较多的一侧，且门扇开启后不跨越变形缝
		防火门门框与门扇、门扇与门扇的缝隙处嵌装的防火密封件应牢固、完好
		防火门启闭灵活、关闭严密

序号			检测内容
3	耐火性能	应安装甲级防火门的部位	1. 设置在防火墙上的门、疏散走道在防火分区处设置的门； 2. 设置在耐火极限要求不低于 3.00h 的防火隔墙上的门； 3. 电梯间、疏散楼梯间与汽车库连通的门； 4. 室内开向避难走道前室的门、避难间的疏散门； 5. 多层乙类仓库和地下、半地下及多、高层丙类仓库中从库房通向疏散走道或疏散楼梯间的门
		耐火性能不应低于乙级防火门的要求，且其中建筑高度大于 100m 的建筑相应部位的门应为甲级防火门的部位（建筑直通室外和屋面的门可采用普通门除外）	1. 甲、乙类厂房，多层丙类厂房，人员密集的公共建筑和其他高层工业与民用建筑中封闭楼梯间的门； 2. 防烟楼梯间及其前室的门； 3. 消防电梯前室或合用前室的门； 4. 前室开向避难走道的门； 5. 地下、半地下及多、高层丁类仓库中从库房通向疏散走道或疏散楼梯的门； 6. 歌舞娱乐放映游艺场所中的房间疏散门； 7. 从室内通向室外疏散楼梯的疏散门； 8. 设置在耐火极限要求不低于 2.00h 的防火隔墙上的门
		电气竖井、管道井、排烟道、排气道、垃圾道等竖井井壁上的检查门	1. 对于埋深大于 10m 的地下建筑或地下工程，应为甲级防火门； 2. 对于建筑高度大于 100m 的建筑，应为甲级防火门； 3. 对于层间无防火分隔的竖井和住宅建筑的合用前室，门的耐火性能不应低于乙级防火门的要求； 4. 对于其他建筑，门的耐火性能不应低于丙级防火门的要求，当竖井在楼层处无水平防火分隔时，门的耐火性能不应低于乙级防火门的要求
		平时使用的人民防空工程中代替甲级防火门的防护门、防护密闭门、密闭门，耐火性能不应低于甲级防火门的要求，且不应用于平时使用的公共场所的疏散出口处	
4	系统功能	常闭防火门启闭功能； 常开防火门联动控制功能； 消防控制室手动控制功能； 现场手动关闭功能	

2. 检测方法

（1）对照消防设计文件及防火门产品出厂合格证等有效证明文件，核实防火门的型号、规格、数量、安装位置及耐火性能是否符合设计要求；使用测力计测试门扇开启力，防火门门扇开启力不应大于 80N。

（2）开启防火门，查看关闭效果。从常闭防火门的任意一侧手动开启，应能自动关闭。当装有反馈信号时，开、关状态信号能反馈到消防控制室。

（3）现场手动启动常开防火门关闭装置，当常开防火门接到现场手动发出的指令后，自动关闭并将关闭信号反馈至消防控制室。

（4）触发防火分区内任意两只感烟探测器或一只感烟探测器和一只手动报警按钮的报警信号，观察常开式防火门关闭情况、防火门监控器有关信息指示变化情况、消防控制室相关控制和信号反馈情况等。测试完毕后，复位火灾自动报警系统、防火门监控器和常开式防火门。

（5）分别操作消防控制室启动按键、防火门监控器启动或释放按钮、防火门电磁释放按钮，观察常开式防火门的释放和关闭情况。测试完毕后使系统恢复正常运行状态。

（6）检测完毕后，记录检查测试情况。

二、防火卷帘的检测

1. 检测内容

防火卷帘的检测内容见表 9-2-6。

防火卷帘的检测内容 表 9-2-6

序号		检测内容
1	防火卷帘的安装位置	防火卷帘一般安装在自动扶梯周围、与中庭相连的过厅和通道等处,卷帘下方不得有影响其下降的障碍物,具体位置须对照建筑平面图进行检查
		为保证安全,当防火分隔部位的宽度不大于 30m 时,防火卷帘的宽度不应大于 10m;当防火分隔部位的宽度大于 30m 时,防火卷帘的宽度不应大于该防火分隔部位宽度的 1/3,且不应大于 20m(设在中庭的卷帘除外)
2	防火卷帘的选型	当防火卷帘的耐火极限符合耐火完整性和耐火隔热性的判定条件时,可不设置自动喷水灭火系统保护。 当防火卷帘的耐火极限仅符合《门和卷帘的耐火试验方法》GB/T 7633—2008 耐火完整性的判定条件时,应设置自动喷水灭火系统保护。防火卷帘类型选择得正确与否应根据具体设置位置进行判断
3	防火卷帘的外观	防火卷帘的帘面应平整、光洁,金属零部件的表面应无裂纹、压坑及明显的凹痕或机械损伤。 防火卷帘及配套的卷门机、控制器、手动按钮盒、温控释放装置均应在其明显部位设置永久性标牌,标明产品名称、型号、规格、耐火性能及商标、生产单位(制造商)名称和厂址、出厂日期及产品生产批号、执行标准等,标牌应内容清晰,设置牢靠
4	防火卷帘的安装质量	防火卷帘的组件应齐全完好,紧固件无松动现象; 门扇各接缝处、导轨、卷筒等缝隙,应有防火防烟密封措施,防止烟火窜入; 防火卷帘上部、周围的缝隙应采用不低于防火卷帘耐火极限的不燃材料填充、封隔
5	防火卷帘的系统功能	检查防火卷帘的手动控制功能; 检查防火卷帘的联动控制功能; 检查防火卷帘的控制速放功能; 检查防火卷帘的自重下降功能; 检查防火卷帘的自动限位功能等

2. 检测方法

（1）检查防火卷帘安装质量

查阅消防设计文件、建筑平面图、门窗大样、防火卷帘工程质量验收记录等资料，了解建筑内防火卷帘的安装位置、数量等数据；目测或使用工具检查防火卷帘是否符合下列规定：

1）应具有在火灾时不需要依靠电源等外部动力源而依靠自重自行关闭的功能；

2）耐火性能不应低于防火分隔部位的耐火性能要求；

3）应在关闭后具有烟密闭的性能；

4）在同一防火分隔区域的界限处采用多樘防火卷帘分隔时，应具有同步降落封闭开口的功能。

（2）测试防火卷帘的手动控制功能

1）将手动按钮盒的锁定开关设置在"开启"位置，按下"下行"键，观察防火卷帘是否自动下降，到达下限位后是否自动停止；按下"上行"键，观察防火卷帘是否自动上升，到达上限后是否自动停止。

2）进入消防联动控制器的"手动允许"操作权限，按下总线手动控制单元防火卷帘启动按钮，观察防火卷帘启动灯是否点亮，防火卷帘下降到楼板面后反馈灯是否点亮。

3）用手拉动防火卷帘卷门机一侧的金属链条，查看防火卷帘是否正常下降，再反向拉动链条，查看防火卷帘是否正常上升。

4）使温控释放装置周围温度达到（73±0.5）℃，查看温控释放装置是否动作，防火卷帘是否靠自重下降至完全关闭状态。或通过人工手动拉动手动速放装置，查看防火卷帘是否依靠自重下降。

（3）测试防火卷帘的联动控制功能

1）检查确认消防联动控制器处于"自动允许"操作权限。

2）分别采用加烟、加温的方式提供联动触发信号，观察防火卷帘启动和运行情况、防火卷帘控制器有关信息指示变化情况、消防控制室相关控制和信号反馈情况等。

3）对设置在疏散通道上的防火卷帘的"两步降"情况进行测试：先使用加烟器触发卷帘所在防火分区内的两只感烟探测器，查看卷帘是否下降至距离地面1.8m处。再使用加温器触发卷帘一侧设置的专门用于联动防火卷帘的感温探测器，观察卷帘是否可下降至楼地面。

4）测试完毕后，复位火灾自动报警系统和防火卷帘。

5）检测完毕后，记录检查测试情况。

2.3.2 常开式防火门联动测试

一、常开式防火门联动触发信号

常开式防火门自动关闭的控制，一般以防火分区为单位，由常开防火门所在防火分区内的任意两只感烟探测器或一只感烟探测器和一只手动报警按钮的报警信号作为联动触发信号。

二、常开式防火门自动关闭联动控制

报警信号反馈到消防联动控制器后，消防联动控制器通过模块向防火门监控器发出控制信号，由防火门监控器联动控制常开防火门的关闭，或者由消防联动控制器通过联动模块联动控制常开防火门的关闭。

以防火门监控器联动控制常开式防火门自动关闭为例，报警信号反馈到消防联动控制器后，消防联动控制器通过模块向防火门监控器发出控制信号，防火门监控器将控制信号传输给监控模块，由监控模块控制防火门的释放器释放，完成常开式防火门的自动关闭。常开式防火门自动关闭联动控制示意如图9-2-6所示。

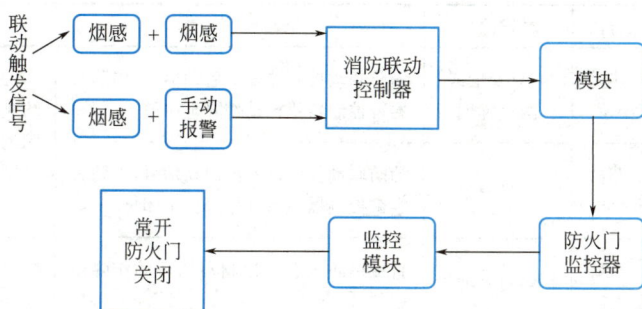

图 9-2-6　常开式防火门自动关闭联动控制示意

三、常开式防火门联动反馈信号

常开防火门关闭后，关闭信号应反馈到防火门监控器。如果出现故障，故障信号也应反馈到防火门监控器上。

2.3.3　防火卷帘联动测试

一、疏散通道上设置的防火卷帘联动测试

1. 防火卷帘控制器不配接火灾探测器的联动测试

（1）当防火分区内任意一只专门用于联动防火卷帘的感烟火灾探测器，或任意两只符合联动控制触发条件的感烟火灾探测器发出火灾报警信号后，消防联动控制器启动指示灯应点亮，同时发出控制防火卷帘关闭至中位（1.8m 处）的启动信号，防火卷帘控制器应控制防火卷帘下降到距离楼板面 1.8m 处停止。

（2）当防火分区内任意一只专门用于联动防火卷帘的感温火灾探测器发出火灾报警信号后，消防联动控制器应发出控制防火卷帘关闭至全闭的启动信号，防火卷帘控制器应控制防火卷帘继续下降到楼板面。

（3）消防联动控制器应接收并显示防火卷帘下降至中位和全闭的反馈信号。

2. 防火卷帘控制器配接火灾探测器的联动测试

（1）当防火分区内任意一只专门用于联动防火卷帘的感烟火灾探测器发出火灾报警信号后，防火卷帘控制器应控制防火卷帘下降至中位（1.8m）处停止。

（2）当防火分区内任意一只专门用于联动防火卷帘的感温火灾探测器发出火灾报警信号后，防火卷帘控制器应直接控制防火卷帘继续下降至全闭。

（3）消防联动控制器应接收并显示防火卷帘控制器配接的火灾探测器的火灾报警信号、防火卷帘下降至中位和全闭的反馈信号。

二、非疏散通道上设置的防火卷帘联动测试

1. 使防火分区内任意两只符合联动控制触发条件的火灾探测器发出火灾报警信号；消防联动控制器启动指示灯应点亮，同时发出控制防火卷帘下降至全闭的启动信号，防火卷帘控制器应控制防火卷帘下降至楼板面。

2. 消防联动控制器应接收并显示防火卷帘下降至全闭的反馈信号。

防火卷帘联动测试见表 9-2-7。

<table>
<tr><td align="center">防火卷帘联动测试</td><td align="right">表 9-2-7</td></tr>
</table>

分类		测试方法	触发信号	联动对应动作	信号反馈
疏散通道上的防火卷帘联动	防火卷帘控制器不配接火灾探测器	第一步降至中位	一只专烟或两只感烟	消防联动控制器发出启动信号,由防火卷帘控制器执行动作降至中位	防火卷帘下降至中位和全闭的信号反馈至消防联动控制器
		第二步降至全闭	一只专温	消防联动控制器发出启动信号,由防火卷帘控制器执行动作降至全闭	
	防火卷帘控制器配接火灾探测器	第一步降至中位	一只专烟	直接由防火卷帘控制器执行动作降至中位	防火卷帘控制器配接的火灾探测器的火灾报警信号、防火卷帘下降至中位和全闭的信号反馈至消防联动控制器
		第二步降至全闭	一只专温	直接由防火卷帘控制器执行动作降至全闭	
非疏散通道上防火卷帘联动(一步降)		一步降至全闭	两只火灾探测器(不区分感烟/温)	消防联动控制器发出启动信号,由防火卷帘控制器执行动作降至全闭	防火卷帘下降至全闭的信号反馈至消防联动控制器

注：1. 在疏散通道上的防火卷帘的任一侧距卷帘纵深 0.5～5m 内应设置不少于 2 只专门用于联动防火卷帘的感温火灾探测器。

2. 疏散通道上的防火卷帘应由防火卷帘两侧设置的手动控制按钮控制防火卷帘的升降,不能由消防控制室手动控制盘上控制升降。

3. 非疏散通道上的防火卷帘应由防火卷帘一侧或两侧设置的手动控制按钮控制防火卷帘的升降,并应能在消防控制室内的消防联动控制器上手动控制防火卷帘的降落。

【随堂练习】

一、单选题

1. 通过（   ）进行卷帘升降操作,检查防火卷帘的手动控制功能测试。

A. 手动报警按钮　　　　　　　　B. 总线控制盘

C. 多线控制盘　　　　　　　　　D. 卷帘两侧按钮

2. 更换防火卷帘手动按钮盒的做法,错误的是（   ）。

A. 核查新换件型号和性能参数,应与原组件匹配或一致

B. 将手动按钮盒手动钥匙设置在"关闭"状态

C. 关闭防火卷帘控制器电源

D. 更换完毕后,测试手动按钮盒的上升、下降两种功能

3. 下列更换防火门电动闭门器滑槽的做法中,错误的是（   ）。

A. 对比核查新换件的规格型号和性能参数与待换件是否匹配

B. 取下防火门监控模块上盖,拆开滑槽与模块连接线路

C. 确定新滑槽安装位置,接线端应朝向并且贴近铰链侧

D. 门扇关闭到位后,将滑槽内的电控定位器调整到合适位置

二、多选题

1. 针对防火卷帘只能单向运行的维修,正确的是（   ）。

A. 维修或更换手动按钮

B. 维修或更换控制器主板

C. 维修或更换上升或下降接触器触头及线圈

D. 维修或更换限位开关

E. 重新调整安装门体

2. 下列常开式防火门无法正常关闭的维修，做法正确的有（　　）。

A. 检查润滑锁舌，如有必要重新调试锁舌位置

B. 如闭门器严重损坏、变形，及时更换闭门器

C. 更换故障模块

D. 检修防火门监控器

E. 检查门磁开关的反馈线路

3. 下列防火卷帘定期进行检查、维护的说法正确的是（　　）。

A. 每日应对防火卷帘下部进行一次检查，清除妨碍设备启闭的物品

B. 每日应手动启动防火卷帘内外两侧控制器或按钮盒上的控制按钮，检查防火卷帘上升、下降、停止功能

C. 每季度应手动操作防火卷帘手动速放装置，检查防火卷帘依靠自重恒速下降功能

D. 每年应手动操作防火卷帘的手动拉链，检查防火卷帘升、降功能，且无滑行撞击现象

E. 每年应对防火卷帘控制器的火灾报警功能、自动控制功能、手动控制功能、故障报警功能、备用电源转换功能进行一次检查

三、判断题

1. 测试防火门的开启力，开启力不应大于 70N。（　　）

2. 当防火分区内任意一只专门用于联动防火卷帘的感烟火灾探测器，或任意两只符合联动控制触发条件的感烟火灾探测器发出火灾报警信号后，疏散通道上的防火卷帘应下降至完全关闭。（　　）

3. 设置在变形缝附近的防火门，须安装在楼层数较多的一侧，且门扇开启后不应跨越变形缝。（　　）

四、简答题

1. 请简述防火门系统的检测内容。

2. 请简述疏散通道上设置的防火卷帘的联动测试。

【数字资源】

资源名称	防火卷帘的结构和工作原理	防火门的检查和测试	防火卷帘系统调试与运行
资源类型	视频	视频	视频
资源二维码			

模块10　气体灭火系统

项目1　气体灭火系统监控操作

【学习目标】

【知识目标】	熟悉气体灭火系统的监控操作方法；掌握切换气体灭火控制器、控制器手动启动气体灭火系统、防护区外手动按钮启动/停止气体灭火系统、机械应急启动灭火系统的方法
【能力目标】	具有监控、操作气体灭火系统的能力，能够判断气体灭火系统的监控状态，能够切换气体灭火控制器工作状态、控制器手动启动灭火系统、在防护区外面手动启动/停止气体灭火系统以及机械应急启动气体灭火系统的能力
【素质目标】	通过对气体灭火系统监控操作知识的学习，坚持理论联系实际、知行合一、德技并修的作风，提高消防救援效率

【思维导图】

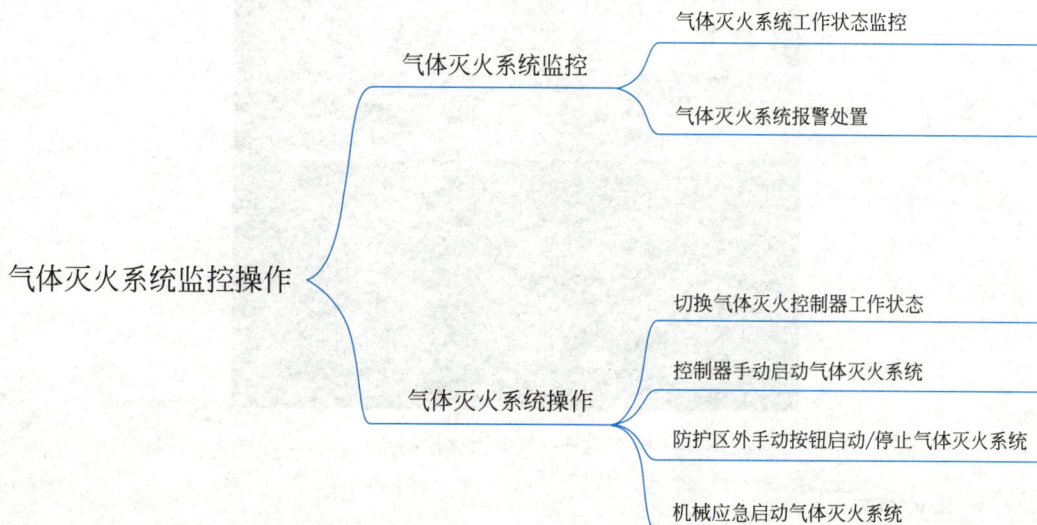

【情景导入】

　　某汽车公司发动机车间内设有一套采用局部应用灭火方式的高压二氧化碳灭火系统。该车间内设有火灾自动报警系统，安装有火灾探测器和火灾报警控制盘。高压二氧化碳灭火系统虽然配有自己的灭火控制盘，但启动系统所需的火警信号却是由火灾自动报警系统送出。

　　一日上午，在车间无任何火灾的情况下，该高压二氧化碳灭火系统发生了喷放。所幸的是，该系统采用的是局部应用的灭火方式。虽然车间中一直有工人在现场工作，但万幸系统误喷放并未对人员造成伤害。

任务 1.1　气体灭火系统监控

1.1.1　气体灭火系统工作状态监控

一、气体灭火控制器的组成

　　气体灭火控制器是一种用于控制各类气体自动灭火系统的消防电气控制装置，是消防联动控制设备的基本组件之一，如图 10-1-1 所示。气体灭火控制器一般由主控单元、显示单元、操作单元、输入/输出控制单元、通信控制单元和电源单元组成。

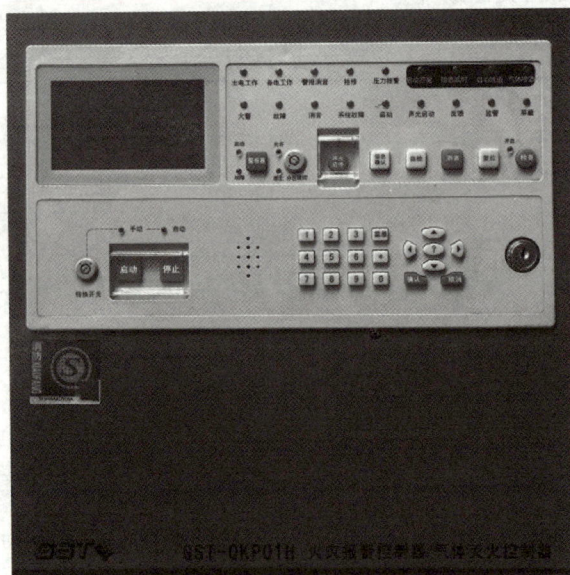

图 10-1-1　气体灭火控制器

　　1. 主控单元

　　主控单元是指 CPU（或逻辑电路）控制单元，用于负责管理控制器的所有资源，如外部信号分析、逻辑判断、外控输出、系统时钟以及人机交互界面等管理。

2. 显示单元

显示单元用于灭火控制器本身及灭火控制系统工作状态、电源状态、报警信息、系统时钟等指示。

3. 操作单元

操作单元是实现人机交互指令输入和信息交流的器件。

4. 输入/输出控制单元

输入单元通过接收消防联动控制器的指令或操作现场启动和停止按钮（按键）等方式输入信号；输出控制单元输出信号控制喷洒声光警报器、通风空调和气体灭火设备的启动/停止。

5. 通信控制单元

用于与主控单元通信，将主控单元发来的命令、内部信息或所带设备信息通过通信控制单元发送给消防联动控制器。

6. 电源单元

电源单元用于给气体灭火系统供电。

气体灭火控制器内部结构如图 10-1-2 所示。

图 10-1-2　气体灭火控制器内部结构

二、气体灭火控制器的主要功能

1. 控制和显示功能

（1）气体灭火控制器能按预置逻辑工作，接收启动控制信号后能发出声光指示信号，记录时间。

（2）声指示信号能手动消除，消除后再有启动控制信号输入时，能再次启动；启动声光警报器。

（3）进入延时期间有延时光指示，显示延时时间和保护区域，关闭保护区域的防火门、窗和防火阀等，停止通风空调系统。

（4）延时结束后，发出启动喷洒控制信号，并有光信号。

（5）气体喷洒阶段发出相应的声光信号并保持至复位，记录时间。

2. 延时功能

延时时间在 0～30s 内可调，延时期间，能手动停止后续动作。

3. 手动和自动控制功能

（1）气体灭火控制器有手动和自动控制功能，并有控制状态指示，控制状态不受复位操作的影响。

（2）气体灭火控制器在自动状态下，手动插入操作优先。

（3）手动停止后，如再有启动控制信号，按预置逻辑工作。

4. 声信号优先功能

气体灭火控制器的气体喷放声信号优先于启动控制声信号和故障声信号，启动控制声信号优先于故障声信号。

5. 接收和发送功能

（1）能接收消防联动控制器的联动信号。

（2）能向消防联动控制器发送启动控制信号、延时信号、启动喷洒控制信号、气体喷洒信号、故障信号、选择阀和瓶头阀的动作信号。

6. 防护区控制功能

（1）气体灭火控制器具有分别启动和停止每个防护区声光警报装置的功能。

（2）每个防护区设独立的显示工作状态的指示灯，气体灭火控制器手动/自动控制开关、分区指示图如图 10-1-3 所示。

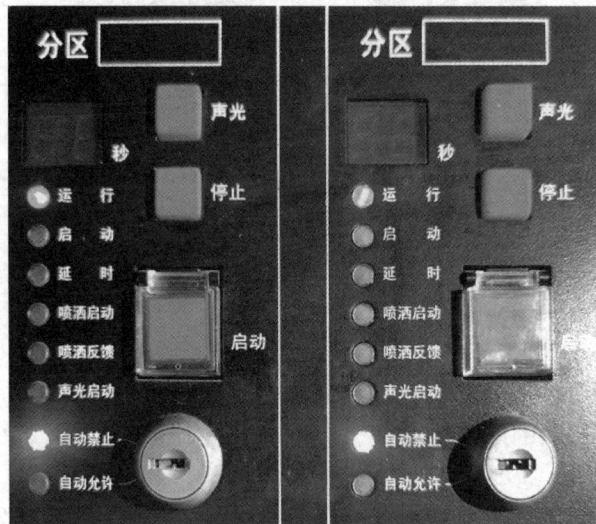

图 10-1-3　气体灭火控制器手动/自动控制开关、分区指示图

7. 计时功能

气体灭火控制器提供一个计时器，用于对工作状态提供监视参考。计时器的计时误差不超过 30s。

8. 故障报警功能

在出现下述故障时，气体灭火控制器在 100s 内应发出故障声光信号，并指示故障部位。故障光信号采用黄色指示灯，故障声信号明显区别于其他报警声信号。

（1）当发生气体灭火控制器与声光警报器之间的连接线断路、短路和影响功能的接地。

（2）气体灭火控制器与驱动部件、现场"启动"和"停止"按键（按钮）等部件之间的连接线断路、短路和影响功能的接地。

9.自检功能

（1）气体灭火控制器具有本机检查的功能（以下简称自检），如图 10-1-4 所示。气体灭火控制器在执行自检功能期间，受控制的外接设备和输出节点均不应动作。

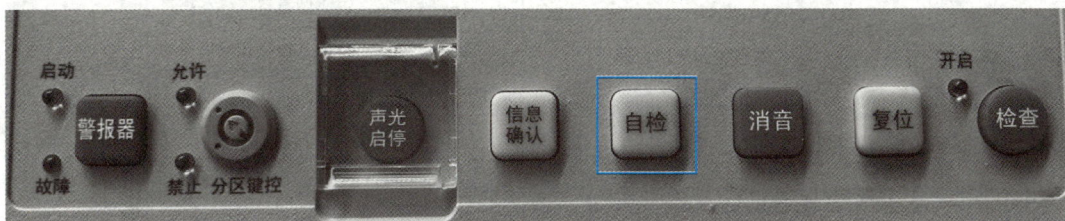

图 10-1-4　气体灭火控制器自检功能

（2）气体灭火控制器自检时间超过 1min 或不能自动停止自检功能时，气体灭火控制器的自检功能不影响非自检部位和气体灭火控制器本身的灭火控制功能。

（3）气体灭火控制器具有手动检查本机音响器件、面板所有指示灯和显示器的功能。

10.电源功能

气体灭火控制器的电源具有主电/备电自动转换、备用电源充电、电源故障监测、电源工作状态指示和为连接的部件供电等功能。

三、气体灭火控制器的工作原理

1.按照预设逻辑，气体灭火控制器在接收到防护区首个火警信号后，启动设置在该防护区内的火灾声光警报器。气体灭火系统工作流程如图 10-1-5 所示。

2.在接收到第二个独立火警信号后，气体灭火控制器发出启动（或延时启动）信号，启动气体灭火系统。

防护区应实现如下联动控制：

（1）关闭防护区域的送（排）风机及送（排）风阀门。

（2）停止通风和空气调节系统及关闭设置在该防护区域的电动防火阀。

（3）联动控制防护区域开口封闭装置的启动，包括关闭防护区域的门、窗。

3.自动控制状态时，气体灭火控制器延时启动结束前，按下防护区门外的紧急"停止"按钮，如图 10-1-6 所示，气体灭火控制器不发出启动信号，停止发出联动信号。

4.气体灭火控制器接收到灭火剂输送管道上设置的压力反馈信号器的信号后，启动对应防护区门外的放气指示灯。

5.气体灭火控制器应向火灾自动报警系统传输相应信号。

6.气体灭火控制系统失效时，应采用机械应急操作方式启动气体灭火系统。

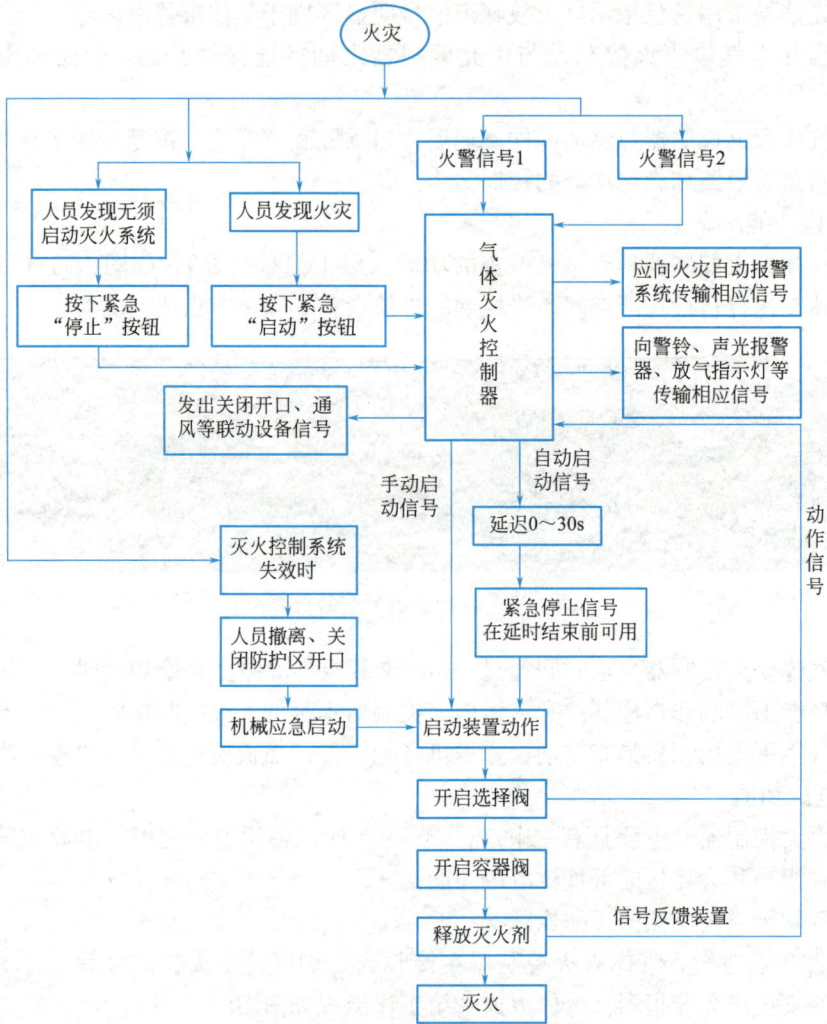

图 10-1-5　气体灭火系统工作流程

图 10-1-6　防护区外紧急启/停按钮

1.1.2　气体灭火系统报警处置

一、气体灭火系统报警原因

1. 火警信号触发

当探测到火灾时，气体灭火控制器会自动触发灭火装置，并发出声光报警。

2. 意外触发

有时灭火控制器可能会因为外界环境或其他原因误触发，导致误报警。

3. 传感器故障

传感器是气体灭火控制器中最核心的部件之一，如果传感器故障，可能会导致误报警或者未能检测到真实的火警信号。

4. 装置老化

气体灭火控制器经过长时间的使用后，可能会出现老化现象，例如电路板老化或者电池失效等，导致误报警。

二、气体灭火系统报警处置流程

当气体灭火系统检测到火灾信号时，系统会自动触发警报，并启动相应的灭火剂释放装置。

对于报警处理，需要以下步骤：

1. 验证报警信号

需要确认报警信号是真实的，而非虚假报警。验证报警信号可以通过现场确认、监控系统确认等方式。

2. 切断火源电源

关闭可能存在的火源电源，同时尽可能减少人员伤亡和财产损失。

3. 通知现场人员

及时通知所有在场人员进行疏散，确保人员安全，同时通知消防队前来进行救援。

4. 启动灭火系统

在确保人员安全的前提下，按照操作规程启动相应的灭火系统，进行灭火处理。

5. 处理火灾现场

等待气体灭火系统完成灭火处理后，对现场进行处理，清理残余火源，排除可能的火灾隐患。

任务 1.2　气体灭火系统操作

1.2.1　切换气体灭火控制器工作状态

一、气体灭火系统控制方式

管网系统有自动控制、手动控制和机械应急操作三种启动方式。预制系统一般有自动控制、手动控制两种启动方式。有人或经常有人的防护区，一般采用手动控制；在防护区无人的情况下，可以转换为自动控制；当灭火控制系统失效时，应采用机械应急操作手动启动。

1. 自动控制状态

将气体灭火控制器或防护区入口处的手动/自动转换装置切换为"自动"，灭火系统处于自动控制状态。

（1）防护区内任何一只火灾探测器发出火灾信号时，气体灭火控制器即启动在该防护区内的声光报警器，通知有异常情况发生，而不会启动灭火系统释放灭火剂。此时，防护区域内的人员应迅速撤离，如经工作人员确认火灾，确需启动灭火系统灭火时，待该防护区内所有人员全部撤离后，按下设置在防护区入口处的"紧急启动"按钮，即可发出联动指令，关闭风机、防火阀等联动设备，启动灭火系统，释放灭火剂，实施灭火。

（2）气体灭火控制器接收两个独立的火灾信号后，发出联动指令，关闭风机、防火阀等联动设备。经过0～30s延时后，发出灭火指令，打开与防护区域内相应的电磁阀释放启动气体，启动气体通过启动管路打开容器阀，释放灭火剂，实施灭火。

（3）工作人员如在延时过程中发现不需要启动灭火系统，可按下防护区外的或气体灭火控制器操作面板上的"紧急停止"按钮，即可终止灭火指令的发出，并停止正在执行的联动操作。

（4）根据人员安全撤离防护区的需要，应在气体灭火控制器上设置0～30s的延迟喷射时间。对于平时无人工作的防护区，可设置为无延迟的喷射。

2. 手动控制状态

将气体灭火控制器或防护区入口处的手动/自动转换装置切换为"手动"，灭火系统处于手动控制状态。

当火灾探测器发出火警信号时，气体灭火控制器只启动防护区火灾声光报警设备，发出联动信号，而不启动灭火系统。经工作人员观察，确认火灾已发生时，待该防护区内所有人员全部撤离后，再启动设置在附近的气体灭火控制器手动"启动"按钮或设置在防护区入口处的"紧急启动"按钮，气体灭火控制器即可发出启动信号，启动灭火系统，释放灭火剂，实施灭火。

3. 机械应急操作

在气体灭火控制器及"紧急启动"按钮均失效且工作人员判断为火灾时，应立即通知现场所有人员撤离，在确定所有人员撤离现场后，方可按以下步骤实施机械应急操作启动。

（1）手动关闭联动设备并切断非消防电源，拔出储瓶间内与防护区域相应的电磁阀上的安全卡套，压下圆头把手，打开电磁阀，释放启动气体，如图10-1-7所示。

（2）若启动电磁阀失败，可先在储瓶间内打开对应防护区选择阀，然后人工手动操作对应防护区储瓶组容器阀应急操作装置，打开容器阀，即可实施灭火。驱动气瓶上的电磁阀、选择阀如图10-1-8所示。

二、切换气体灭火控制器工作状态

在操作之前，先确认灭火控制器显示正常，无故障或报警。

1. 操作控制器操作面板上的手动/自动转换开关

操作气体灭火控制器操作面板上的手动/自动转换开关，选择"手动"或"自动"状态，相应状态指示灯点亮。

图 10-1-7　瓶头阀及电磁阀

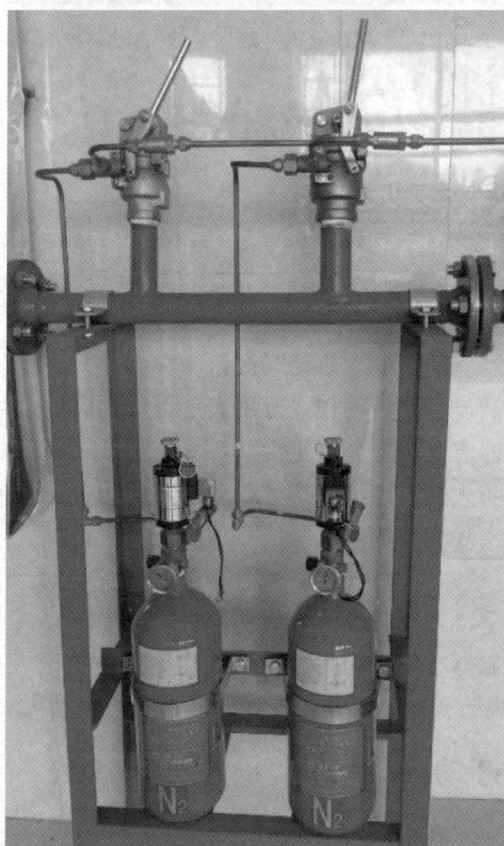

图 10-1-8　驱动气瓶上的电磁阀、选择阀

（1）使用专用钥匙，将手动/自动开关调至"自动"，自动状态指示灯点亮，控制系统处于自动工作状态。

（2）使用专用钥匙，将手动/自动开关调至"手动"，手动状态指示灯点亮，控制系统处于手动工作状态。

2. 操作防护区出入口的手动/自动转换开关

操作防护区出入口的手动/自动转换开关，选择"手动"或"自动"状态，相应状态指示灯点亮（图10-1-9）。

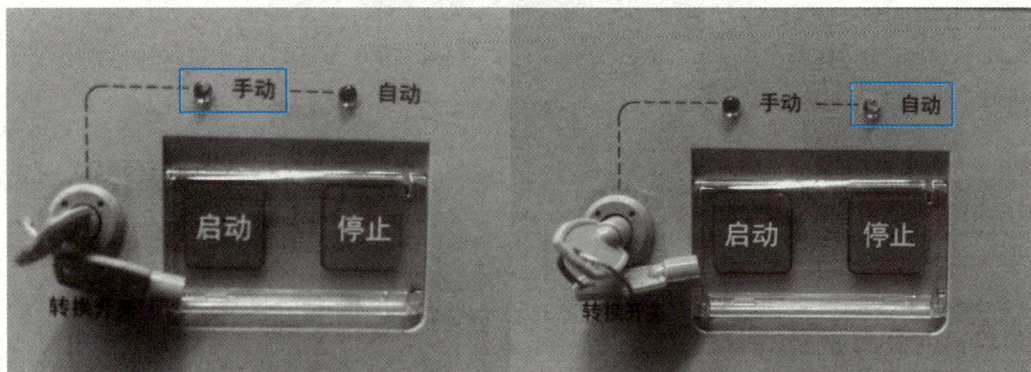

图 10-1-9　气体灭火控制器手动/自动转换开关

1.2.2　控制器手动启动气体灭火系统

一、控制器手动启动气体灭火系统

1. 为了防止气体误喷放，启动操作前，应将电磁阀和驱动瓶组的连接拆开或拆开启动装置与灭火控制器启动输出端的连接导线，连接与启动装置功率相同的测试设备或万用表。

2. 按下气体灭火控制器的手动"启动"按钮。

3. 观察驱动器、测试设备是否动作或万用表是否接到启动信号。

4. 观察对应防护区的声光报警是否正常。

5. 观察风机、电动防火阀、电动门窗等联动设备的响应是否正常。

6. 填写记录。根据实际作业的情况，填写相应记录表格。

二、注意事项

1. 应在自动控制和手动控制状态下，分别进行启动操作。

2. 如果气体灭火控制器在防护区附近，可以在确认防护区人员撤离后，进行此操作；如果气体灭火控制器远离防护区，不建议在控制器上直接启动灭火系统。

1.2.3　防护区外手动按钮启动/停止气体灭火系统

一、手动启动气体灭火系统

1. 为防止气体误喷放，启动操作前，应将电磁阀和驱动瓶组的连接拆开或拆开启动装置与灭火控制器启动输出端的连接导线，连接与启动装置功率相同的测试设备或万用表。

2. 按下设置在防护区疏散出口门外的"紧急启动"按钮。

（1）观察启动装置、测试设备是否动作，或万用表是否接到启动信号。

（2）观察对应防护区外声光报警是否正常，如图 10-1-10 所示。

（3）观察风机、电动防火阀、电动门窗等联动设备的响应是否正常。

图 10-1-10　防护区外声光警报

二、手动停止气体灭火系统

1. 为防止气体误喷放，启动操作前，应将电磁阀和驱动瓶组的连接拆开或拆开启动装置与灭火控制器启动输出端的连接导线，连接与启动装置功率相同的测试设备或万用表。

2. 将控制系统的工作状态设置为"自动"工作状态。

3. 模拟防护区的两个独立火灾信号。

（1）观察灭火控制器是否进入延时启动状态。

（2）观察对应防护区的声光报警是否正常。

（3）观察风机、电动防火阀、电动门窗等联动设备的响应是否正常。

4. 灭火控制器延时启动时间结束前，按下防护区外的"紧急停止"按钮。

（1）观察驱动器、测试设备是否动作或万用表是否接到启动信号。

（2）观察对应防护区的声光报警是否取消。

（3）观察风机、电动防火阀、电动门窗等联动设备的响应是否停止。

三、注意事项

如仅是检测或模拟启动试验，应提前做好预防措施，如将驱动装置与阀门的动作机构脱离，防止气体喷放。

1.2.4　机械应急启动气体灭火系统

1. 手动操作以下相关设备：

（1）关闭防护区域的送（排）风机及送（排）风阀门，关闭防火阀。

（2）封闭防护区域开口，包括关闭防护区域的门、窗。

（3）切断非消防电源。

2. 到储瓶间内确认喷放区域对应的启动气瓶组。

3. 拔出与着火区域对应驱动气瓶上电磁阀的安全插销或安全卡套，压下手柄或圆头把手，启动容器阀，释放启动气体，如图10-1-11所示。

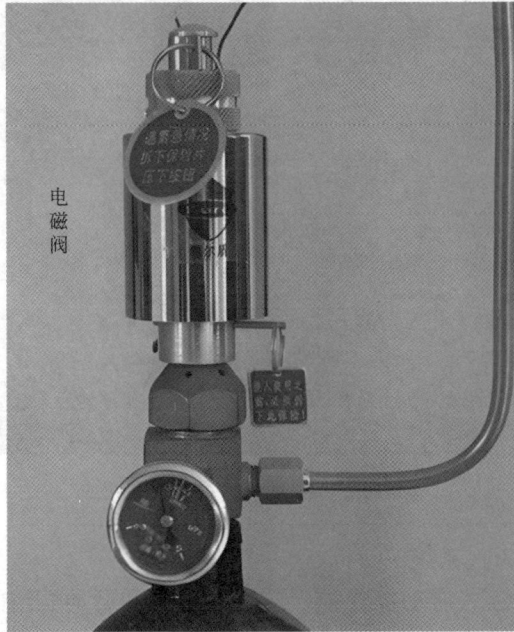

图 10-1-11　驱动气瓶上的电磁阀

4. 若启动气瓶的机械应急操作失败，进行如下操作：

（1）对于单元独立系统，操作该系统所有灭火剂储存装置上的机械应急操作装置，开启灭火剂容器阀，释放灭火剂，即可实施灭火（图10-1-12）。

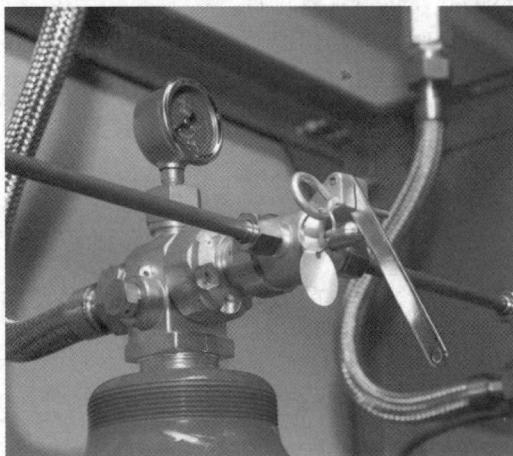

图 10-1-12　灭火剂储气瓶上的容器阀和机械应急操作装置

（2）对于组合分配系统，首先开启对应着火区域的选择阀，如图 10-1-13 所示，再手动打开对应着火区域所有灭火剂储瓶的容器阀，即可实施灭火。

图 10-1-13　选择阀

【随堂练习】

一、单选题

1. 气体灭火系统延时时间在（　　）内可调，延时期间，能手动停止后续动作。

A. 0～30s　　　　　　B. 0～60s　　　　　　C. 0～90s　　　　　　D. 0～45s

2. 当发生气体灭火控制器与声光警报器之间的连接线断路、短路和影响功能的接地的时候，气体灭火控制器在（　　）s内应发出故障声光信号，并指示故障部位。

A. 80　　　　　　　　B. 75　　　　　　　　C. 100　　　　　　　D. 95

二、多选题

1. 气体灭火系统的控制方式（　　）。

A. 手动启动

B. 自动启动

C. 用不太湿的抹布擦拭

D. 机械应急启动

E. 用吹风机吹扫

2. 气体灭火控制器的功能包括（　　）。

A. 控制和显示功能

B. 延时功能

C. 自检功能

D. 手动和自动控制功能

E. 声信号优先功能

三、判断题

1. 气体灭火控制器在执行自检功能期间，受控制的外接设备和输出节点可以动作。

（　　）

2. 气体灭火控制器有手动和自动控制功能，并有控制状态指示，控制状态不受复位

操作的影响。（　　）

3. 防护区内任何一只火灾探测器发出火灾信号时，气体灭火控制器即启动在该防护区内的声光报警器，通知有异常情况发生，而不会启动灭火系统释放灭火剂。（　　）

四、简答题

1. 请简述管网系统的三种启动方式。

2. 请简述机械应急启动气体灭火系统的方式。

项目2　气体灭火系统维护保养

【学习目标】

【知识目标】	熟悉气体灭火系统的保养、维修和检测操作方法;掌握气体灭火系统的维护保养方法
【能力目标】	具有维护保养气体灭火系统的能力,能够对气体灭火系统进行检测、维修和保养
【素质目标】	通过对气体灭火系统检测、维修和保养等技能的学习,树立遵守标准规范、按照标准操作、精益求精、科学处置的工匠精神。培养学生的系统思维

【思维导图】

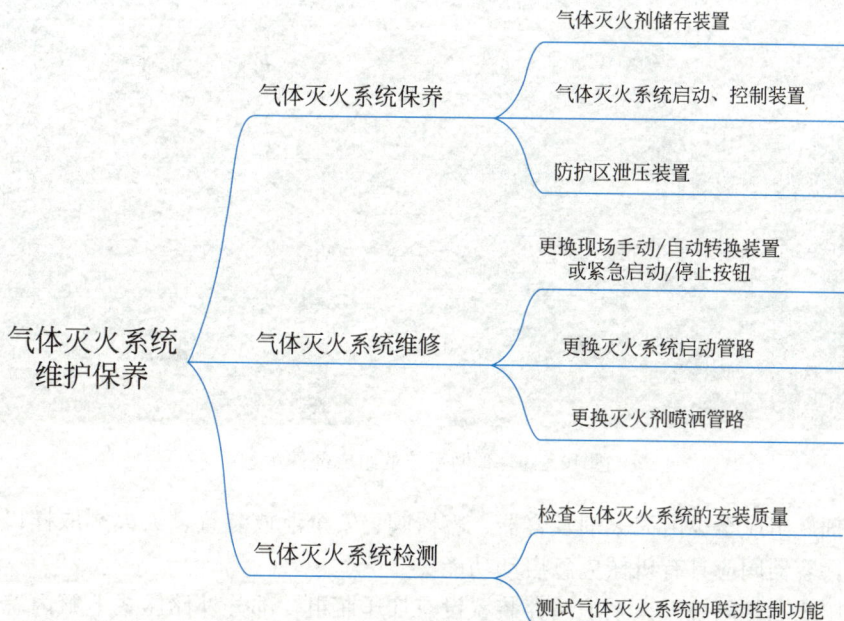

气体灭火系统维护保养
- 气体灭火系统保养
  - 气体灭火剂储存装置
  - 气体灭火系统启动、控制装置
  - 防护区泄压装置
- 气体灭火系统维修
  - 更换现场手动/自动转换装置或紧急启动/停止按钮
  - 更换灭火系统启动管路
  - 更换灭火剂喷洒管路
- 气体灭火系统检测
  - 检查气体灭火系统的安装质量
  - 测试气体灭火系统的联动控制功能

【情景导入】

2019 年 5 月 25 日，某货轮在山东某港维修期间，船载消防系统发生二氧化碳泄漏事故，致 10 人死亡。

调查显示，为了防火，船舱的每一层都安装有二氧化碳管路，出现火情时，可以在 30s 内将储存的二氧化碳释放完毕。管道中的压力达到 27kg，释放时的速度会非常快。这些误喷给工厂的正常生产造成了很大的困扰，为此厂方特地邀请了多家具有气体灭火系统工程经验的消防公司对原有的系统进行检查和诊断，以确认这些误喷发生的原因，并要求提出应该采取的补救措施。

任务 2.1　气体灭火系统保养

2.1.1　气体灭火剂储存装置

一、气体灭火剂储存装置的组成

管网系统的储存装置应由储存容器、容器阀和集流管等组成，容器阀和集流管之间应采用挠性连接。预制灭火系统的储存装置，应由储存容器、容器阀等组成，如图 10-2-1 所示。

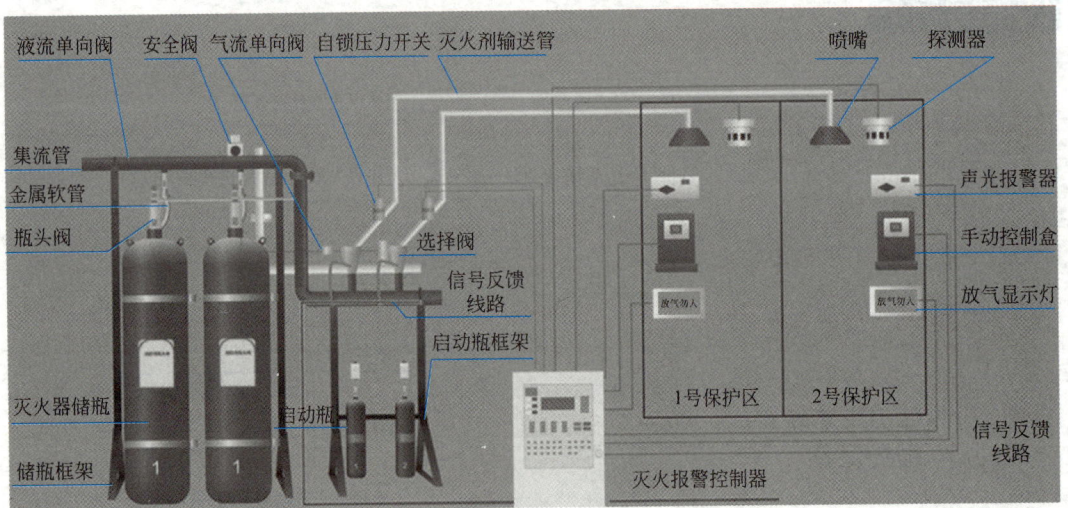

图 10-2-1　管网系统的组成部件示意

灭火剂瓶组应至少由灭火剂及容器、容器阀、安全泄放装置、灭火剂取样口、检漏装置等组成，容器阀应具有机械应急启动功能。

外储压式七氟丙烷灭火系统储存装置设有加压瓶组，部分外储压式七氟丙烷灭火系统储存装置设有减压阀，如图 10-2-2 所示。

低压二氧化碳灭火系统配备制冷装置、液位计、安全泄压阀等，如图 10-2-3 所示。

图 10-2-2　外储压式七氟丙烷灭火系统储存装置

图 10-2-3　低压二氧化碳储存装置

二、保养气体灭火剂储存装置

1. 做好防误动作措施

根据设备维修保养的需要，将设备处于手动状态，做好拆除电磁阀连接线路等防止误动作的措施。

2. 外观检查

(1) 观察、检查气体储存装置的运行情况、储存装置间的设备状态是否正常，并进行记录。

(2) 观察、检查储存装置的所有设备、部件、支架等有无碰撞变形及其他损伤，表面有无锈蚀，保护涂层是否完好，铭牌和标志牌是否清晰，手动操作装置的防护罩、铅封和安全标志是否完整。

(3) 观察、检查灭火剂单向阀、选择阀的流向指示箭头与灭火剂流向是否一致。

(4) 手动检查储存装置及支架的安装是否牢固。

(5) 灭火剂及增压气体泄漏情况检查及测量。

1) 对照设计资料，检查低压二氧化碳灭火系统储存装置、外储压式七氟丙烷灭火系统储存装置的液位计值是否满足设计要求，灭火剂损失 10％时应及时补充。

2) 检测高压二氧化碳储存容器的称重装置，泄漏量超过 10％时，称重装置应该报警，否则应进行检修，如图 10-2-4 所示。

图 10-2-4　高压二氧化碳储存容器的称重装置

3) 观察 IG541（混合气体）、七氟丙烷等卤代烷灭火系统灭火剂储瓶的压力显示，压力损失 10％时，应进行检修。部分压力表直接连通储瓶，可直接观察压力值；部分压力表需要开启压力表底座上的连通阀门才能连通储瓶，观察前先打开连通阀门，观察后关闭阀门；部分产品直接采用压力传感器测量，电子屏幕可直接读取压力值。

4) 按储存容器全数（不足 5 个的按 5 个计）的 20％，拆下七氟丙烷等卤代烷灭火系统储存容器进行称重检测。灭火剂损失超过 10％时，应进行检修。

3. 清洁保养

对所有设备进行清洁、除尘；除了压力容器外，金属部件表面有轻微锈蚀情况的，进行除锈和防腐处理；金属螺纹连接处，选择阀手柄、压臂与阀体的连接处，选择阀启动活塞等均注入润滑剂。

三、注意事项

1. 维护保养时，必须采取防止灭火系统或容器误喷放的措施。

2. 对压力容器进行相关操作的人员应穿戴安全防护装备，一般由厂家专业人员进行作业，保养人员进行必要的协助。

3. 在维护保养合格后，立即恢复系统正常工作。

4. 储存装置各部件、组件出现损伤、变形、严重锈蚀等影响储存装置性能的问题时，储瓶与容器阀之间的密封件、容器阀内部的密封件老化或损坏时，应由生产企业或其授权的专业机构进行维修处理。

5. 由于气体灭火剂喷放后基本无法取证，为了避免灭火剂喷放后没有成功灭火而致责任不清晰的情况发生，消防技术服务机构及相关单位应具备确认灭火剂质量合格的方法和措施。

6. 检查灭火剂储存装置压力时，注意储瓶间环境温度，综合判断压力是否满足要求。

2.1.2　气体灭火系统启动、控制装置

一、气体灭火系统启动、控制装置的组成

气体灭火系统启动、控制装置至少由驱动气体瓶组（不适用于直接驱动灭火剂瓶组的系统）、单向阀（适用于组合分配系统）、选择阀（适用于组合分配系统）、安全阀、低泄高封阀（适用于具有驱动气体瓶组的系统）等部件构成，如图 10-2-5 所示。

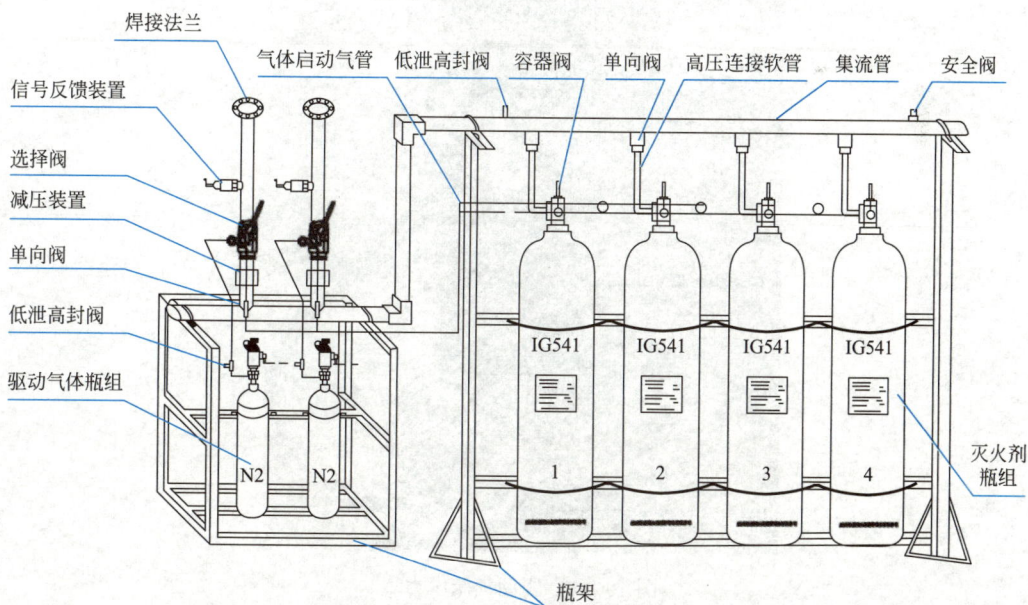

图 10-2-5　气体灭火系统组成示意图

气体灭火系统控制组件包括灭火控制装置，防护区内火灾探测器，手动、自动转换开关，手动启动、停止按钮，气体喷放指示灯等。

二、保养气体灭火系统启动、控制装置

1. 做好防误动措施

根据维护保养的需要，将设备处于手动状态，做好拆除电磁阀连接线路等防止误动作的措施。

2. 外观检查

（1）观察、检查控制装置的运行情况，观察灭火控制器显示状态是否正常，并进行记录。

（2）观察、检查启动、控制装置的所有设备、部件、支架等有无碰撞变形及其他损伤，表面有无锈蚀，保护涂层是否完好，铭牌和标志牌是否清晰，手动操作装置的防护罩、铅封和安全标志是否完整。

（3）观察、检查单向阀的流向指示箭头与要求的气体流向是否一致。

（4）观察、检查驱动气体储存装置安全阀的泄压方向是否朝向操作面。

（5）对照竣工图样，检查启动、控制装置的安装是否与图样一致。

（6）手动检查启动装置及支架的安装是否牢固，控制装置各部件的安装是否牢固。

（7）驱动气体泄漏情况检查。观察、检查驱动气体储存装置的压力显示是否在压力表绿色区域，如图 10-2-6 所示。

图 10-2-6　驱动气瓶压力表

3. 清洁保养

（1）所有设备清洁、除尘。

（2）除压力容器外，金属部件表面有轻微锈蚀情况的，应进行除锈和防腐处理。

（3）金属螺纹连接处以及电磁驱动器应急操作的阀杆处，注润滑剂。

三、注意事项

1. 维护保养时，必须采取防止驱动气瓶误喷放的措施。

2. 对压力容器进行相关操作的人员应穿戴安全防护装备，一般由厂家专业人员进行作业，保养人员进行必要的协助。

3. 在维护保养合格后，立即恢复系统正常工作。

4. 启动、控制装置各部件、组件出现损伤、变形、严重锈蚀等影响装置性能的问题时，由生产企业或其授权的专业机构进行维修处理。

5. 启动装置连接的气动管路重新安装时，注意组合分配系统的组合分配逻辑。

2.1.3　防护区泄压装置

一、防护区泄压装置的组成

防护区泄压装置一般由固定部件（与墙体连接固定）、活动部件（叶片或盖板）以及驱动部件组成。

机械式泄压装置由压力调节驱动部件或砝码驱动部件驱动叶片或盖板开启泄压。

电动式泄压装置由电动驱动部件开启叶片或盖板泄压，由压力检测装置发出的启动信号或者气体灭火控制系统发出的联动信号启动。

二、保养防护区泄压装置

1. 外观检查

（1）观察、检查防护区泄压装置有无碰撞变形及其他损伤，表面有无锈蚀，保护涂层是否完好，铭牌和标志牌是否清晰。

（2）对照竣工图，观察、检查防护区泄压装置设置位置是否符合设计要求。

（3）手动检查防护区泄压装置的安装是否牢固。

外观及运行环境检查如图 10-2-7 所示。

图 10-2-7　外观及运行环境检查

2. 清洁保养

清洁、除尘；金属部件表面有轻微锈蚀情况的，应进行除锈和防腐处理；固定部件与活动组件的连接处注润滑剂。

任务 2.2　气体灭火系统维修

一、灭火控制系统常见重要问题

1. 灭火系统设置条件发生变化

（1）防护区改造后，其可燃物灭火浓度或防护区容积发生变化，没有及时变更系统设计。

（2）防护区域功能发生变化，不宜设置气体灭火系统的，没有及时变更系统设计。

（3）灭火系统产品标准已经废止，没有及时变更系统设计。

（4）《二氧化碳灭火系统设计规范（2010 年版）》GB/T 50193—1993 修订后，未及时变更二氧化碳灭火系统的有人或经常有人的防护区。

应对照原设计资料，结合实际情况和现行规范，重新选择和设计灭火系统。

2. 压力容器没有定期检测

低压二氧化碳灭火剂存储容器应按照压力容器安全技术监察相关规程的相关要求进行定期检测，钢瓶应按气瓶安全监察相关规程的相关要求进行定期检测，更换不合格的压力容器。

3. 灭火剂质量问题

灭火剂质量无法通过测压或称重发现问题时，可通过抽样送检或现场快速检测确定。发现不合格时，应及时更换为合格的灭火剂。

4. 其他问题

外部无法观察或检测的问题，例如灭火剂储瓶内的虹吸管（引升管）如果破损或腐蚀，将直接影响液化的气体灭火剂喷放，造成灭火失败。

二、灭火控制系统常见故障和维修方法（表 10-2-1）

灭火控制系统常见故障和维修方法　　　　　　　　　　　　　　　　　表 10-2-1

序号	常见故障	可能原因	维修方法
1	灭火控制器电源故障	主电源线路损坏或停电、主电熔丝熔断	检修或更换线路；市电连续停电 8h 时应关机，主电正常后再开机；更换熔丝或熔丝管
		备用电源电量不足或损坏、接线接触不良、熔丝熔断	开机充电 24h 后若备用电源仍报故障，更换备用蓄电池；用烙铁焊接连接线；更换熔丝或熔丝管
2	灭火控制器不能正常工作	灭火控制器故障或损坏	通知生产企业或其授权的维修保养机构进行维修或更换设备
3	控制器短路或断路报警	控制系统线路短路或断路	检修或更换线路

续表

序号	常见故障	可能原因	维修方法
4	火灾探测器误报警	粉尘或水雾干扰	排除干扰物,如无法排除则更换火灾探测器类型,使之适合周围环境条件
		火灾探测器损坏	更换火灾探测器
		探测器与底座脱落、接触不良	重新拧紧探测器或增大底座与探测器卡簧的接触面积
		报警总线与底座接触不良	重新压接总线,使之与底座有良好接触
		报警总线开路或接地性能不良	查出有故障的总线位置,予以更换
		探测器接口板故障	维修或更换接口板
5	手动/自动转化装置没有动作	没有接线或设备损坏	检修、更换线路或更换设备
6	声光报警器没有动作	没有接线或设备损坏	检修、更换线路或更换设备
7	紧急启动/停止按钮不动作	没有接线或设备损坏	检修、更换线路或更换设备
8	电磁启动器没有动作	没有接线或设备损坏	检修、更换线路或更换设备
9	压力反馈信号器没有动作	压力开关未复位	压力开关复位
10	放气指示灯没有动作	没有接线或设备损坏	检修、更换线路或更换设备
11	联动设备没有动作	没有接线或设备损坏	检修、更换线路或更换设备

三、灭火系统常见故障和维修方法（表 10-2-2）

灭火系统常见故障和维修方法　　　　　　　　　　　　　　　表 10-2-2

序号	常见故障	可能原因	维修方法
1	启动气瓶、灭火剂储瓶压力表示值低于正常区	压力表损坏	更换压力表
		灭火剂储存装置有微小泄漏	通知生产企业或其授权的维修保养机构进行维修或补正
2	无法自动开启启动装置	启动电压或电流过小	检修或更换电源
		连接线路断路	检修或更换线路
		启动装置电磁阀发生故障	更换电磁阀
3	无法手动打开启动装置	止动挡销等安全装置未拆除	拆除止动挡销等安全装置
		启动装置电磁阀发生故障	更换电磁阀
4	灭火剂储瓶压力示值高于正常区	环境温度超过设计温度	降低储瓶间的环境温度或将储瓶暂时转移到环境温度低于设计温度且适于存放储瓶的房间
		压力表损坏	更换压力表

序号	常见故障	可能原因	维修方法
5	启动气体释放后,灭火剂储存装置瓶头阀不动作	启动管路堵塞或启动气体泄漏	拆除启动管路,找出堵塞或泄漏位置,排除故障后重新安装,进行气密性试验
		启动管路单向阀反向安装或损坏	调整启动管路单向阀安装方向或更换驱动气体管路单向阀
		瓶头阀发生故障或损坏	通知生产企业或其授权的维修保养机构进行维修或更换
6	释放灭火剂时,连接软管处泄漏	软管断裂或泄漏	更换连接软管
		软管连接松动	拧紧松动的连接处
7	启动的灭火剂瓶组数量不足	启动气瓶压力不足	更换启动气瓶或通知生产企业或其授权的维修保养机构进行补压
		启动管路连接错误	按照设计图样重新连接启动管路
		单向阀安装方向错误或损坏	调整启动管路单向阀安装方向或更换驱动气体管路单向阀
8	释放灭火剂时,集流管安全阀处有泄漏	安全阀松动或安全膜片损坏	拧紧安全阀或更换安全膜片
9	系统启动(或模拟喷气)时,喷放至其他防护区	启动了其他防护区的启动装置	检查启动装置对应防护区名称的永久性标志
		打开了其他防护区的选择阀	检查选择阀对应防护区名称的永久性标志
		其他防护区的选择阀未关闭或损坏	关闭其他防护区的选择阀,或通知生产企业或其授权的维修保养机构进行维修或更换已损坏的选择阀

2.2.1　更换现场手动/自动转换装置或紧急启动/停止按钮

1. 切断灭火控制器与驱动器的连接,防止灭火系统误动作,如图 10-2-8 所示。

2. 拆除损坏设备的连接线,记录接线顺序,拆除损坏的设备。

3. 用万用表检查设备的连接线是否存在短路或断路情况,如图 10-2-9 所示。用兆欧表测试连接线的接地电阻应大于 20MΩ。检测合格后,安装新设备,按照原线序将连接线固定在设备的接线端子上。

4. 安装要求:安装牢固,不得倾斜。安装位置应位于防护区入口且便于操作的部位,安装高度为中心点距地(楼)面 1.5m,如图 10-2-10 所示。如原设备位置符合上述要求,则安装在原位置;如原设备位置不符合上述要求,则安装在满足上述规定的位置上。

5. 进行模拟启动试验,测试设备是否正常工作。

6. 经上述测试,确认设备正常,恢复灭火控制器与驱动器的连接。

图 10-2-8　切断灭火控制器与驱动器的连接

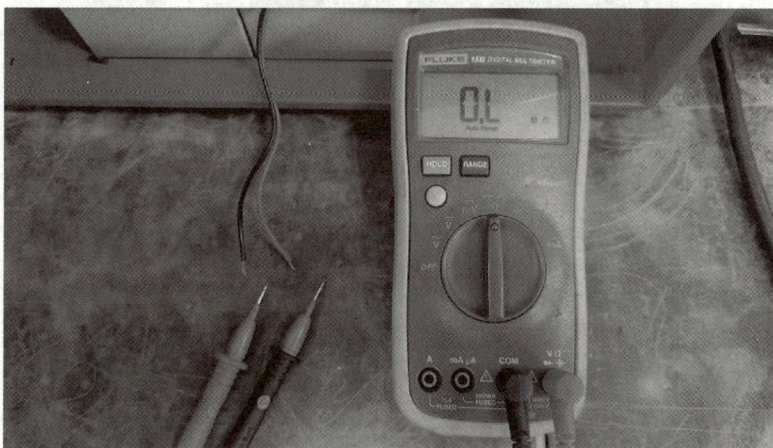

图 10-2-9　用万用表检查设备的连接线是否存在短路或断路情况

2.2.2　更换灭火系统启动管路

一、更换启动管路的具体操作

1. 切断启动气瓶与启动管路的连接，防止灭火系统误动作。

2. 拆除需要更换的部件、管件或管道。

3. 安装相应的部件、管件或管道，管道布置应符合设计要求。安装驱动气体管路单向阀时应注意方向，如图 10-2-11 所示。

4. 更换安装完成后，应进行气压严密性试验，合格后连接低泄高封阀。

5. 恢复启动气瓶与启动管路的连接。

6. 根据实际维修情况，填写相应记录表格。

二、注意事项

本技能操作需要由专业厂家或其授权的单位进行操作。

图 10-2-10　手动/自动转换装置安装位置

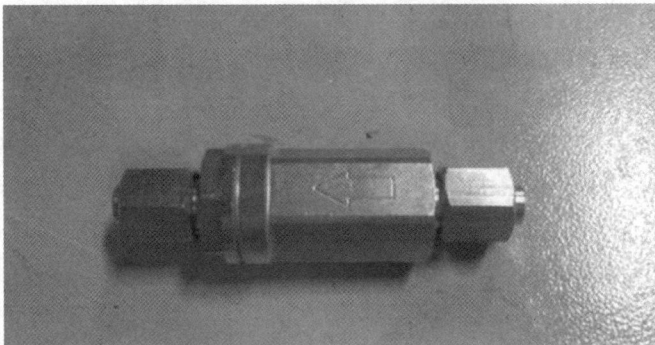

图 10-2-11　驱动气体管路单向阀

2.2.3 更换灭火剂喷洒管路

一、更换灭火剂喷洒管路的具体操作

1. 拆开需要更换的灭火剂输送管道与集流管的连接法兰。

2. 拆除需要更换的部件、管件或管道。

3. 安装相应的部件、管件或管道，管道布置应符合设计要求。

4. 安装选择阀、单向阀时注意流向指示箭头应指向介质流动方向，如图 10-2-12 和图 10-2-13 所示。选择阀操作手柄应安装在操作面一侧，选择阀上要设置标明防护区、保护对象名称或编号的永久性标志，并应便于观察。

图 10-2-12　选择阀箭头指向　　　　　　　图 10-2-13　单向阀箭头指向

5. 更换安装完成后，应进行强度试验和气压严密性试验，相关指标应满足设计要求。

6. 将检修开关切换到正常位或连接启动装置的启动线，恢复灭火控制器与电磁阀的连接。

7. 根据实际维修情况，填写相应记录表格。

二、注意事项

1. 本技能操作需要由专业厂家或其授权的单位进行操作。

2. 当管道采用螺纹连接时，密封材料均匀附着在管道的螺纹部分，拧紧螺纹时，不得将填料挤入管道内；安装后的螺纹根部应有 2～3 条外露螺纹；连接后，将连接处的外部清理干净并做防腐处理。当管道采用法兰连接时，衬垫不得凸入管内，其外边缘宜接近螺栓，不得放双垫或偏垫；连接法兰的螺栓，直径和长度应符合标准，拧紧后，凸出螺母的长度不大于螺杆直径的 1/2 且应有不少于 2 条外露螺纹。

3. 已做防腐处理的无缝钢管不宜采用焊接连接，与选择阀等个别连接部位需采用法兰焊接连接时，要对被焊接损坏的防腐层进行二次防腐处理。

任务 2.3　气体灭火系统检测

2.3.1　检查气体灭火系统的安装质量

一、气体灭火系统的安装要求

气体灭火系统一般性安装质量要求按控制装置、启动装置、储存装置、灭火剂输送管道分类检测，还需要对气体灭火系统安装质量整体进行检测。

1. 控制装置的安装要求

（1）气体灭火控制器在墙上安装时，其底边距地（楼）面高度宜为 1.3~1.5m，其靠近门轴的侧面距墙不应小于 0.5m，正面操作距离不应小于 1.2m；落地安装时，其底边宜高出地（楼）面 0.1~0.2m，如图 10-2-14 所示。

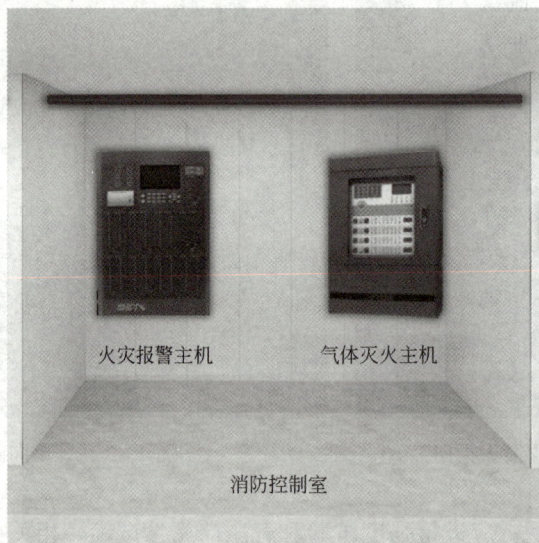

图 10-2-14　气体灭火控制器安装位置

（2）控制器应安装牢固，不应倾斜；安装在轻质墙上时，应采取加固措施。

（3）引入控制器的电缆或导线，应符合下列要求：

配线应整齐，不宜交叉，并应固定牢靠；电缆芯线和所配导线的端部，均应标明编号，并与图样一致，字迹应清晰且不易褪色；端子板的每个接线端，接线不得超过 2 根；电缆芯和导线，应留有不小于 200mm 的余量；导线应绑扎成束；导线穿管、线槽后，应将管口、槽口封堵。

（4）控制器的主电源应有明显的永久性标志，并应直接与消防电源连接，严禁使用电源插头。控制器与其外接备用电源之间应直接连接。

（5）控制器的接地应牢固，并有明显的永久性标志。

（6）火灾探测器的检测方法参见火灾自动报警系统相关章节中关于探测器的检测

方法。

（7）手动启动/停止按钮、手动/自动转换装置应安装在明显和便于操作的部位。当安装在墙上时，其底边距地（楼）面高度宜为 1.3～1.5m。

（8）放气指示灯。放气指示灯一般安装在防护区疏散门外的上方，便于观察的地方，要求安装牢固；连接导线应留下不小于 150mm 的余量，且在其端部有明显标志。

2. 启动装置的安装要求

（1）拉索式机械驱动装置的安装要求：拉索除了必要外露部分外，应采用经内外部防腐处理的钢管防护；拉索转弯处应采用专用导向滑轮；拉索末端拉手应设在专用的保护盒内；拉索套管和保护盒应固定牢靠。

（2）安装重力式机械驱动装置时，应保证重物在下落行程中无阻挡，其下落行程应保证驱动所需距离，且不得小于 25mm。

（3）电磁驱动装置驱动器的电气连接线应沿固定灭火剂储存容器的支、框架或墙面固定。

（4）气动驱动装置的安装要求：驱动气瓶的支、框架或箱体应固定牢靠，并做防腐处理；驱动气瓶上应标明驱动介质名称、对应防护区或保护对象名称或编号的永久性标志，并应便于观察。

（5）气动驱动装置的管道安装应符合管道布置设计要求：

竖直管道应在其始端和终端设防晃支架或采用管卡固定；水平管道应采用管卡固定。管卡的间距不宜大于 0.6m、转弯处应增设 1 个管卡。

（6）气动驱动装置的管道安装后应做气压严密性试验，并合格。

① 气压强度试验应遵守下列规定：

试验前，必须用加压介质进行预试验，预试验压力宜为 0.2MPa。

试验时，应逐步缓慢增加压力，当压力升至试验压力的 50% 时，如未发现异状或泄漏，继续按试验压力的 10% 逐级升压，每级稳压 3min，直至试验压力。保压检查管道各处无变形、无泄漏为合格。

② 对气动管道，应取驱动气体储存压力。

③ 进行气密性试验时，应以不大于 0.5MPa/s 的升压速率缓慢升压至试验压力，关断试验气源 3min 内压力下降不超过试验压力的 10% 为合格。

④ 气压强度试验和气密性试验必须采取有效的安全措施，加压介质可采用空气或氮气，气动管道试验时应采取防止误喷射的措施。

3. 储存装置的安装要求

（1）灭火剂储存装置的安装

① 储存装置的安装位置应符合设计文件的要求。

② 灭火剂储存装置安装后，泄压装置的泄压方向不应朝向操作面。低压二氧化碳灭火系统的安全阀应通过专用的泄压管接到室外。

③ 储存装置上压力计、液位计、称重显示装置的安装位置应便于人员观察和操作。

④ 储存容器的支、框架应固定牢靠，并应做防腐处理。

⑤ 储存容器宜涂红色油漆，正面应标明设计规定的灭火剂名称和储存容器的编号。

⑥ 安装集流管前应检查内腔，确保清洁。

⑦ 集流管上的泄压装置的泄压方向不应朝向操作面。

⑧ 连接储存容器与集流管间的单向阀的流向指示箭头应指向介质流动方向。

⑨ 集流管应固定在支、框架上。支、框架应固定牢靠，并做防腐处理。

⑩ 集流管外表面宜涂红色油漆，如图 10-2-15 所示。

图 10-2-15　集流管

（2）预制灭火系统的安装

① 柜式气体灭火装置、热气溶胶灭火装置等预制灭火系统及其控制器、声光报警器的安装位置应符合设计要求，并固定牢靠。

② 柜式气体灭火装置、热气溶胶灭火装置等预制灭火系统装置周围空间环境应符合设计要求。

4. 灭火剂输送管道的安装要求

（1）灭火剂输送管道连接要求

采用螺纹连接时，管材宜采用机械切割；螺纹不得有缺纹、断纹等现象；螺纹连接的密封材料应均匀附着在管道的螺纹部分，拧紧螺纹时，不得将填料挤入管道内；安装后的螺纹根部应有 2～3 条外露螺纹；连接后，应将连接处外部清理干净并做防腐处理，如图 10-2-16 所示。

图 10-2-16　灭火剂输送管道

采用法兰连接时，衬垫不得凸入管内，其外边缘宜接近螺栓，不得放双垫或偏垫。连接法兰的螺栓，直径和长度应符合标准，拧紧后，凸出螺母的长度不应大于螺杆直径的 1/2 且保证有不少于 2 条外露螺纹。

已经防腐处理的无缝钢管不宜采用焊接连接，与选择阀等个别连接部位需采用法兰焊接连接时，应对被焊接损坏的防腐层进行二次防腐处理。

（2）管道穿过墙壁、楼板处应安装套管

套管公称直径比管道公称直径至少应大 2 级，穿墙套管长度应与墙厚相等，穿楼板套管长度应高出地板 50mm。管道与套管间的空隙应采用防火封堵材料填塞密实。当管道穿越建筑物的变形缝时，应设置柔性管段。

（3）管道支、吊架的安装要求

管道应固定牢靠，管道支、吊架的最大间距应满足表 10-2-3 要求。

管道支、吊架的最大间距　　　　　　　　　　　　表 10-2-3

DN15	DN20	DN25	DN32	DN40	DN50	DN65	DN80	DN100	DN150
1.5m	1.8m	2.1m	2.4m	2.7m	3.0m	3.4m	3.7m	4.3m	5.2m

管道末端应采用防晃支架固定，支架与末端喷嘴间的距离不应大于 500mm。公称直径大于或等于 50mm 的主干管道，垂直方向和水平方向至少应各安装 1 个防晃支架，当穿过建筑物楼层时，每层应设 1 个防晃支架。当水平管道改变方向时，应增设防晃支架。

（4）灭火剂输送管道安装完毕后，应通过强度试验和气压严密性试验

① 水压强度试验压力应按下列规定取值：

对高压二氧化碳灭火系统，应取 15.0MPa；对低压二氧化碳灭火系统，应取 4.0MPa。

对 IG541 混合气体灭火系统，应取 13.0MPa。

对卤代烷 1301 灭火系统和七氟丙烷灭火系统，应取 1.5 倍系统最大工作压力。

② 进行水压强度试验时，以不大于 0.5MPa/s 的升压速率缓慢升压至试验压力，保压 5min，检查管道各处无渗漏、无变形为合格。

③ 当水压强度试验条件不具备时，可采用气压强度试验代替。气压强度试验压力取值：二氧化碳灭火系统取 80% 水压强度试验压力，IG541 混合气体灭火系统取 10.5MPa，七氟丙烷灭火系统取 1.15 倍最大工作压力。

试验前，必须用加压介质进行预试验，预试验压力宜为 0.2MPa。

试验时，应逐步缓慢增加压力，当压力升至试验压力的 50% 时，如未发现异状或泄漏，继续按试验压力的 10% 逐级升压，每级稳压 3min，直至试验压力。保压检查管道各处无变形、无泄漏为合格。

④ 灭火剂输送管道经水压强度试验合格后还应进行气密性试验，经气压强度试验合格且在试验后未拆卸过的管道可不进行气密性试验。

⑤ 灭火剂输送管道在水压强度试验合格后，或气密性试验前，应进行吹扫。吹扫管道可采用压缩空气或氮气，吹扫时，管道末端的气体流速不应小于 20m/s，采用白布检查，直至无铁锈、尘土、水渍及其他异物出现。

⑥ 气密性试验压力应按下列规定取值：

对灭火剂输送管道，应取水压强度试验压力的 2/3。对气动管道，应取驱动气体储存压力。

⑦ 进行气密性试验时，应以不大于 0.5MPa/s 的升压速率缓慢升压至试验压力，关断试验气源 3min 内压力降不超过试验压力的 10% 为合格。

⑧ 气压强度试验和气密性试验必须采取有效的安全措施。加压介质可采用空气或氮气。

（5）灭火剂输送管道的外表面宜涂红色油漆

在吊顶内、活动地板下等隐蔽场所内的管道，可涂红色油漆色环，色环宽度不应小于 50mm。每个防护区或保护对象的色环宽度应一致，间距应均匀。

5．喷嘴的安装要求

（1）安装喷嘴时，应按设计要求逐个核对其型号、规格及喷孔方向。

（2）安装在吊顶下的不带装饰罩的喷嘴，其连接管管端螺纹不应露出吊顶；安装顶下的带装饰罩的喷嘴，其装饰罩应紧贴吊顶。

二、检查气体灭火系统安装质量

1．检查现场环境

（1）通过现场观测，核查资料，确认防护区可燃物中最大的设计灭火浓度是否超过设计方案的设计灭火浓度。

（2）通过现场观测，核查资料，确认防护区泄压口设置位置、开口面积是否符合设计要求；确认除泄压口外，防护区是否存在不能关闭或未封闭的开口。

（3）通过现场观测，核查资料，确认防护区内安置的设备、物品是否存在阻挡灭火剂喷嘴或影响灭火剂喷放的情况。气体灭火系统喷嘴如图10-2-17所示。

（4）通过现场观测，核查资料，确认灭火剂储瓶间是否存在阳光直射储存装置的情况。

（5）通过现场观测，核查资料，确认储瓶间内灭火剂储存装置的操作面宽度是否满足设计要求。

（6）核查确认防护区、储瓶间的环境温度是否满足设计要求。

（7）检查确认防护区、储瓶间门外的标志牌和警示标志是否符合要求。

2．核查系统设备安装位置、安装数量、型号、规格

根据设计文件的要求，对组成系统的所有设备、部件进行安装位置、安装数量、型号、规格的核查。

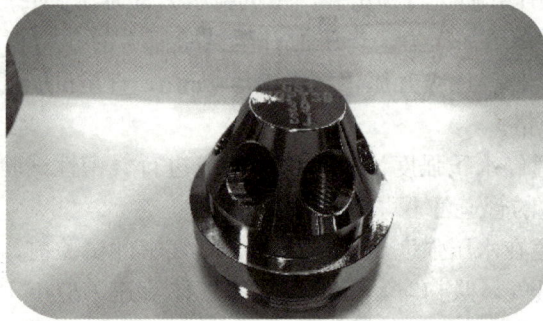

图10-2-17　气体灭火系统喷嘴

3．检查系统设备外观、标志

（1）控制器的主电源应有明显的永久性标志，并应直接与消防电源连接，严禁使用电源插头。控制器与其外接备用电源之间应直接连接。

（2）控制器的接地应牢固，并有明显的永久性标志。

（3）储存容器宜涂红色油漆，正面应标明设计规定的灭火剂名称和储存容器的编号。

（4）驱动气瓶上应有标明驱动介质名称、对应防护区或保护对象名称或编号的永久性标志，并应便于观察。

（5）驱动气瓶的机械应急手动操作处，应有标明对应防护区或保护对象名称的永久性

标志。

（6）气单向阀、灭火剂单向阀、选择阀的流向指示箭头应指向介质流动方向。

（7）选择阀上应设置标明防护区或保护对象名称或编号的永久性标志牌，并应便于观察，如图 10-2-18 所示。

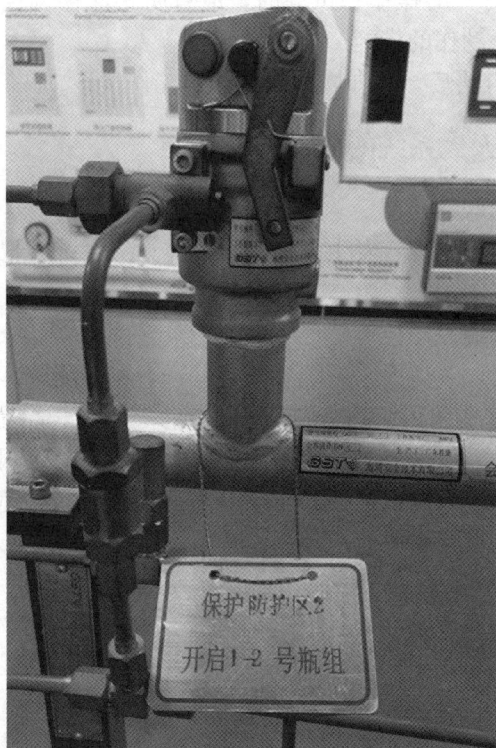

图 10-2-18　选择阀上永久性标志牌

（8）灭火剂输送管道应涂红色油漆，隐蔽位置的管道可涂红色色环。

4. 核查安装要求

（1）控制器在墙上安装时，其底边距地（楼）面高度宜为 1.3~1.5m，其靠近门轴的侧面距墙不应小于 0.5m，正面操作距离不应小于 1.2m；落地安装时，其底边宜高出地（楼）面 0.1~0.2m。

（2）控制器应安装牢固，不应倾斜；安装在轻质墙上时，应采取加固措施。

（3）灭火剂储存装置、启动气瓶安装后，泄压装置的泄压方向不应朝向操作面。低压二氧化碳灭火系统的安全阀应通过专用的泄压管接到室外。

（4）储存装置上压力计、液位计、称重显示装置的安装位置应便于人员观察和操作。

（5）储存容器的支、框架应固定牢靠，并应做防腐处理。

（6）驱动气瓶的支、框架或箱体应固定牢靠，并做防腐处理。

（7）选择阀操作手柄应安装在操作面一侧，当安装高度超过 1.7m 时应采取便于操作的措施。

（8）采用螺纹连接的选择阀，其与管网连接处宜采用活接。

（9）电磁驱动装置驱动器的电气连接线应沿固定灭火剂储存容器的支、框架或墙面固定。

（10）灭火剂输送管道的支吊架应固定牢靠，并应做好防腐处理。

三、注意事项

1. 进行与压力容器有关的操作和试验时，应有防止储存装置（包括灭火剂储存装置和驱动气体储存装置）误动作的措施。

2. 所有检测、试验合格后，立即恢复系统正常工作状态。

2.3.2　测试气体灭火系统的联动控制功能

一、气体灭火系统的联动控制

根据气体灭火系统工作原理，发生火灾时，气体灭火系统会根据发生火灾时的流程进行操作。具体流程见前文图 10-1-5。

二、测试气体灭火系统联动控制功能

一般按照发生火灾时，气体灭火系统操作流程进行相关测试。

1. 连接测试设备并采取防误启动措施

为了防止测试时灭火系统误启动，测试前应将驱动器（电磁阀）与启动瓶分离，直接启动的将驱动器与灭火系统分离；或拆开驱动器与灭火控制器启动输出端的连接导线，连接与驱动器功率相同的测试设备或万用表。

2. 手动/自动状态切换

操作气体灭火控制器或设置在防护区门口的手动/自动转换装置，可切换气体灭火控制系统的工作状态。

观察手动/自动状态指示灯是否显示正确。

3. 火警判断功能测试

（1）模拟防护区一个火灾探测器信号，灭火控制器进入预警状态，不会输出灭火系统的启动信号。

观察驱动器、测试设备是否动作，或万用表是否接到启动信号。

（2）再模拟防护区另外一组火灾探测器信号，形成复合火警，灭火控制器判定为真实火警，进入延时启动状态。

4. 启动功能测试

观察灭火控制器是否显示进入延时启动状态。

（1）自动控制状态下，灭火控制器收到两个独立的火警信号后，进行 0～30s 延时；延时结束后，应向对应的驱动装置输出启动信号。

观察驱动器、测试设备是否动作，或万用表是否接到启动信号。

（2）将系统状态切换为手动控制状态，重复之前的试验，灭火控制器应不输出启动信号。观察驱动器、测试设备是否动作，或万用表是否接到启动信号。

（3）操作防护区门外的手动启动按钮，灭火控制器应向对应的驱动装置直接输出启动信号。自动控制状态和手动控制状态分别进行测试，结果应一致。观察驱动器、测试设备是否动作，或万用表是否接到启动信号。

注意：用万用表直接测试启动信号时，启动信号的输出功率应满足驱动器的启动

功率。

5. 停止（中断）喷放功能测试

延时启动的延时时间结束前，操作防护区门口的手动停止按钮，灭火控制器没有启动信号的输出。

观察驱动器、测试设备是否动作，或万用表是否接到启动信号。

6. 警报功能测试

（1）收到火警信号（含手动启动按钮的动作信号）后，灭火控制器应向对应的防护区设置的声光报警装置输出信号，防护区报警装置应发出声光报警。

（2）手动触发压力信号器的测试开关，或短接压力信号器的连接电线，灭火控制器应向对应的防护区门外设置的放气指示灯输出信号，放气指示灯应点亮。

7. 联动功能测试

（1）预警状态时，灭火控制器应不输出联动信号，联动设备应不响应。

（2）真实火警状态、手动启动按钮动作时，灭火控制器应输出联动信号。自动控制状态和手动控制状态分别进行测试，结果应一致。

（3）观察防护区的空调通风、防火阀、电动门窗等联动设备。灭火控制器输出联动信号后，联动设备应响应，结果符合设计要求。

三、注意事项

1. 可与系统年检时的模拟启动试验和模拟喷气试验同步进行。

2. 测试合格后，应立即恢复系统正常工作状态。

【随堂练习】

一、单选题

1. 气体灭火系统防护区应有保证人员在（　　）s 内疏散完毕的通道和出口。

A. 30　　　　　　　B. 15　　　　　　　C. 20　　　　　　　D. 10

2. 气体灭火系统储存容器内的压力和启动瓶内的压力均不得小于设计压力的（　　）%。

A. 80　　　　　　　B. 75　　　　　　　C. 90　　　　　　　D. 95

二、多选题

1. 火灾探测器误报警的原因有（　　）。

A. 粉尘或水雾干扰

B. 火灾探测器损坏

C. 探测器与底座脱落、接触不良

D. 报警总线与底座接触不良

E. 探测器接口板故障

2. 启动气体释放后，灭火剂储存装置瓶头阀不动作，可能的原因有（　　）。

A. 启动管路堵塞或启动气体泄漏

B. 气体喷放装置损坏

C. 低泄高封阀损坏

D. 瓶头阀发生故障或损坏

E. 启动管路单向阀反向安装或损坏

三、判断题

1. 放气指示灯一般安装在防护区疏散门外的上方，便于观察的地方。（　　　）

2. 气体灭火系统灭火剂损失超过 5% 时，应进行检修。（　　　）

3. 系统测试合格后，应立即恢复系统正常工作状态。（　　　）

四、简答题

1. 请简述测试气体灭火系统联动控制功能。

2. 请简述对气体灭火系统进行检测的方法。

【数字资源】

资源名称	气体灭火系统基础知识	气体灭火系统组件及安装	气体灭火系统调试与运行
资源类型	视频	视频	视频
资源二维码			

模块11　泡沫灭火系统

项目1　泡沫灭火系统监控操作

【学习目标】

【知识目标】	了解泡沫灭火系统各主要组件的运行内容,熟练掌握泡沫灭火系统控制方式以及切换方法的操作内容
【能力目标】	具备泡沫灭火系统各主要组件运行操作的能力
【素质目标】	通过对泡沫灭火系统监控操作知识的学习,形成规范操作习惯。担责任,恪职守:熟知安全使用规范,自觉实践职业精神,树立"消除火灾隐患,勇担消防责任"的观念

【思维导图】

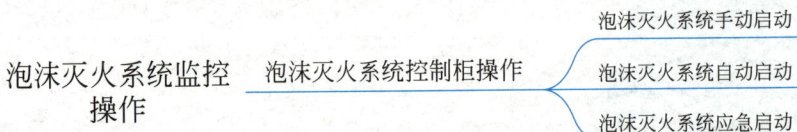

泡沫灭火系统监控操作　泡沫灭火系统控制柜操作　泡沫灭火系统手动启动
　　　　　　　　　　　　　　　　　　　　　　泡沫灭火系统自动启动
　　　　　　　　　　　　　　　　　　　　　　泡沫灭火系统应急启动

【情景导入】

我们看以前战争题材电影时，会发现航空母舰被击中后机库里燃起熊熊大火，官兵拿着水龙头到处灭火，而燃油带着火苗在机库中乱窜的场景。其实，对于航空母舰等大型水面舰艇来说，损害管制是非常重要的，其中灭火工作更是重中之重。

现代航空母舰的灭火能力已经有了质的飞跃，也不需要水兵们端着水龙头到处浇水灭火，现代航空母舰灭火往往采用的是高倍数泡沫灭火系统。这种灭火系统具有供给强度大、耗水量相对较小、灭火迅速等优点，特别适合在密闭空间内进行无人远程操作灭火作业。

我们再来看看这些泡沫是怎么工作的。下面就是高倍数泡沫灭火系统的工作流程，机库顶部喷口瞬间喷洒出灭火泡沫，将整个机库填满，并将火患与空气隔绝，最终灭火。

　　航空母舰机库也是典型的封闭式空间，着火后很适合用高倍数泡沫灭火系统进行灭火。中国的"辽宁"号航空母舰在进行改装的过程中，攻克了"增加喷头、优化管路、创新发泡网形状"三大难题，突破了高倍数泡沫灭火系统的研发难题，达到世界先进水平。我国国产的舰载泡沫灭火系统已经走在了全球的前列，有效保障我们的水面舰艇远航战斗，即使发生火灾也能够挽救航空母舰上价值连城的舰载机的安全，保住其重要的战斗力！

泡沫灭火系统控制柜操作

　　泡沫灭火系统是一种常见的灭火设备，广泛应用于石油化工、船舶、飞机场等领域。该系统主要由泡沫储罐、泡沫管路、泡沫喷嘴、自动控制系统等组成，能够快速有效地灭火。泡沫灭火控制柜是控制系统泡沫灭火设备联锁的设备，通常由控制器、手动操作台、联锁控制器、照明和电气控制柜组成。当系统检测到火灾时，控制器会自动开启泡沫发生器以制造泡沫，防止火势进一步蔓延。泡沫灭火系统控制柜如图 11-1-1 所示。

图 11-1-1　泡沫灭火系统控制柜

　　泡沫喷雾灭火装置具有自动、手动和应急操作三种启动方式。泡沫灭火系统启动流程如图 11-1-2 所示。

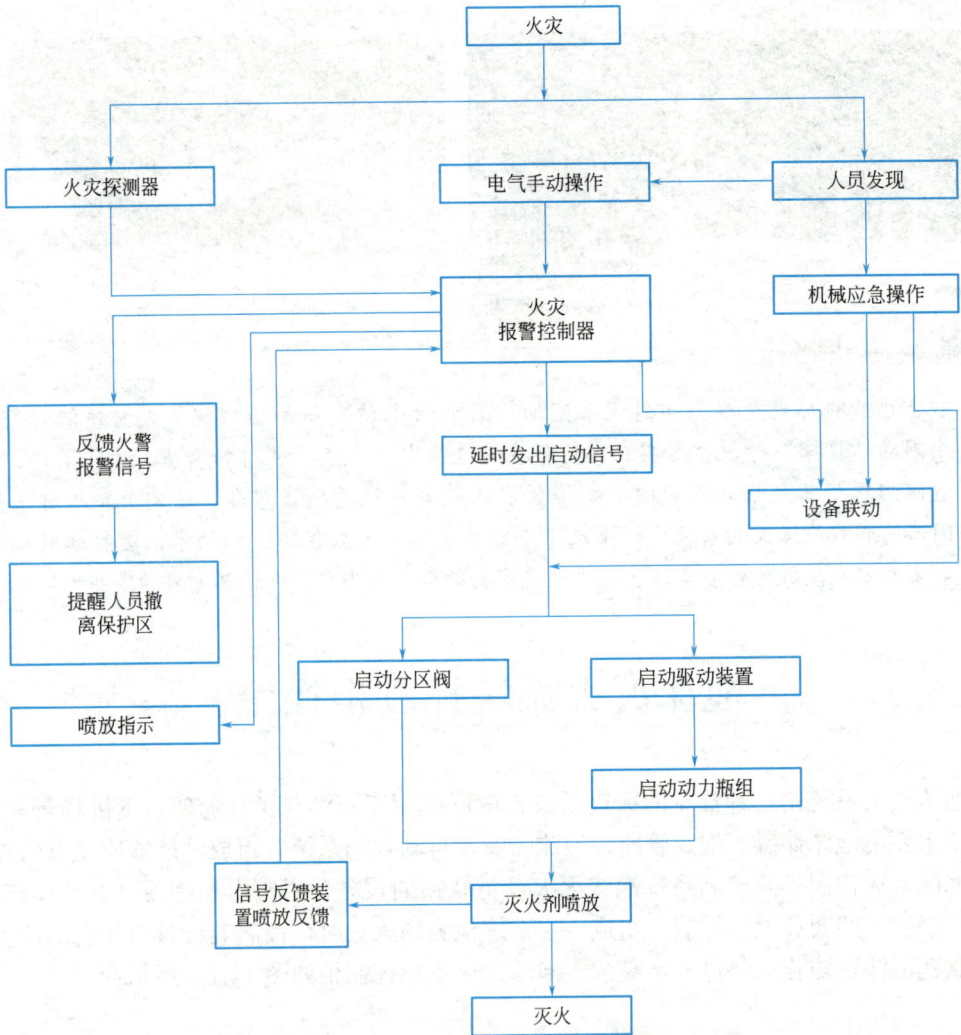

图 11-1-2　泡沫灭火系统启动流程

1.1.1　泡沫灭火系统手动启动

一、手动启动按钮的位置

泡沫灭火装置的手动启动按钮一般位于消防控制室或者装置的附近，以方便人员进行操作。在进行手动启动前需要确定手动启动按钮的具体位置，以便在事故发生时快速找到并进行操作。

二、手动启动前的准备工作

在进行手动启动之前，需要进行一些准备工作，以确保启动的顺利进行。首先需要确认泡沫灭火装置的管路系统、储液罐的压力是否正常，此外还需要检查泡沫灭火装置的泵房、动力系统工作是否正常。

三、手动启动操作步骤

1. 手动启动前需要将手动启动按钮上方的旋钮拧到"手动"位置（图 11-1-3）。

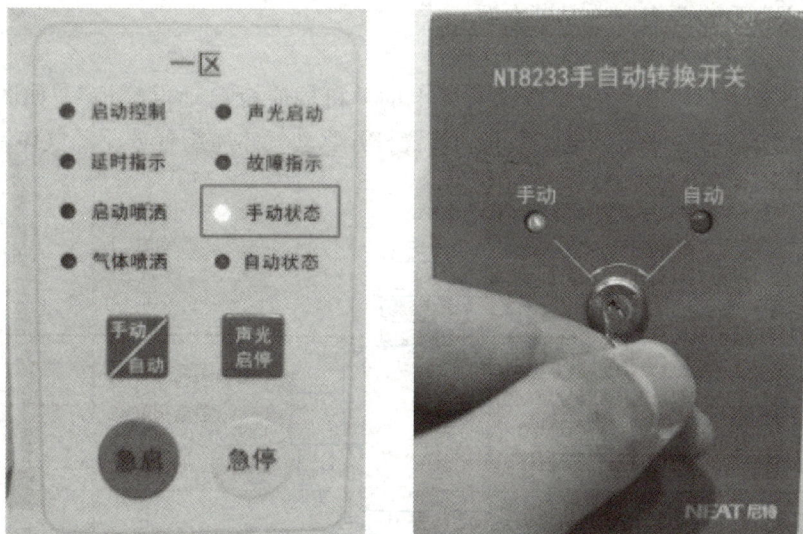

图 11-1-3　泡沫灭火系统手动启动

2. 按下手动启动按钮，此时控制室内的报警器会响起，提醒人员泡沫灭火装置已经启动。

3. 手动启动按钮会将信号传递给控制系统，控制系统随即开始对泡沫灭火装置进行启动。

4. 泡沫灭火装置启动后，应进行检测，观察系统运行是否正常，并及时调整工作状态。

5. 在确认灭火效果达到预期之后，可以按下手动启动按钮上方的旋钮，将其拧回"自动"位置，此时泡沫灭火装置会自动停止工作。

需要注意的是，手动启动泡沫灭火装置是一项非常重要的操作，必须由专业人士进行操作。在实际工作中，应通过培训、演练等方式，提高人员的操作技能和应急处理能力，确保灭火效果的最大化和人员的安全。

1.1.2　泡沫灭火系统自动启动

当转换开关置于"自动"位置时，灭火装置处于自动状态。在该状态下，报警信号输入时，控制器启动警铃和声光报警器，通知火灾发生，但并不启动灭火装置。此时按下防护区外或控制器上的"手动启动"或"紧急启动"按钮，可以启动灭火装置。

自动启动操作步骤：

1. 安装火灾探测器、温度探测器等自动监测设备。

2. 当监测设备检测到火灾或过热时，自动向控制系统发出信号。

3. 控制系统立即启动泡沫自动灭火系统。

4. 泡沫自动喷射到目标灭火区域上，灭火效果快速而有效。

1.1.3　泡沫灭火系统应急启动

当自动和手动启动均失效时，可按以下步骤实施应急操作：

1. 手动关闭联动设备，并切断电源。

2. 打开分区管上相应防护区的分区阀。

3. 拔出驱动气体瓶组电磁型驱动装置上的"机械应急启动保险销"，如图 11-1-4 所示。按下机械应急启动按钮，电磁型驱动装置打开驱动气体瓶组释放驱动气体，启动驱动气体瓶组。

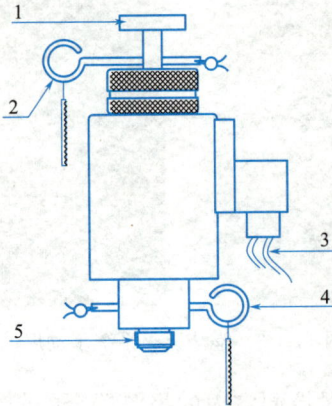

图 11-1-4　驱动气体瓶组电磁型驱动装置
1-机械应急启动按钮；2-机械应急启动保险销；3-与火灾报警控制器连接线路；
4-电磁型驱动装置保险销；5-容器阀接口

注意：无论控制器处于自动或手动状态，按下"紧急启动"和"手动启动"按钮，都可启动灭火装置。

【随堂练习】

一、单选题

泡沫产生装置进场检验时，下列检查项目中，不属于外观检查项目的是（　　）。

A. 材料材质　　　　　　　　　B. 铭牌标记

C. 机械损伤　　　　　　　　　D. 表面涂层

二、简答题

1. 泡沫灭火系统每运行两年，需要进行哪些保养维护？

2. 泡沫喷雾灭火装置有哪几种启动方式？

项目2　泡沫灭火系统维护保养

【学习目标】

【知识目标】	掌握泡沫灭火系统组件检查及功能测试内容,熟练掌握常见故障及维修的内容,掌握泡沫灭火系统的保养项目
【能力目标】	具备泡沫灭火系统各主要组件功能测试的能力,具备常见故障及维修的方法,掌握泡沫灭火系统的保养方法
【素质目标】	通过对泡沫灭火系统维护保养知识的学习,树立规范维护灭火系统的意识。守责任,明规范:泡沫灭火系统规范的维护和保养对于确保安全以及更快地减少火灾带来的损失十分重要

【思维导图】

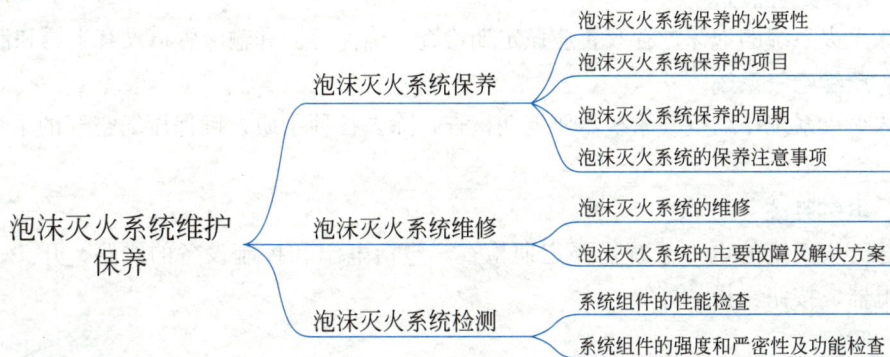

【情景导入】

　　某工厂结合年度消防计划,对工厂消防泡沫灭火系统进行集中排查和维护保养。此次消防排查维护工作时间紧、任务重,根据实际排查情况,发现存在:1.泡沫产生器无法正常发泡或发泡效果不佳;2.比例混合器锈死;3平衡式比例混合装置的平衡阀失效等问题,为了消除这些隐患,同学们思考一下应如何整改。

　　"安全工作是底线,做实做细是关键"。有序完成消防泡沫灭火系统的检修、维护和更换工作,确保了消防安全形势稳定,为广大工人安全和平安工厂建设筑起一道安全屏障。

任务 2.1　泡沫灭火系统保养

2.1.1　泡沫灭火系统保养的必要性

泡沫灭火系统是一种常用的灭火设备，一旦出现故障，会严重影响灭火效果，甚至导致安全事故。因此，泡沫灭火系统的维保工作尤为重要，泡沫灭火系统维保的必要性如下：

一、保证系统运行

定期维护泡沫灭火系统可以确保设备的正常运行，避免偶发故障导致系统失效。

二、延长设备寿命

适当的维护可以延长设备的使用寿命，减少更换设备的次数，节省成本。

三、保持可靠性

泡沫灭火系统在发生火灾时必须能够可靠地使用，因此定期检查和维护可以确保其正常工作状态。

2.1.2　泡沫灭火系统保养的项目

泡沫灭火系统维保的项目包括泡沫贮存装置、压缩空气系统、电气系统、喷嘴和泡沫液位等方面。具体项目包括：

一、泡沫贮存装置

泡沫灭火系统的泡沫贮存装置应该定期检查，确保容器和输液管道没有生锈和泄漏。

二、压缩空气系统

泡沫灭火系统压缩空气系统需要定期检查，除去各种杂质，确保压缩空气的干燥和压力合格。

三、电气系统

泡沫灭火系统的电气系统需要定期检查，包括电源和控制设备的线路、开关、熔断器、继电器、按钮、指示灯等。

四、喷嘴

泡沫灭火系统的喷嘴需要定期检查，确保喷嘴的正常喷射，没有堵塞和松动现象。

五、泡沫液位

泡沫灭火系统的泡沫液位应该定期维护，保证系统的正常运行。

2.1.3　泡沫灭火系统保养的周期

一、每周要求

需要对消防泵和备用动力以手动或自动控制的方式进行一次启动试验，看其是否运转正常，试验时泵可以打回流，也可空转，但空转时运转时间不大于 5s，试验后必须将泵和备用动力及有关设备恢复原状。

二、每月要求

1. 对低、中、高倍数泡沫产生器，泡沫喷头，固定式泡沫炮，泡沫比例混合器（装置），泡沫液储罐外观进行检查，各部件要完好无损。

2. 对固定式泡沫炮的回转机构、仰俯机构或电动操作机构进行检查，性能要达到标准的要求。

3. 泡沫消火栓和阀门要能自由开启与关闭，不能有锈蚀。

4. 压力表、管道过滤器、金属软管、管道及管件不能有损伤。

5. 对遥控功能或自动控制设施及操纵机构进行检查，性能要符合设计要求。

6. 对储罐上的低、中倍数泡沫混合液立管要清除锈渣。

7. 动力源和电气设备工作状况要良好。

8. 水源及水位指示装置要正常。

三、每半年要求

1. 每半年除储罐上泡沫混合液立管和液下喷射防火堤内泡沫管道及高倍数泡沫产生器进口端控制阀后的管道外，其余管道需要全部冲洗，清除锈渣。

2. 管道过滤器滤网进行清洗。

3. 对压力式比例混合装置的胶囊进行检查，发现破损应及时更换。

四、每两年要求

1. 对低倍数泡沫灭火系统中的液上、液下及半液下喷射，泡沫喷淋，固定式泡沫炮和中倍数泡沫灭火系统进行喷泡沫试验，并对系统所有组件、设施、管道及管件进行全面检查。

2. 对高倍数泡沫灭火系统，可在防护区内进行喷泡沫试验，并对系统所有组件、设施、管道及管件进行全面检查。

3. 系统检查和试验完毕，要对泡沫液泵或泡沫混合液泵、泡沫液管道、泡沫混合液管道、泡沫管道、泡沫比例混合器（装置）、泡沫消火栓、管道过滤器和喷过泡沫的泡沫产生装置等用清水冲洗后放空，复原系统。

2.1.4　泡沫灭火系统的保养注意事项

1. 所选用泡沫液的混合比应与泡沫比例混合器的混合比例相同，要匹配。

2. 对于水溶性液体，必须选用抗溶性泡沫液。

3. 充装泡沫液时，应保持胶囊内清洁，不得与油类、水及不同牌号的泡沫液混合，泡沫液型号不能混用。

4. 不得在超出工作压力范围的情况下使用泡沫比例混合装置。

任务 2.2　泡沫灭火系统维修

2.2.1　泡沫灭火系统的维修

系统维修人员必须经过专业培训，明白系统各部件的功能及工作原理。每次维修必须有记录，有日期，有检查人员的签字。

1. 每月应该至少进行一次外观检查，所有的阀门以及连接处应无渗漏，处于规定状态位置。

2. 使用后，必须用清水将储罐和管道冲洗干净，必要时设备表面应进行补漆防腐处理。

3. 泡沫液应避免阳光直晒，并储藏在温度变化小的场所，防止空气直接接触。

4. 在备用状态，储罐内一定要充满泡沫液。

（1）泡沫液宜储存在干燥通风的房间或敞篷内；储存的环境温度应满足泡沫液使用温度的要求。

（2）应定期对泡沫灭火剂进行试验，发现失效应及时更换，试验要求应符合下列规定：

1）保质期不大于 2 年的泡沫液，应每年进行一次泡沫性能检验。

2）保质期为 2 年以上的泡沫液，应每两年进行一次泡沫性能检验。

（3）泡沫喷雾系统盛装 100％型水成膜泡沫液的压力储罐、动力瓶组和驱动装置的驱动气瓶出现不可修复的缺陷或达到设计使用年限应及时更换。

注意事项：储液罐、动力源和启动源储存间环境温度为 4～50℃，且应保持干燥、通风良好；环境中不得含有易爆、导电尘埃及腐蚀部件的有害物质，否则必须予以保护，系统不得受到震动和冲击；储液罐、动力源和启动源应安装在操作人员易于接近，且远离热辐射和其他危险源的房间或其他安全区域内；所有设备及管道应安装牢靠；氮气启动源和氮气动力源在运输、安装过程中，应轻装轻卸，防止碰撞，避免接近热源；减压器出口压力在装置出厂前已调校至固定值，在安装和使用过程中，不得随意扭动调节手柄。

2.2.2 泡沫灭火系统的主要故障及解决方案

1. 泡沫产生器无法发泡或发泡不正常

主要原因 1：泡沫产生器吸气口被异物堵塞。

解决方法：

（1）加强对泡沫产生器的巡检。

（2）发现异物及时清理。

主要原因 2：泡沫混合液不满足要求，如泡沫液失效、混合比不满足要求。

解决方法：加强对泡沫比例混合器（装置）和泡沫液的维护和检测。

2. 比例混合器锈死

主要原因：由于使用后，未及时用清水冲洗，泡沫液长期腐蚀混合器致使锈死。

解决方法：加强检查，定期拆下保养，系统平时试验完毕后，一定要用清水冲洗干净。

3. 无囊式压力比例混合装置的泡沫液储罐进水

主要原因：储罐进水的控制阀门选型不当或不合格，导致平时出现渗漏。

解决方法：严格阀门选型，采用合格产品，加强巡检，发现问题及时处理。

4. 囊式压力比例混合装置中因胶囊破裂而使系统瘫痪

主要原因 1：比例混合装置中的胶囊因老化，承压降低，导致系统运行时发生破裂。

解决方法：对胶囊加强维护管理，定期更换。

主要原因 2：因胶囊受力设计不合理，灌装泡沫液方法不当而导致囊破裂。

解决方法：采用合格产品，按正确方法进行灌装。

5. 平衡式比例混合装置侧，平衡阀无法工作

主要原因：平衡阀橡胶膜片由于承压过大被损坏。

解决方法：

(1) 选用耐压强度高的膜片。

(2) 平时应加强维护管理。

6. 泡沫混合液混合比不满足要求

主要原因 1：泡沫比例混合器被杂物堵塞或故障。

解决方法：清理杂物修复泡沫比例混合器。

主要原因 2：泡沫泵故障或水轮机故障。

解决方法：测试后对水轮机进行彻底清洗；保持水轮机入口压力符合设计要求；修复故障的泡沫泵或水轮机。

任务 2.3　泡沫灭火系统检测

2.3.1　系统组件的性能检查

泡沫灭火系统在系统组件安装完成后，还需由相应资质的消防设施检测机构进行检测，以判断系统安装是否符合相关技术标准，确保系统能够按照设定的功能发挥作用。

一、泡沫液的现场检验

泡沫液是泡沫灭火系统的核心组成部分，需要进行定期检查。检查内容包括泡沫灭火剂的质量、剂量、保质期等。

1. 直观查看泡沫液储罐的储量是否与设计一致。标注信息是否完整。查看泡沫液是否在有效期内。

2. 直观检查。

3. 尺量泡沫液储罐的安装高度、检修通道宽度、操作面距离、泡沫液储罐上的控制阀距地面高度。

4. 核对泡沫液储罐的设置位置，观察泡沫液储罐的环境条件和设置的防护措施。

属于下列情况之一的泡沫液需要送检：

1. 6％型低倍数泡沫液设计用量大于或等于 7.0t。

2. 3％型低倍数泡沫液设计用量大于或等于 3.5t。

3. 6％蛋白型中倍数泡沫液最小储备量大于或等于 2.5t。

4. 6％合成型中倍数泡沫液最小储备量大于或等于 2.0t。

5. 高倍数泡沫液最小储备量大于或等于 1.0t。

6. 合同文件规定的需要现场取样送检的泡沫液。

对于取样留存的泡沫液，进行观察检查和检查市场准入制度要求的有效证明文件及产

品出厂合格证即可；对于需要送检的泡沫液，需要按《泡沫灭火剂》GB 15308—2006 的规定对相关参数进行检测。送检泡沫液主要对其发泡性能和灭火性能进行检测，检测内容主要包括发泡倍数、析液时间、灭火时间和抗烧时间。

二、泡沫液储罐的检查

1. 泡沫液储罐上应有耐久性铭牌标识，标明泡沫液种类、型号、有效期及储量。

2. 泡沫液储罐应附件齐全，外表面涂层完好，无锈蚀，无其他机械性损伤，并宜涂红色。

3. 泡沫液储罐的安装位置和高度应与设计文件相符，当设计无要求时，泡沫液储罐周围应留有满足检修需要的通道，其宽度不宜小于 0.7m，且操作面不宜小于 1.5m。当泡沫液储罐上的控制阀距地面高度大于 1.8m 时，应在操作面处设置操作平台或操作凳。

4. 设在泡沫泵站外的泡沫液压力储罐的安装应与设计文件相符，并应根据设计文件要求采取防晒、防冻和防腐等措施。

三、泡沫产生装置的检查

检查泡沫生成器的工作状态、泵送能力、泡沫生成效率等。同时还需要检查泡沫发生器的电气元件、接线是否正常。

1. 泡沫产生装置的规格、型号、性能应符合国家现行产品标准和设计要求。

2. 泡沫产生装置安装位置应与设计文件相符。

检测数量：泡沫产生装置按实际安装数量的 10% 抽检，且不得少于 1 个储罐的安装数量。

四、管路的检查

管路是泡沫灭火系统的主要传输通道，需要定期检查管路是否有磨损、裂开、漏水等现象，以及阀门是否损坏已不能正常工作。

1. 在寒冷季节有冰冻的地区，泡沫灭火系统的湿式管道应采取防冻措施。

2. 水平管道安装时，其坡度坡向应与设计文件相符，且坡度不应小于设计值，当出现 U 形管时应有放空措施。

3. 当管道穿过防火堤、防火墙、楼板时，应安装套管。穿防火堤和防火墙套管的长度不应小于防火堤和防火墙的厚度，穿楼板套管长度应高出楼板 50mm，底部应与楼板底面相平。管道与套管间的空隙应采用防火材料封堵。管道穿过建筑物的变形缝时，应采取保护措施。

4. 泡沫液管道、泡沫混合液管道宜涂红色，给水管道宜涂绿色，当管道较多，泡沫系统管道与工艺管道涂色有矛盾时，可涂相应的色带或色环。

5. 泡沫混合液管道的安装除应符合 1~4 规定外，还应符合下列规定：

（1）当储罐上的泡沫混合液立管与防火堤内地上水平管道或埋地管道用金属软管连接时，不得损坏其编织网，并应在金属软管与地上水平管道的连接处设置管道支架或管墩。

（2）储罐上泡沫混合液立管下端应设置清扫口。

6. 液下喷射和半液下喷射泡沫管道的安装除应符合 1~4 的规定外，还应符合下列规定：

（1）半固定式系统的泡沫管道，在防火堤外设置的高背压泡沫产生器快装接口应该水平安装。

（2）泡沫液管道应采用不锈钢管。

（3）泡沫液管道其冲洗及放空管道设置应与设计文件相符，当设计无要求时，应设置在泡沫液管道的最低处。

五、阀门的检查

检查阀门是否正常、开关是否灵活等。当检查发现问题时，及时更换或修复阀门。

1. 泡沫灭火系统中所用的控制阀门应有明显的启闭标志。

2. 具有遥控、自动控制功能的阀门选型与安装应与设计文件相符。

3. 液下喷射和半液下喷射泡沫灭火系统泡沫管道进储罐处设置的钢质明杆闸阀和止回阀应水平安装，其止回阀上标注的方向应与泡沫的流动方向一致。

4. 泡沫混合液立管上设置的控制阀，其安装高度宜为 1.1～1.5m。当控制阀的安装高度大于 1.8m 时，应设置操作平台或操作凳。

5. 管道上的放空阀应安装在最低处。

六、泡沫消火栓

1. 泡沫混合液管道上设置泡沫消火栓的规格、型号、数量、位置、安装方式应与设计文件相符。

2. 地上式泡沫消火栓应垂直安装，且大口径出液口应朝向消防车道。

3. 地下式泡沫消火栓应安装在消火栓井内泡沫混合液管道上，且应有永久性明显标志，其顶部与井盖底面的距离不得大于 0.4m，且不小于井盖半径。

4. 室内泡沫消火栓的栓口方向宜向下或与设置泡沫消火栓的墙面成 90°，栓口离地面或操作基面的高度宜为 1.1m。

七、其他

1. 喷嘴的检查

检查喷嘴是否正常，是否堵塞等。同时要注意喷嘴是否有漏水现象，是否有损坏情况。

2. 泵房的检查

泵房是泡沫灭火系统的核心部分，需要定期检查泵房内的设备是否正常、泵站自动化程度是否达标等。

2.3.2　系统组件的强度和严密性及功能检查

一、系统组件的强度和严密性检查

1. 需要检查的系统组件

泡沫灭火系统对阀门的质量要求较高，如阀门渗漏影响系统压力，使系统不能正常运行。

2. 需要达到的要求

（1）强度和严密性试验要采用清水进行，强度试验压力为公称压力的 1.5 倍；严密性试验压力为公称压力的 1.1 倍。

（2）试验压力在试验持续时间内要保持不变，且壳体填料和阀瓣密封面不能有渗漏。

（3）试验合格的阀门，要排尽内部积水，并吹干。

（4）密封面涂防锈油，关闭阀门，封闭出入口，并作出明显的标记。

二、系统功能的检查

1. 低倍数泡沫灭火系统

（1）低倍数（含高倍压）泡沫产生器应进行喷水试验，当为手动灭火系统时，应以手动控制的方式进行一次喷水试验。当为自动灭火系统时，应以手动和自动控制的方式各进行一次喷水试验，其进口压力应达到设计要求。

（2）喷水试验完毕，将水放空后，进行喷泡沫试验。当为自动灭火系统时，应以自动控制的方式进行。

（3）固定式泡沫灭火系统应满足将泡沫混合液或泡沫输送到最不利点防护区或储罐的时间不大于5min。

检测数量：①喷水试验：当为手动灭火系统时，选择最远的防护区或储罐。当为自动灭火系统时，选择最大和最远两个防护区或储罐。②喷泡沫试验：选择最不利点的防护区或储罐，进行一次试验。

检测方法：①用压力表检查，对不允许进行喷水试验的储罐或防护区，喷水试验口可选在靠近储罐或防护区的水平管道上，关闭泡沫液管路、非试验储罐或防护区的阀门，手动或自动启动泡沫消防水泵，进行喷水试验，观察压力是否符合设计要求；②当为自动灭火系统时，触发防护区内两个联动触发信号，用秒表测量喷射泡沫的时间和自接到经确认的火灾模拟信号至泡沫混合液或泡沫到达最不利点试验接口的时间；③当为手动灭火系统时，以控制室远程或按下防护区外紧急启动按钮的方式启动泡沫消防水泵，用秒表测量喷射泡沫的时间和自泡沫消防水泵或泡沫混合液泵启动至泡沫混合液或泡沫到达最不利点试验接口的时间；④年度检测中，如不具备喷泡沫条件时，可只进行喷水试验。

2. 中倍数泡沫灭火系统

中倍数泡沫灭火系统检查同低倍数泡沫灭火系统。

3. 高倍数泡沫灭火系统

（1）当为手动灭火系统时，应以手动控制的方式进行一次喷水试验。当为自动灭火系统时，应以手动和自动控制的方式各进行一次喷水试验，其各项性能指标均应达到设计要求。

（2）喷水试验后，将水放空后，应以手动或自动控制的方式对防护区进行喷泡沫试验，喷射泡沫的时间不应小于30s，实测自接到火灾模拟信号至开始喷泡沫的时间应与设计文件相符。

检测数量：全数检测。

检测方法：手动启动防护区外紧急启动按钮，并用秒表开始计时，查看防护区内通风和空调设施、防火阀关闭、开口封闭装置、排气口打开、入口处声光报警装置、选择阀以及泡沫灭火装置的动作情况，观察并记录按下紧急启动按钮至开始喷泡沫的时间和控制室消防控制设备信号显示情况。触发防护区内两个联动触发信号，并用秒表开始计时，查看防护区内通风和空调设施、防火阀关闭、开口封闭装置、排气口打开、入口处声光报警装置、选择阀以及泡沫灭火装置的动作情况，如设置了启动延时，在延时阶段按下紧急停止按钮时，应可以停止正在执行的联动操作。记录从接收到第二个触发信号到开始喷泡沫的时间和控制室消防控制设备信号显示情况。

三、系统功能测试要求

1. 低、中倍数泡沫系统喷泡沫试验

低、中倍数泡沫灭火系统喷水试验完毕，将水放空后，进行喷泡沫试验；喷射泡沫的时间不小于 1min；实测泡沫混合液的混合比和泡沫混合液的发泡倍数，及到达最不利点防护区或储罐的时间和湿式联用系统水与泡沫的转换时间，要符合设计要求。

2. 高倍数泡沫系统喷泡沫试验

高倍数泡沫灭火系统喷水试验完毕，将水放空后，以手动或自动控制的方式对防护区进行喷泡沫试验，喷射泡沫时间不小于 30s，实测泡沫混合液的混合比和泡沫供给速率及自接到火灾模拟信号至开始喷泡沫的时间要符合设计要求。

四、系统测试方法

1. 当为手动灭火系统时，应以手动控制的方式进行一次喷水试验；当为自动灭火系统时，应以手动和自动控制的方式各进行一次喷水试验，其各项性能指标均应达到设计要求。

检查数量：当为手动灭火系统时，选择最远的防护区或储罐；当为自动灭火系统时，选择最大和最远两个防护区或储罐分别以手动和自动的方式进行试验。

检查方法：用压力表、流量计、秒表测量。

2. 低、中倍数泡沫灭火系统按规范规定喷水试验完毕，将水放空后，进行喷泡沫试验；当为自动灭火系统时，应以自动控制的方式进行；喷射泡沫的时间不宜小于 1min；实测泡沫混合液的混合比和泡沫混合液的发泡倍数及到达最不利点防护区或储罐的时间和湿式联用系统水与泡沫的转换时间应符合设计要求。

检查数量：选择最不利点的防护区或储罐，进行一次试验。

检查方法：泡沫混合液的混合比按规范规定检查方法测量；泡沫混合液的发泡倍数按规范规定方法测量；喷射泡沫的时间和泡沫混合液或泡沫到达最不利点防护区或储罐的时间及湿式系统自喷水至喷泡沫的转换时间，用秒表测量。

3. 高倍数泡沫灭火系统按规范规定喷水试验完毕，将水放空后，应以手动或自动控制的方式对防护区进行喷泡沫试验，喷射泡沫的时间不宜小于 30s，实测泡沫混合液的混合比和泡沫供给速率及自接到火灾模拟信号至开始喷泡沫的时间应符合设计要求。

检查数量：全数检查。

检查方法：泡沫混合液的混合比按规范规定的检查方法测量；泡沫供给速率的检查方法，应记录各高倍数泡沫产生器进口端压力表读数，用秒表测量喷射泡沫的时间，然后按制造厂给出的曲线查出对应的发泡量，经计算得出的泡沫供给速率，不应小于设计要求的最小供给速率；喷射泡沫的时间和自接到火灾模拟信号至开始喷泡沫的时间，用秒表测量。

【随堂练习】

一、单选题

泡沫灭火系统组件强度和严密性检查时，强度试验压力为公称压力的（　　）倍，严密性试验压力为公称压力的（　　）倍。

A. 2.5；1.5　　　　B. 1.5；1.1　　　　C. 1.5；0.5　　　　D. 1.5；1.5

二、简答题

1. 低倍数泡沫灭火系统进行系统功能测试时，如何进行喷泡沫试验？

2. 泡沫液现场检验时，对于需要送检的泡沫液，应按什么标准进行检测？主要检测内容有哪些？

3. 泡沫产生器在日常运行中容易出现哪些故障？简述产生故障的原因及解决办法。

【数字资源】

资源名称	泡沫灭火 系统介绍	泡沫灭火系统组件 及安装	泡沫灭火 系统调试
资源类型	视频	视频	视频
资源二维码			

模块12　消防电梯

项目1　消防电梯监控操作

【学习目标】

【知识目标】	了解消防电梯各主要组件的运行内容,熟练掌握紧急迫降按钮操作、消防控制室远程控制迫降操作和自动联动控制迫降操作的操作内容
【能力目标】	具备消防电梯紧急迫降运行操作和消防控制室远程控制迫降操作的能力
【素质目标】	通过对消防电梯监控操作知识的学习,树立严谨细致的工作态度和强烈的社会责任感。遵规程,熟操作:以高度的敬业精神对待每一次监控操作,杜绝安全事故的发生

【思维导图】

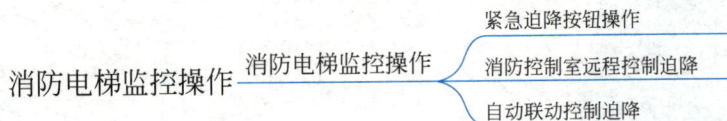

【情景导入】

　　2023年5月7日11时54分许,位于山西省某小区1号楼发生火灾,由于居民楼内的消防电梯入口层的消防电梯紧急迫降按钮被破坏,导致消防救援人员无法及时通过消防电梯将救援设备和人员送达着火楼层,贻误了灭火的最佳时机,造成5人死亡,过火面积约100m²,造成直接经济损失840.42万元。

消防电梯监控操作

1.1.1　紧急迫降按钮操作

　　消防电梯应在消防员入口层（一般为首层的电梯前室内）设置供消防员专用的操作按

钮，为防止非火灾情况下的人员误操作，通常设有保护装置。该按钮应设置在距消防电梯水平距离 2m 以内，距地面高度 1.8～2.1m 的墙面上。按钮动作后，消防电梯按预设逻辑程序进入消防工作状态，如图 12-1-1 所示。

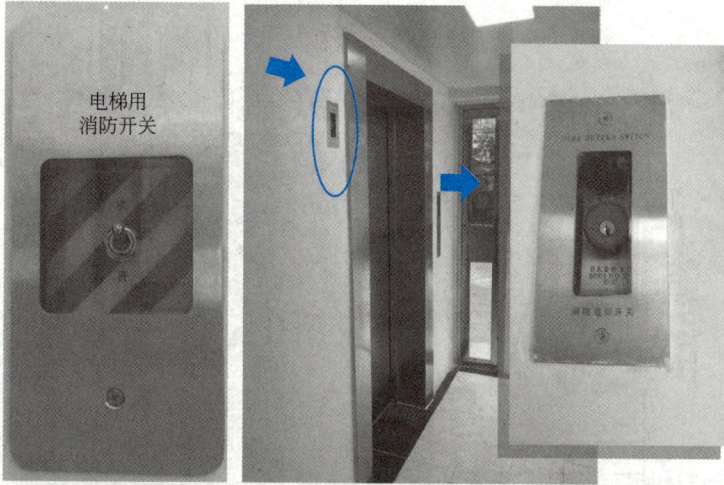

图 12-1-1　紧急迫降按钮

1.1.2　消防控制室远程控制迫降

先将集中火灾报警控制器（联动型）的控制方式调整为"手动"允许，在总线控制盘上按下控制消防电梯的按钮，如图 12-1-2 所示。消防电梯按预设逻辑程序进入迫降工作状态。

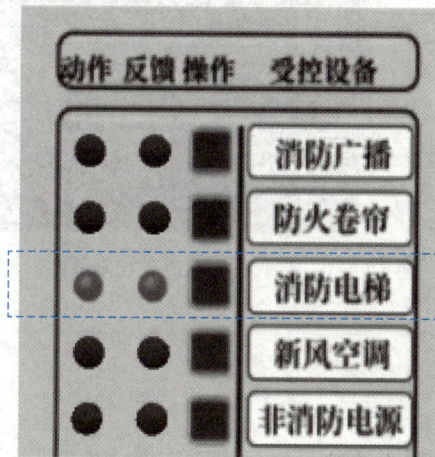

图 12-1-2　总线控制盘上按下控制消防电梯的按钮

1.1.3　自动联动控制迫降

由火灾自动报警系统确认火灾后，自动联动控制电梯转入迫降工作状态。电梯运行状态信息和停于首层或转换层的反馈信号，应传送给火灾报警控制器显示。消防电梯的迫降控制电路如图 12-1-3 所示。消防电梯井道和机房照明自动点亮，消防电梯脱离同一组群中的所有其他电梯独立运行。到达指定层后，普通电梯"开门停用"，消防电梯"开门待用"。

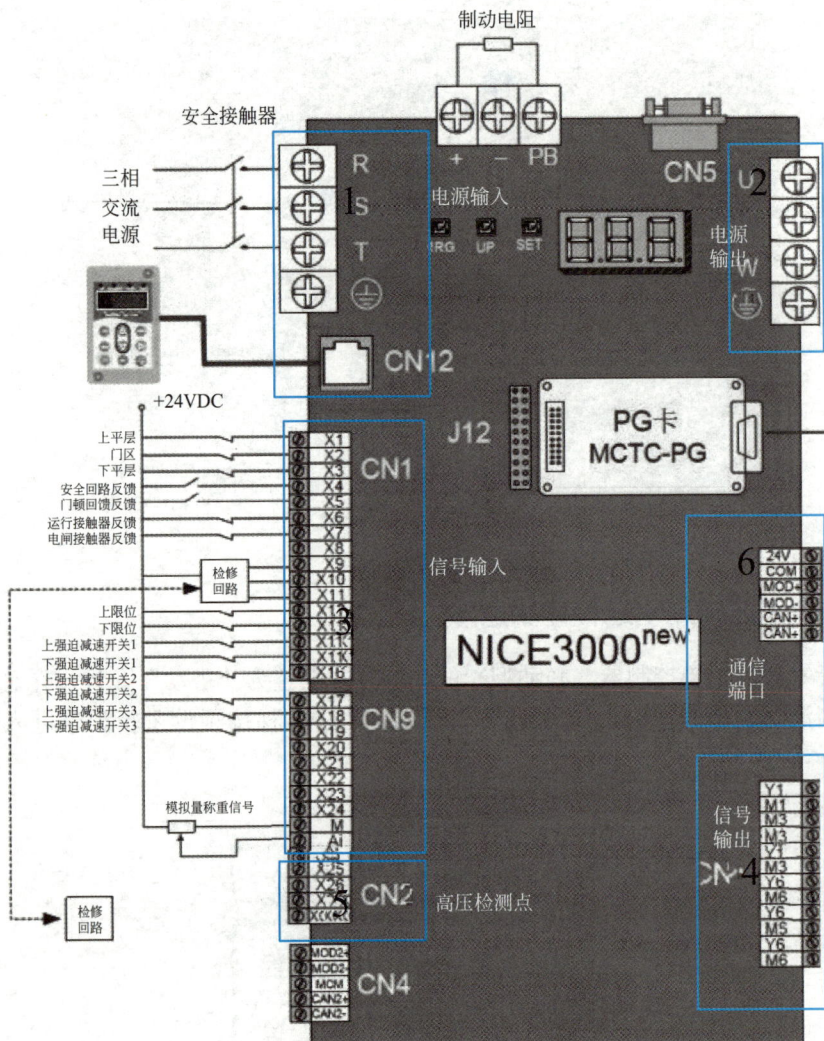

图 12-1-3　消防电梯的迫降控制电路

【随堂练习】

一、单选题

1. 消防电梯紧急迫降按钮距消防电梯的水平距离应在（　　）m 以内。

A. 1　　　　　　　B. 2　　　　　　　C. 3　　　　　　　D. 4

2. 消防电梯紧急迫降按钮距地面的高度为（　　）m。

A. 1.3~1.5　　　B. 1.5~1.8　　　C. 1.8~2.1　　　D. 1.5~2.0

3. 消防电梯迫降，到达指定层后，其电梯状态为（　　）。

A. 开门停用   B. 开门待用   C. 闭门停用   D. 闭门待用

二、多选题

消防电梯的配置包括（   ）。

A. 消防电梯应能每层停靠

B. 电梯的载重量不应小于 800kg

C. 电梯从首层至顶层的运行时间不宜大于 60s

D. 电梯轿厢内部应设置专用消防对讲电话

E. 电梯前室必须设置挡水漫坡

三、判断题

1. 对于消防电梯，在火灾情况下，其迫降要求是使电梯返回到指定层（一般为首层）并保持"闭门待用"的状态。（   ）

2. 消防电梯应在建筑物的管理中心或指定层提供一个电梯手动召回装置（也称消防开关）。（   ）

3. 通过按下消防控制室联动控制器上的控制按钮，电梯按预设逻辑转入迫降或消防工作状态。（   ）

项目2　消防电梯维护保养

【学习目标】

【知识目标】	了解消防电梯各主要组件的运行内容,熟练掌握紧急迫降按钮操作、消防控制室远程控制迫降操作和自动联动控制迫降操作的操作内容
【能力目标】	具备对消防电梯进行保养、维修以及检测的能力
【素质目标】	通过对消防电梯维护保养的学习,树立认真对待,不掉以轻心的安全态度。学知识,懂安全;用科学、积极的态度学习消防电梯有关知识。为人民群众的生命财产安全,保驾护航

【思维导图】

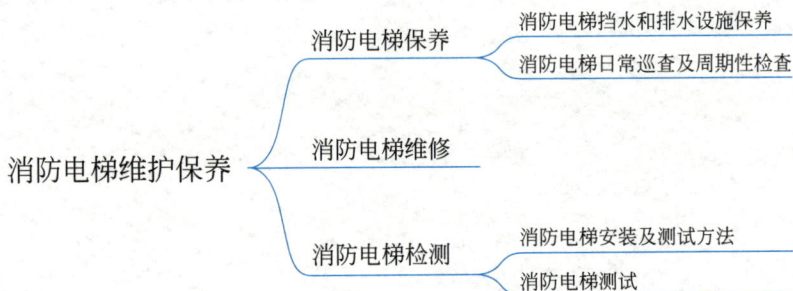

【情景导入】

　　2023年2月23日,上海静安一处商场发生火灾,商场内部浓烟四起、烈火熊熊,人群在紧急疏散过程中,电梯突发故障停运,导致6人被困,其中包括1名危重症老人。经过消防救援部门的全力抢救,大火被及时扑灭,所幸未造成任何人员伤亡。通过本案例也凸显了消防电梯有效维护保养的重要性。

任务 2.1　消防电梯保养

2.1.1　消防电梯挡水和排水设施保养

发生火灾时，为防止灭火时的消防积水淹没消防电梯导致消防电梯失去功能，消防电梯的井底应设置排水设施，如图 12-2-1 所示。排水井的容量不应小于 $2m^3$，排水泵的排水量不应小于 10L/s。消防电梯间前室的门口宜设置挡水设施。

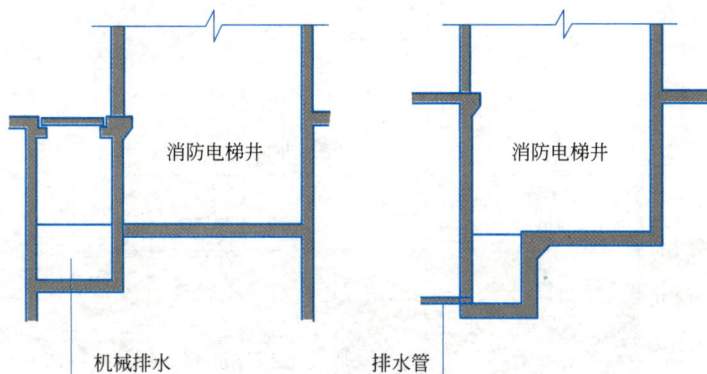

图 12-2-1　消防电梯排水设施示意图

消防设施维护保养人员应根据维护保养计划在规定的周期内对消防电梯挡水和排水设施分别实施保养。保养时应结合电梯外观检查和功能测试，通常采用清洁、紧固、调整和润滑等方法。对电气器件的清洁应使用吸尘器或软毛刷等工具，其他组件可使用不太湿的布进行擦拭。消防电梯挡水、排水设施保养项目及方法，见表 12-2-1。

消防电梯挡水、排水设施保养项目及方法　　　　　　　　　表 12-2-1

设备名称	保养项目	保养方法
消防电梯挡水、排水设施	1. 挡水设施	消防电梯前室如设挡水漫坡，应无破损，高度为 4～5cm。如漫坡出现破损，应对破损处进行修补
	2. 排水井	1. 进行修补或清理； 2. 核查液位开关启/停水位标定，计算有效容积如图 12-2-2 所示，达不到设计要求的应进行调整； 3. 模拟液位开关动作，核查启/停泵情况，液位开关损坏的及时进行维修或更换
	3. 排水泵	1. 外表清洁、除锈； 2. 进行阀门启闭功能测试、阀门启闭润滑，损坏的阀门及时更换； 3. 手动盘车，如有卡滞或异响及时停泵进行维修； 4. 紧固各连接部件螺栓，检查电动机、电缆绝缘，核查电缆破损和连接松动情况，及时维修和更换； 5. 手动启/停排水泵，观察运转情况，测试排水流量，达不到设计要求的进一步对排水泵、管路进行检修和疏通； 6. 主/备泵均应进行保养和功能测试

设备名称	保养项目	保养方法
消防电梯挡水、排水设施	4. 水泵电气控制柜	1. 外观完好,仪表、指示灯正常,开关、按钮运转灵活、无卡滞; 2. 控制柜内清洁,无积灰、杂物; 3. 供电正常,双电源切换功能正常; 4. 电气器件接线端子紧固、无松动和锈蚀,若有用螺丝刀紧固、喷除锈剂除锈

消防电梯机械排水示意图如图 12-2-2 所示。

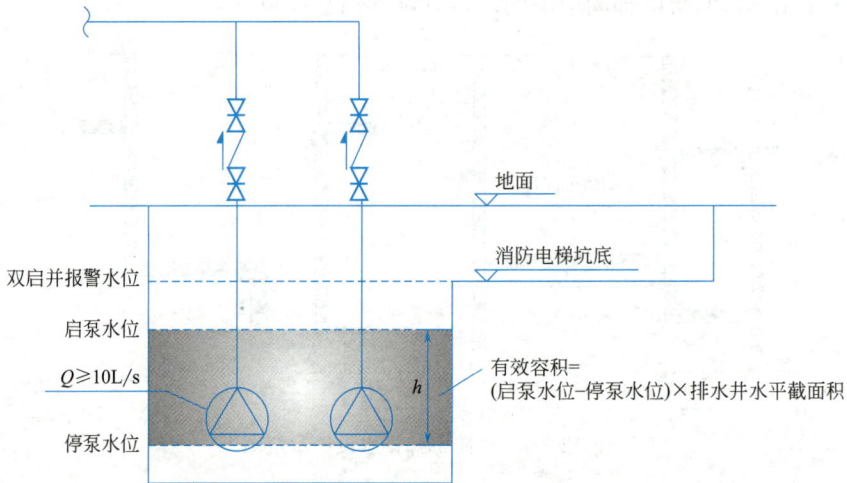

图 12-2-2　消防电梯机械排水示意图

2.1.2　消防电梯日常巡查及周期性检查

为了保证消防电梯的安全可靠运行,有必要有计划地对其进行适当的定期维护,通常每月一次。定期对消防电梯进行检查,以确保消防电梯能符合制造单位提供的说明正常运行。通常包括以下内容:

1. 操作消防电梯开关(通常每周一次),检查消防电梯是否返回消防员入口层,消防电梯开着门停留在该楼层,电梯不响应层站呼梯。

2. 如果消防电梯连接了 BMS 的火灾探测系统,检查以确保消防电梯响应来自 BMS 或探测系统的指令。

3. 模拟第一电源故障(通常每月一次),以检查第二电源的转换以及第二电源运行情况。如果第二电源是发电机供电,则给消防电梯供电至少 1h。

4. 从消防员电梯开关和 BMS 或探测系统对消防电梯运行进行全面测试(通常每年一次)。由第二电源供电,检查包括通信系统在内的全部消防功能。需检查以确保消防电梯可以运行到任何需要的楼层,并在到达一个楼层后仅在操作开门按钮时开门,然后开着门停靠在该楼层。

5. 检查建筑有关事项,包括防止水流入消防电梯井道的措施和(或)解决井道进水的措施以及检查用于控制消防电梯底坑水位的泵的运行。

任务 2.2　消防电梯维修

消防电梯主要组件维修：

消防电梯的钢丝绳、轿厢门（层门）、导轨（滑道）、驱动系统、电气系统、紧急停车装置、液压系统等重要的组件常见的故障现象及维修方法，见表 12-2-2。

消防电梯重要的组件常见的故障现象及维修方法　　　　　表 12-2-2

设备名称	故障现象	维修方法
1. 钢丝绳	钢丝绳是电梯的重要承载部件，经常受到重力和摩擦力的影响，容易出现断裂、拉伸、磨损等问题	定期检查钢丝绳的磨损程度和断丝情况，及时更换磨损或损坏的钢丝绳。保持钢丝绳的干燥和清洁，防止腐蚀和锈蚀
2. 轿厢门和层门	轿厢门和层门是电梯出入口的关键部件，经常被乘客频繁开关，容易出现门扇变形、门锁失灵等问题	定期检查门扇的平整度和密封性能，及时调整和更换变形或损坏的门扇。保持门锁的灵活性和可靠性，定期润滑和清洁门锁
3. 导轨和滑道	导轨和滑道是电梯运行的关键部件，经常受到轿厢和配重块的摩擦和冲击，容易出现磨损、变形等问题	定期检查导轨和滑道的表面状况和对接情况，及时清理和修复磨损或变形的部位。保持导轨和滑道的光滑和平整，定期润滑和清洁
4. 驱动系统	驱动系统是电梯的核心部件，包括电动机、减速器、制动器等，长时间的运行和负载会导致这些部件出现磨损、老化等问题	定期检查驱动系统的运行状况和噪声情况，及时更换磨损或老化的零部件。保持驱动系统的清洁和润滑，定期维护和保养
5. 电气系统	电气系统是电梯的重要组成部分，包括电机控制器、开关、按钮等，长时间的使用容易导致电气元件老化、接触不良等问题	定期检查电气系统的接线和接触情况，及时清理和更换老化或接触不良的元件。保持电气系统的干燥和通风，防止潮湿和漏电
6. 紧急停车装置	紧急停车装置是保证电梯安全的重要装置，经常受到电力波动、操作失误等因素的影响，容易导致故障和停车不准确	定期检查紧急停车装置的灵敏度和可靠性，确保其正常工作。定期进行紧急停车装置的测试和校准，确保在紧急情况下能够及时停车
7. 液压系统	液压系统是电梯的一种常见驱动方式，包括液压缸、液压泵等，长时间的使用容易导致泄漏、堵塞等问题	定期检查液压系统的油液量和质量，及时更换老化或污染的油液。保持液压系统的清洁和密封性，定期清洗和维护液压缸

任务 2.3　消防电梯检测

2.3.1　消防电梯安装及测试方法

根据《消防员电梯制造与安装安全规范》GB/T 26465—2021 的要求，对消防电梯的安装质量进行核查，具体方法见消防电梯测试操作步骤。

使消防联动控制器与电梯的控制设备相连接，接通电源，使消防联动控制器处于"自动"状态。触发报警区域内符合电梯联动控制条件的火灾探测器、手动火灾报警按钮；消防联动控制器应按设计文件的规定发出控制电梯停于首层或转换层的启动信号，点亮启动指示灯；电梯应停于首层或转换层；消防联动控制器应接收并显示电梯停于首层或转换层的动作反馈信号，显示设备的名称和地址注释信息，消防控制室图形显示装置应显示火灾报警控制器的火灾报警信号、消防联动控制器的启动信号、受控设备的动作反馈信号。

2.3.2　消防电梯测试

一、操作准备

消防电梯，火灾自动报警及联动控制系统；螺丝刀等拆装工具，照度计、流量计、钢卷尺、秒表等检测工具；"建筑消防设施检测记录表"等。

二、操作步骤

1. 检查消防电梯、电梯井、电梯机房和安全设施的设置情况。消防电梯应分别设置在不同防火分区内，且每个防火分区不应少于 1 台。消防电梯的载重量不应小于 800kg；在首层的消防电梯入口处应设置供消防员专用的操作按钮；消防电梯井、机房与相邻电梯井、机房之间应设置耐火极限不低于 2.00h 的防火隔墙，隔墙上的门应采用甲级防火门；消防电梯间前室的门口宜设置挡水设施；消防电梯的井底应设置排水设施，排水井的容量不应小于 2m³，排水泵的排水量不应小于 10L/s。

2. 打开紧急迫降按钮保护罩，启动电梯紧急迫降功能。查看消防电梯迫降情况，并查看火灾报警控制器反馈信息。

3. 在消防电梯轿厢内部操作消防电梯到达指定楼层，测试开/关门和停靠情况。使用轿厢内专用消防对讲电话与消防控制室进行不少于两次通话，通话应语音清晰。

4. 测试消防电梯紧急召回到首层功能，使用秒表测试电梯由首层运行至顶层时间，最大提升高度不大于 200m 时，运行时间不应大于 60s；当最大提升高度超过 200m 时，提升高度每增加 3m，运行时间可增加 1s。

5. 测试消防电梯供配电自动切换功能，在备用电源工作状态下测试消防电梯运行情况；恢复主电供电，复位紧急迫降按钮，并操作电梯返回入口层，使消防电梯恢复正常监视工作状态。

6. 检测完毕，填写"建筑消防设施检测记录表"。

【随堂练习】

一、单选题

1. 下列关于消防电梯前室设置要求中，说法错误的是（　　）。

A. 消防电梯前室或合用前室应划分为单独探测区域，设火灾探测器和光警报器

B. 消防电梯前室应设置室内消火栓

C. 消防电梯前室或合用前室应设置防烟设施

D. 消防电梯前室不应设置应急照明

2. 在测试火灾自动报警系统联动功能时，应将输入/输出模块分别标记为非消防电源、（　　）、电动栅杆等设备。

A. 压力开关　　　B. 信号蝶阀　　　C. 水流指示器　　　D. 消防电梯

二、多选题

下列步骤中符合消防电梯测试要求的是（　　）。

A. 检查消防电梯、电梯井、电梯机房和安全设施的设置情况

B. 观察电梯迫降和开门情况，核查消防控制室反馈信息

C. 使用消防电梯轿厢内专用消防对讲电话与消防控制中心进行不少于两次通话试验，通话应语音清晰

D. 自动启闭前室防火门，查看其启闭性能和关闭效果，从消防控制室核查相关信号反馈情况

E. 只需测试消防电梯供配电自动切换功能，在正常用电源工作状态下测试消防电梯运行情况

三、判断题

火灾警报器应设置在每个防火分区的楼梯口、消防电梯前室、建筑内部拐角等处的明显部位，且不宜与安全出口指示标志灯具设置在同一面墙上。（　　）

【数字资源】

资源名称	消防电梯	消防电梯调试与运行
资源类型	视频	视频
资源二维码		

模块13　灭火器

项目1　灭火器的检查操作

【学习目标】

【知识目标】	1. 了解灭火器的种类； 2. 熟悉灭火器的有效性检查； 3. 掌握灭火器的选择和操作
【能力目标】	1. 具备选择灭火器的能力； 2. 正确使用灭火器灭火的能力
【素质目标】	通过对灭火器选择、操作知识的学习，掌握灭火器灭火的操作方法和步骤。树立预防为主、防消结合的消防意识，在发生火灾时能够沉着冷静、不惧险情、熟练灭火，保护人民的生命和财产安全

【思维导图】

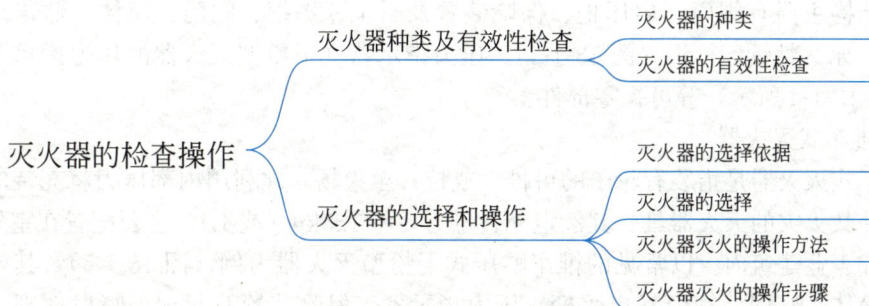

【情景导入】

　　世界第一支灭火器诞生在 1834 年的伦敦，当时一场大火几乎完全烧毁了英国议会大厦所在地古老的威斯敏斯特宫。发生火灾时，有一位名叫曼比的人却不是无所事事赶来看火景的，他当时正在进行防火服的试验。早先他热衷于船难救助，发明过裤形救生圈，也是第一个提出用灯塔闪射识别信号的人。后来曼比把他的天才从海洋救助转向火灾救生事业中。他最卓越的贡献是他发明了手提式压缩气体灭火器，这种灭火器是一个长两英尺，直径八英寸，容量为四加仑的铜制圆筒，与今天的灭火器基本上相同。他把灭火器放在专门设计的手推车里，并成立了配备这种灭火器的巡逻队，当某处发现初起火情时就能立即扑灭，从而减少了重大火灾发生的次数和损失。

任务 1.1　灭火器种类及有效性检查

灭火器是一种可携式灭火工具，灭火器内放置化学物品，用以扑救火灾。灭火器是常见的防火设施之一，存放在公共场所或可能发生火灾的地方，不同种类的灭火器内装填的成分不一样，是专为不同的火灾起因而设的，因此，我们在灭火时必须注意起火原因，以免产生反效果或引起生命危险。

1.1.1　灭火器的种类

灭火器的种类很多，按其移动方式可分为：手提式和推车式灭火器；按驱动灭火剂的动力来源可分为：贮压式、贮气瓶式灭火器等；按所充装的灭火剂可分为：干粉型、水基型、泡沫、二氧化碳、洁净气体（六氟丙烷）灭火器等。

一、按移动方式分类

1. 手提式灭火器

手提式灭火器是指能移动至火场，并利用内部压力将充装的灭火剂喷出以扑救火灾的灭火器具。其总质量不应大于 20kg（其中手提式二氧化碳灭火器质量不应大于 23kg），主要配置在室内场所和小空间场所。以常见的手提贮压式干粉型灭火器为例（图 13-1-1），其外观结构主要有阀门开启压把、保险装置及封记、提把、阀门、筒体、贴花标识（图 13-1-2）、永久性钢印标识（图 13-1-3）、压力指示器（干粉型灭火器的压力指示器标识为 F，如图 13-1-4 所示）等可视零部件。

2. 推车式灭火器

推车式灭火器是指装有轮子的可推（或拉）至火场，并利用内部压力将充装的灭火剂喷出以扑救火灾的灭火器具。其额定充装量为 20～125kg（或 L），主要配置在室外、大空间场所和工业建筑内。以常见的推车贮压式干粉型灭火器为例（图 13-1-5），其外观结构主要有筒体、阀门、阀门开启手柄、压力指示器、保险装置及封记、喷射软管、贴花标识、永久性钢印标识、推车架、车轮、筒体固定机构等。其中，阀门的开启方式分为以下两种：顶杆式阀门（图 13-1-6），由顶杆手柄向上提拉或压下开关阀门；旋转式阀门，由旋转手柄按旋转指示方向推（或拉）开关阀门，喷射控制枪由喷射控制枪阀门和喷嘴组成，如图 13-1-7 所示。

图 13-1-1　手提贮压式干粉型灭火器

1-压力指示器；2-阀门；3-喷射软管组件；4-喷射软管固定圈；

5-喷嘴；6-阀门开启压把；7-保险装置及封记；8-提把；

9-筒体；10-贴花标识；11-永久性钢印标识

图 13-1-2　贴花标识

图 13-1-3　永久性钢印标识

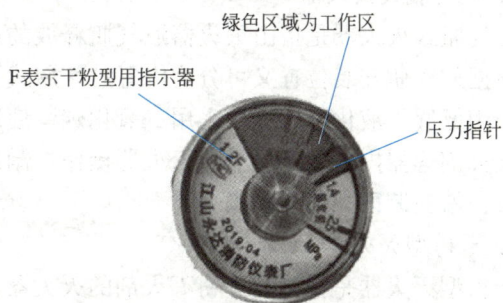

图 13-1-4　干粉型灭火器压力指示器

图 13-1-5　推车贮压式干粉型灭火器外观结构示例

1-压力指示器；2-推车架；3-喷射软管；4-筒体固定机构；5-压力指示器；6-筒底圈；7-阀门开启手柄；

8-保险装置及封记；9-阀门；10-筒体；11-贴花标识；12-车轮；13-永久性钢印标识

图 13-1-6　顶杆式阀门
1-顶杆式阀门；2-顶杆式阀门开启手柄

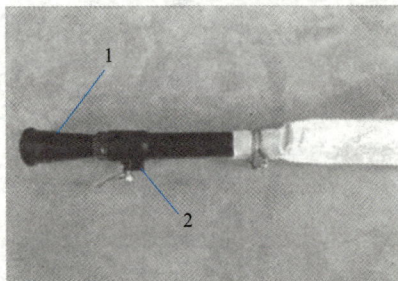

图 13-1-7　喷射控制枪
1-喷嘴；2-喷射控制枪阀门

二、按驱动灭火剂的动力来源分类

1. 贮压式灭火器

贮压式灭火器是指由贮于灭火器内的压缩气体或灭火剂蒸气压力驱动的灭火器具。压缩气体一般采用氮气或压缩空气。使用时，开启灭火器操作控制阀即可喷射出灭火剂。

2. 贮气瓶式灭火器

贮气瓶式灭火器是指由灭火器贮气瓶释放的压缩气体或液化气体的压力驱动的灭火器具。根据贮气瓶安装位置又可分为内置贮气瓶式灭火器和外置贮气瓶式灭火器。压缩气体一般采用氮气，液化气体一般采用二氧化碳。使用时，先要开启贮气瓶，让驱动气体释放进入灭火剂容器内，然后再开启灭火器操作控制阀，喷射出灭火剂。

三、按充装灭火剂的种类分类

1. 干粉型灭火器

干粉型灭火器是指充装干粉灭火剂的灭火器具。干粉型灭火剂包括：

BC 干粉型灭火剂，适用于扑救可燃液体、可燃气体的初起火灾，也能扑救涉及带电设备的初起火灾。

ABC 干粉、超细干粉型灭火剂，适用于扑救可燃固体有机物质、可燃液体和可燃气体的初起火灾，也能扑救涉及带电设备的初起火灾。

D 类火灾专用干粉型灭火剂，适用于扑救相适应的一种或几种可燃金属的初起火灾。

2. 水基型灭火器

水基型灭火器是指充装以水为灭火剂基料的灭火器具。灭火剂包括清洁水或带添加剂的水，如湿润剂、增稠剂、阻燃剂或发泡剂等。适用于扑救可燃固体有机物质、可燃液体和可燃气体的初起火灾。

常见的水基型灭火器有手提贮压式水基型灭火器、推车贮压式水基型灭火器。手提贮压式水基型灭火器的外观结构示例如图 13-1-8 所示，其外观可视零部件与手提贮压式干粉型灭火器相同，仅喷嘴构造不同。水基型灭火器的压力指示器的标识为 S，如图 13-1-9 所示。推车贮压式水基型灭火器的外观结构示例如图 13-1-10 所示，其外观可视零部件与推车贮压式干粉型灭火器相同，只是喷射控制枪的喷嘴构造不同，其压力指示器的标识为 S。

图 13-1-8　手提贮压式水基型灭火器的外观结构示例

1-压力指示器；2-喷射软管；3-喷嘴；4-阀门开启压把；5-保险装置及封记；6-提把；
7-阀门；8-筒体；9-贴花标识；10-喷射软管固定圈；11-永久性钢印标识

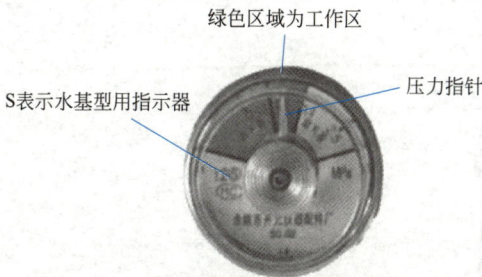

图 13-1-9　水基型灭火器压力指示器　　　图 13-1-10　推车贮压式水基型灭火器的外观结构示例

3. 二氧化碳灭火器

二氧化碳灭火器是指充装二氧化碳气体作为灭火剂的灭火器具。适用于扑救可燃液体、可燃气体、涉及带电设备和精密电子仪器、贵重设备的初起火灾。在窄小和密闭的空间使用它后，要及时通风或将人员撤离现场，以防缺氧窒息。

常见的二氧化碳灭火器有手提式二氧化碳灭火器、推车式二氧化碳灭火器。手提式二氧化碳灭火器的外观结构示例如图 13-1-11 所示，包括保险装置及封记、永久性钢印标识、贴花标识、阀门开启压把、喇叭筒、瓶体、喷射软管等可视零部件。其中不大于 3kg 的灭火器一般配置能旋转的刚性喷射管，可固定锁住喇叭筒的喷射角度，如图 13-1-11（a）所示。大于 3kg 的灭火器配置的喷射软管组件由防静电手柄、接头和喷射软管组成，如图 13-1-11（b）所示。

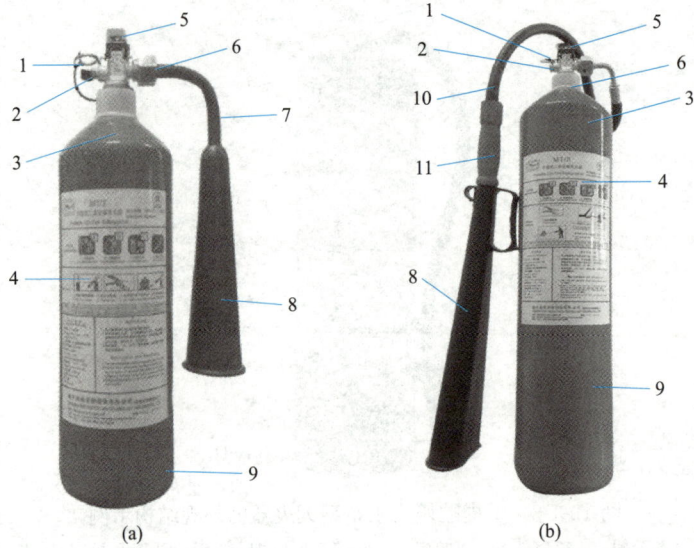

图 13-1-11　手提式二氧化碳灭火器的外观结构示例

1-保险装置及封记；2-超压安全保护装置；3-永久性钢印标识；4-贴花标识；5-阀门开启压把；

6-阀门；7-刚性喷射管；8-喇叭筒；9-瓶体；10-喷射软管；11-防静电手柄

（a）手提式二氧化碳灭火器（不大于 3kg）；（b）手提式二氧化碳灭火器（大于 3kg）

推车式二氧化碳灭火器的外观结构示例如图 13-1-12 所示。包括喷射软管、喇叭筒、贴花标识、永久性钢印标识、防静电手柄以及推车车架、车轮和瓶体固定装置等可视零部件。

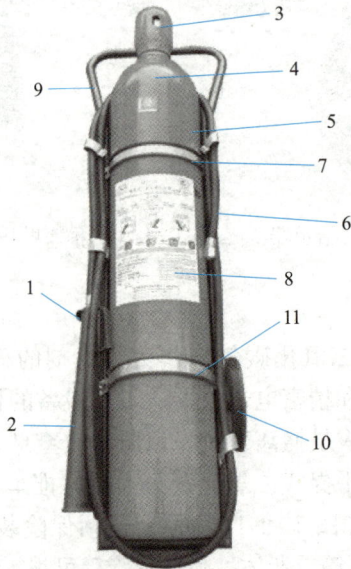

图 13-1-12　推车式二氧化碳灭火器的外观结构示例

1-防静电手柄；2-喇叭筒；3-阀门防护；4-永久性钢印标识；5-瓶体；6-喷射软管；

7、11-瓶体固定装置；8-贴花标识；9-推车车架；10-推车车轮

4. 洁净气体灭火器

洁净气体灭火器是指充装非导电的气体或汽化液体作为灭火剂的灭火器具。这种灭火剂易蒸发，不留残余物，主要包括卤代烷烃类气体、惰性气体和惰性混合气体等。适用于扑救易燃和可燃液体、可燃气体、可燃固体及涉及带电设备的初起火灾。

手提式洁净气体灭火器和推车式洁净气体灭火器的外观结构与贮压式干粉灭火器相同，区别仅是其压力指示器的标识为 J。

1.1.2　灭火器的有效性检查

灭火器有效性检查主要根据分类、外观结构及配置安装要求进行查看、判断。

一、核查布置位置

按配置设计文件（或竣工图）要求，核查待检灭火器布置位置是否符合要求。

二、取出灭火器

根据场所配置安装要求，将手提式灭火器从灭火器箱和挂架、挂钩等安装配件中取出，或者将推车式灭火器移动至待检区域。

三、辨认灭火器

根据铭牌标识和外观零部件，辨认灭火器的具体类型，同时确认是否符合配置场所要求。

四、检查灭火器

通常采用目测或主观感受等方法对灭火器外观和配置安装进行检查，查找是否存在缺陷隐患问题。要按照规程规范操作，保护灭火器，防止误操作。

1. 灭火器外观检查内容见表 13-1-1。

灭火器外观检查内容　　　　　　　　　表 13-1-1

灭火器类型		外观部件检查内容	
		共性检查内容	个性检查内容
手提贮压式	干粉型	1. 检查灭火器标识是否完好（维修过的产品则应包括检查维修合格证标识是否完好），标识的信息（灭火剂、驱动气体的种类、充装压力、总质量、灭火级别、制造厂名和生产日期或维修日期等标志及操作说明）是否清晰、齐全； 2. 铅封、销闩等保险装置是否无损坏或遗失； 3. 提把和压把是否无变形； 4. 瓶体外表是否无明显缺陷和损伤（如磕伤、划伤、锈蚀、泄漏等）； 5. 喷嘴是否无堵塞、脱落、连接松动和损伤等现象； 6. 是否未达到维修期限或报废期限； 7. 喷射软管是否完好，无明显变形、龟裂、脱落和连接松动等现象； 8. 灭火器是否未开启、未喷射过	1. 压力指示器指示区域是否清晰，外表无明显变形和损伤； 2. 压力指示器指针指示是否在绿区范围内； 3. 超压保护装置是否无明显损伤（配置时）； 4. 瓶底和焊缝是否无明显锈蚀； 5. 喷嘴内是否无干粉残留物
	水基型		1. 压力指示器指示区域是否清晰，外表无明显变形和损伤； 2. 压力指示器指针指示是否在绿区范围内； 3. 超压保护装置是否无明显损伤（配置时）； 4. 瓶底和焊缝是否无明显锈蚀； 5. 可拆卸式喷嘴内部部件是否无缺损
	二氧化碳		1. 灭火器总质量是否无明显减轻； 2. 超压保护装置泄压孔是否无堵塞； 3. 刚性喷射管能旋转，可固定锁住喷射喇叭筒的喷射角度； 4. 喷射喇叭筒无明显损伤
	洁净气体		1. 压力指示器指示区域是否清晰，外表无明显变形和损伤； 2. 压力指示器指针指示是否在绿区范围内； 3. 超压保护装置是否无明显损伤（配置时）； 4. 瓶底和焊缝是否无明显锈蚀

灭火器类型		外观部件检查内容	
		共性检查内容	个性检查内容
推车贮压式	干粉型	1. 检查灭火器标识是否完好(维修过的产品则应包括检查维修合格证标识是否完好),标识的信息(灭火剂、驱动气体的种类、充装压力、总质量、灭火级别、制造厂名和生产日期或维修日期等标志及操作说明)是否清晰、齐全;	1. 压力指示器指示区域是否清晰,外表无明显变形和损伤; 2. 压力指示器指针指示是否在绿色范围内; 3. 喷射枪开关是否灵活,连接是否无松动; 4. 超压保护装置是否无明显损伤(配置时); 5. 喷嘴内是否无干粉残留物
	水基型	2. 铅封、销闩等保险装置是否无损坏或遗失; 3. 瓶体外表是否无明显的损伤(如磕伤、划伤、锈蚀、泄漏等); 4. 阀门操作机构(如开启杠杆或旋转手柄、手轮)是否无损坏; 5. 喷嘴是否无堵塞、松动或损伤等现象; 6. 灭火器筒体(或瓶体)与车架连接是否无松动; 7. 喷射软管是否完好,无明显变形、龟裂、脱落和连接松动等现象; 8. 车轮和车架是否无明显损伤,是否推(拉)自如; 9. 是否未达到维修期限或报废期限等缺陷	1. 压力指示器指示区域是否清晰,外表无明显变形和损伤; 2. 压力指示器指针指示是否在绿区范围内; 3. 喷射枪开关是否灵活,连接是否无松动; 4. 超压保护装置是否无明显损伤(配置时); 5. 可拆卸式喷嘴部件是否无缺损
	二氧化碳		1. 灭火器总质量是否无明显减轻; 2. 超压保护装置泄压孔是否无堵塞; 3. 喷射喇叭筒是否无明显损伤; 4. 防静电手柄是否完好
	洁净气体		1. 压力指示器指示区域是否清晰,外表无明显变形和损伤; 2. 压力指示器指针指示是否在绿区范围内; 3. 喷射枪开关是否灵活,连接是否无松动; 4. 超压保护装置是否无明显损伤(配置时)

2. 灭火器配置安装检查内容

(1) 灭火器是否被放置在设计规定的位置,且位置明显,便于取用。

(2) 灭火器是否摆放稳固,周围是否存在障碍物、灭火器被拴系等现象。

(3) 灭火器的铭牌是否朝外,灭火器头部是否向上。

(4) 灭火器箱箱门是否被遮挡、上锁或栓系,阻碍取拿灭火器。

(5) 灭火器挂钩或挂架是否出现松动、脱落和明显变形。

(6) 灭火器放置场所是否符合灭火器的使用温度,是否按照场所特点,有相应防湿、防腐蚀、防寒、防晒等保护措施。

(7) 同一灭火器配置单元采用不同类型灭火器时,其灭火剂是否能相容。

(8) 灭火器配置场所内任意一点都在灭火器设置点的保护范围内。

(9) 灭火器类型、数量和灭火级别配置是否符合要求。

五、判断检查结果

如上述检查内容全部"合格",则判断该灭火器处在完好有效状态。若以上检查内容中出现一项或多项存在"不合格",则认为该灭火器未处在完好有效状态,需要进行分析和处置。

六、检查处理灭火器

1. 外观检查中发现的缺陷,若不能立即纠正,则应及时记录上报,送有资质维修机构进行维修。

2. 配置安装检查中发现序号（1）～（6）检查项目（维护管理问题）存在"不合格"的情况，则应按照灭火器保养相关内容进行纠正。

3. 对于配置安装检查中发现序号（7）～（9）检查项目（配置选型问题）存在"不合格"的情况，则应及时记录上报，安排设计单位或施工安装单位解决。

七、登记检查情况

在相关记录表上准确填写检查情况和检查结论，建筑灭火器检查记录表见表 13-1-2。

建筑灭火器检查记录表 表 13-1-2

检查要素	检查内容和要求	检查记录	检查结论
配置检查	1. 灭火器是否被放置在设计规定的位置，且位置明显，便于取用		
	2. 灭火器是否摆放稳固，周围是否存在障碍物、灭火器被拴系等现象		
	3. 灭火器的铭牌是否朝外，灭火器头部是否向上		
	4. 灭火器箱箱门是否被遮挡、上锁或拴系，阻碍取拿灭火器		
	5. 灭火器挂钩或挂架是否出现松动、脱落和明显变形		
	6. 灭火器放置场所是否符合灭火器的使用温度，是否按照场所特点，有相应防湿、防腐蚀、防寒、防晒等保护措施		
	7. 同一灭火器配置单元采用不同类型灭火器时，其灭火剂是否能相容		
	8. 灭火器配置场所内任意一点都在灭火器设置点的保护范围内		
	9. 灭火器类型、数量和灭火级别配置是否符合要求		
外观检查	1. 灭火器铭牌是否无残缺，并清晰明了		
	2. 灭火器铭牌上关于灭火剂、驱动气体的种类、充装压力、总质量、灭火级别、制造厂名和生产日期或维修日期等标志及操作说明是否齐全		
	3. 灭火器的铅封、保险销等保险装置是否未损坏或遗失		
	4. 灭火器的筒体是否无明显的损伤(碰伤、划伤)、缺陷、锈蚀(特别是筒底和焊缝)、泄漏		
	5. 灭火器喷射软管是否无明显变形、龟裂、脱落和连接松动等现象(配置时)		
	6. 灭火器的驱动气体压力是否在工作压力范围内(贮压式灭火器查看压力指示器是否指示在绿区范围内，二氧化碳灭火器和储气瓶式灭火器可用称重法检查)		
	7. 是否未达到维修期限或报废期限		
	8. 灭火器是否未开启、喷射过		

任务 1.2 灭火器的选择和操作

1.2.1 灭火器的选择依据

不同类型的灭火器具有不同灭火能力和特性，是选择及配置灭火器的主要依据，同时还要考虑灭火剂适用性、污损程度、喷射距离和有效喷射时间等因素。《火灾分类》GB/T 4968—2008 的规定，将火灾分为 A、B、C、D、E、F 六类。A 类火灾指固体物质火灾，如木材、干草、煤炭、棉、毛、麻、纸张等火灾。B 类火灾指液体或可熔化的固体物质火灾，如煤油 柴油、原油、甲醇、乙醇、沥青、石蜡、塑料等火灾。C 类火灾指气体火灾，如煤气、天然气、甲烷、乙烷、丙烷、氢气等火灾。D 类火灾指金属火灾，如钾、钠、镁、铝镁合金等火灾。E 类火灾指带电火灾，物体带电燃烧的火灾。F 类火灾指烹饪器具内的烹饪物（如动植物油脂）火灾。

扑救 A 类火灾场所应选择同时适用于 A 类、E 类火灾的灭火器。扑救 B 类火灾场所应选择适用于 B 类火灾的灭火器。B 类火灾场所存在水溶性可燃液体（极性溶剂）且选择水基型灭火器时，应选用抗溶性的灭火器。扑救 C 类火灾场所应选择适用于 C 类火灾的灭火器。扑救 D 类火灾场所应根据金属的种类、物态及其特性选择适用于特定金属的专用灭火器。扑救 E 类火灾场所应选择适用于 E 类火灾的灭火器。带电设备电压超过 1kV 且灭火时不能断电的场所不应使用灭火器带电扑救。扑救 F 类火灾场所应选择适用于 E 类、F 类火灾的灭火器。当配置场所存在多种火灾时，应选用能同时适用扑救该场所所有种类火灾的灭火器。

1.2.2 灭火器的选择

根据火灾类型，识别灭火器铭牌上的型号、类型和规格标注，选出合适的灭火器型号。灭火器识别示例见表 13-1-3。

灭火器识别示例　　　　　　　　　　　　　　　　　　　　　　表 13-1-3

分类	型号	型号含义
手提式灭火器	MFZ/ABC4	4kg 手提贮压式 ABC 干粉灭火器
	MF/8	8kg 手提贮气瓶式 BC 干粉灭火器
	MSZ/AR6	6L 手提贮压式抗溶性水剂灭火器
	MPZ/6	6L 手提贮压式泡沫灭火器
	MT/3	3kg 手提式二氧化碳灭火器
	MJZ/4	4kg 手提贮压式洁净气体灭火器
推车式灭火器	MFTZ/ABC40	40kg 推车贮压式 ABC 干粉灭火器
	MFTZ/40	40kg 推车贮压式 BC 干粉灭火器
	MFT/ABC40	40kg 推车贮气瓶式 ABC 干粉灭火器
	MTT/24	24kg 推车式二氧化碳灭火器
	MPTZ/45	45kg 推车贮压式泡沫灭火器
	MSTZ/AR45	45kg 推车贮压式抗溶性水剂灭火器

1.2.3　灭火器灭火的操作方法

由于火灾发生的场所不同，适用的灭火剂不同，灭火器的规格大小不同，采用的灭火方法也会有差异。由于灭火器容纳的灭火剂量有限，有效喷射时间都比较短，尤其是手提式灭火器，因此要求快速灭火或采用间歇喷射灭火。目前所有的灭火器不能倒置使用，且避免在倾角大于 30°时使用，以防止灭火剂剩余量的增大。

下面介绍几种典型灭火器的灭火操作方法。

一、干粉型灭火器的操作方法

1. 扑救 A 类火灾

将灭火器移至火场，靠近燃烧物，解除保险装置。

（1）灭火器不带喷射软管，则一只手托住灭火器的底部，将喷嘴对准火源，另一只手抓提把按下压把，对准火源根部来回覆盖喷射，直至火势范围缩小，不断靠近燃烧物，对着火焰或余烬进行喷射。

（2）灭火器带喷射软管，则一只手握住喷射软管末端喷嘴对准火源，另一只手抓提把按下压把，对准火源根部来回覆盖喷射，直至火势范围缩小，不断靠近燃烧物，对着火焰或余烬进行喷射。

（3）若由两人配合使用推车贮压式干粉型灭火器进行灭火时，一人负责推（或拉）灭火器，去除保险装置，开启灭火器阀门，随灭火者移动灭火器的位置；另一人从车架上取下喷射软管并完全展开，双手紧握喷射控制枪，开启喷射控制枪阀门，按上述方法进行灭火。

若在室外灭火，应选择在火场的上风方向喷射。

2. 扑救 B 类火灾

按扑救 A 类火灾所述的移动灭火器和开启灭火阀门的方法进行喷射灭火。若为容器内火灾，应对准液体燃料火焰根部进行喷射，喷射流应覆盖容器开口表面，将燃烧面积缩小，直至火焰全部扑灭或灭火剂喷完，应注意避免射流的冲击使可燃液体溅出而扩大火势，造成灭火困难；若是流淌火灾，应对准流淌火边缘快速地摆动扫射，然后向一个固定的方向逐步推进，使灭火剂覆盖在燃烧液体表面，使燃烧面积缩小，直至火焰全部熄灭或灭火剂喷完。在有限空间内的人员，喷射干粉后应及时撤离，避免干粉对呼吸道产生刺激。若在室外灭火，应选择在火焰的上风方向喷射灭火后及时清除残存在物品上的腐蚀性干粉。

3. 注意事项

（1）干粉的粉雾对人的呼吸道有刺激作用，喷射干粉后，使用者应迅速撤离，特别是在有限空间内的人员，在喷射干粉后应及时撤离。

（2）干粉灭火剂有腐蚀性，残存在物品上的干粉应及时清除。

（3）扑救油类火灾时，干粉灭火剂的抗复燃性较差。因此，扑灭油类火灾后应避免周围存在火种。

二、水基型灭火器的操作方法

1. 扑救 A 类火灾

其操作方法与干粉型灭火器的使用方法相同。

2. 扑救 B 类火灾

按前述移动灭火器和开启灭火器阀门的方法进行喷射灭火。若是容器内火灾，应对准容器壁喷射，可使灭火剂自流覆盖在燃烧液体的表面，对火焰形成合围，直至封闭整个燃烧液面，应注意避免射流的冲击使可燃液体溅出而扩大火势，造成灭火困难；若是流淌火灾，应对准流淌火的外围边界喷射灭火剂，阻止火势蔓延，然后向内扫射，使燃烧面积缩小，直至火焰全部熄灭或灭火剂喷完。若在室外灭火，应选择在火焰的上风方向喷射。对于甲醇、乙醇、丙酮等极性溶剂火灾，只能使用抗溶性水基型灭火器。

3. 注意事项

（1）对于极性液体燃料（如甲醇、乙醚、丙酮等）火灾，只能使用抗溶性水基型灭火器。

（2）水基型灭火器一般不适用于扑灭涉及带电设备的火灾，除非装配特殊喷雾喷嘴的，经电绝缘性能试验证实有效后，才可用于扑灭涉及带电设备的火灾。

三、二氧化碳灭火器的操作方法

1. 手提式二氧化碳灭火器

将灭火器移至火场，靠近燃烧物，解除保险装置。若灭火器不带喷射软管，则应将与喇叭筒相连的刚性喷射管往上扳动至喇叭筒能对准燃烧物，可一只手托住灭火器的底部，另一只手抓提把按下压把，开启灭火器阀门进行喷射。若是带喷射软管的灭火器，则一只手握住喇叭筒上部的防静电手柄，将喇叭筒对准燃烧物，另一只手抓提把按下压把，开启灭火器阀门进行喷射。保持喷射姿势，直到二氧化碳集中在燃烧区域达到灭火浓度，火焰熄灭。

2. 推车式二氧化碳灭火器

若由两人配合使用推车式二氧化碳灭火器时，应一起将灭火器推（或拉）至火场，靠近燃烧物区域后，一人快速取下喇叭筒并展开喷射软管，握住喇叭筒上部的防静电手柄，将喇叭筒对准燃烧物；另一人快速去掉保险装置，按逆时针方向旋开阀门手轮，并开到最大位置实施灭火。

注意：在受限密闭空间使用二氧化碳灭火器灭火后，使用者应迅速撤离，否则易缺氧窒息。使用二氧化碳灭火器灭火时，不能用裸手直接握住喇叭筒，以防冻伤。不宜在室外有大风或室内有强烈空气对流处使用二氧化碳灭火器灭火。

3. 注意事项

（1）不宜在室外有大风或室内有强烈空气对流处使用，否则二氧化碳会快速地被吹散而影响灭火效果。

（2）在狭小的密闭空间使用后，使用者应迅速撤离，否则易窒息。

（3）使用时应注意，不能用手直接握住喇叭筒，以防冻伤。

（4）二氧化碳灭火剂喷射时会产生干冰，使用时应考虑其会产生的冷凝效应。

（5）二氧化碳灭火器的抗复燃性差。因此，扑灭火灾后应避免周围存在火种。

四、洁净气体灭火器的操作方法

1. 洁净气体灭火器的使用方法与干粉型灭火器相同。但由于该类灭火剂的灭火能效较低，尽量不要采用间歇喷射，以保证灭火剂的灭火浓度。

2. 注意事项

（1）不宜在室外有大风或室内有强烈空气对流处使用洁净气体灭火器灭火，否则气体会快速被吹散而影响灭火效果。

（2）大多数气体灭火剂的蒸气及热分解气体都有一定的毒性，在受限密闭空间使用洁净气体灭火器灭火后，使用者应迅速撤离，否则存在中毒风险。

（3）气体灭火剂的抗复燃性差，灭火后应消除周围存在的火种，避免复燃。

1.2.4　灭火器灭火的操作步骤

按照前述灭火操作方法具体操作，使用选出的灭火器进行灭火操作，扑灭火灾。灭火器灭火操作基本步骤如图 13-1-13 所示。

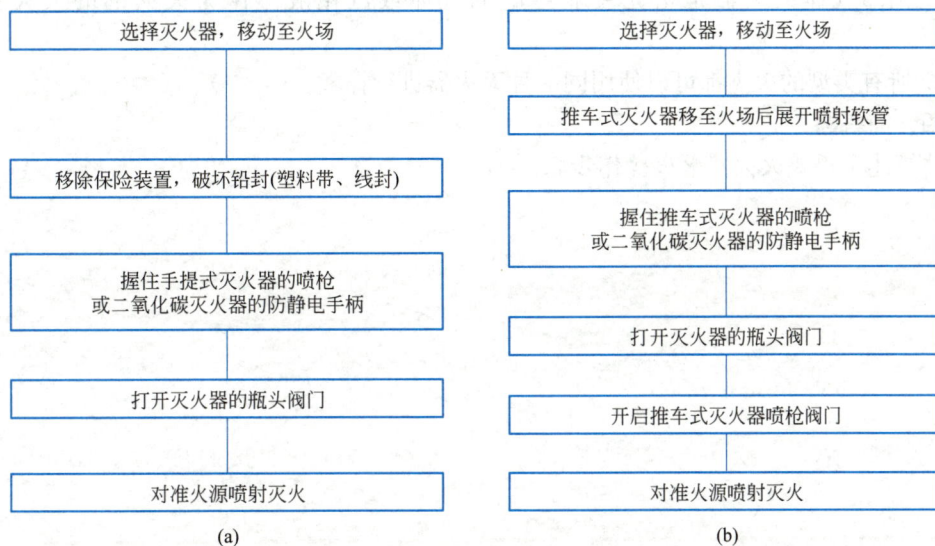

图 13-1-13　灭火器灭火操作基本步骤
（a）手提式灭火器灭火操作基本步骤；（b）推车式灭火器灭火操作基本步骤

【随堂练习】

一、单选题

1. MFZ/ABC4 型号含义为（　　）。

A. 4kg 手提贮压式 BC 干粉灭火器

B. 4kg 手提贮气瓶式 ABC 干粉灭火器

C. 4kg 手提贮压式 ABC 干粉灭火器

D. 4kg 推车式 ABC 干粉灭火器

2. 手提式干粉灭火器的使用步骤：①拔掉保险销；②握住喷管；③站在上风向；④压下把手。正确排序应该是（　　）。

A. ①②③④　　　B. ③①②④　　　C. ②①④③　　　D. ④①③②

二、多选题

1. 手提贮压式干粉型灭火器外观结构主要有（　　）、（　　）、提把、阀门、（　　）、贴花标识、（　　）、（　　）等可视零部件。

A. 压力指示器　　B. 阀门开启压把　　C. 筒体　　　　D. 保险装置及封记

E. 永久性钢印标识

2. 干粉灭火器外观部件个性检查内容包括（　　）。

A. 压力指示器指针指示是否在绿区范围内

B. 瓶底和焊缝是否无明显锈蚀

C. 喷嘴内是否无干粉残留物

D. 超压保护装置是否无明显损伤（配置时）

E. 维修合格证是否齐全

三、判断题

1. 洁净气体灭火器是指充装非导电的气体或汽化液体作为灭火剂的灭火器具。（　　）

2. 所有类型的火灾都可以使用同一种灭火器进行扑救。（　　）

四、简答题

请简述手提式灭火器灭火操作步骤。

项目2 灭火器的保养维修

【学习目标】

【知识目标】	1. 了解灭火器的常见问题； 2. 熟悉灭火器的保养技术要求和方法
【能力目标】	1. 具备灭火器维护保养的能力； 2. 能进行水基型和干粉型灭火器的维修
【素质目标】	通过对灭火器维护和保养知识的学习，掌握灭火器维护保养技术要求和方法，树立"预防为主、防消结合"的消防意识，在发生火灾时能够沉着冷静、不惧险情、熟练灭火，保护人民的生命和财产安全

【思维导图】

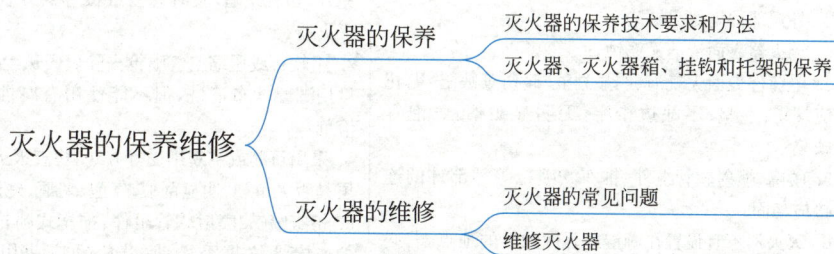

灭火器的保养维修
- 灭火器的保养
  - 灭火器的保养技术要求和方法
  - 灭火器、灭火器箱、挂钩和托架的保养
- 灭火器的维修
  - 灭火器的常见问题
  - 维修灭火器

【情景导入】

　　2024 年 3 月 15 日，中央广播电视总台第 34 届 "3·15" 晚会曝光了湖南闽湘消防设备有限公司、广东创亿消防科技有限公司、东莞市创亿消防器材有限公司 3 家企业生产、销售灭火器质量不合格问题。东莞市镇两级市场监管部门联合公安、消防、应急等部门对其中两家公司进行全面检查，对现场存放的灭火器全部依法扣押，并抽样送检。

执法部门：根据《中华人民共和国消防法》第六十五条规定，生产、销售不合格的消防产品或者国家明令淘汰的消防产品的，由产品质量监督部门或者工商行政管理部门依照《中华人民共和国产品质量法》的规定，从重处罚。

监管部门：3月15日晚，应急管理部消防产品合格评定中心发布通告称，根据相关规定，立即撤销3家企业持有的全部31张灭火器产品强制性认证证书。

任务 2.1　灭火器的保养

灭火器的保养，一是对检查中发现的、配置单位可以自我修整的缺陷进行修复；二是对配置在位的灭火器可能会产生缺陷的因素进行排除，使灭火器保持在完好的工作状态。

2.1.1　灭火器的保养技术要求和方法

灭火器保养的对象包括灭火器主体和安装灭火器的配件。灭火器主体的保养对象就是配置在位的各种类型的手提式灭火器和推车式灭火器。为了保护配置在位的灭火器不受损伤以及保证使用时取拿方便，技术规范对配置的灭火器提出了安装设置要求，随之产生了安装设置灭火器的配件，如灭火器箱、固定挂钩、固定挂架和落地托架等。

一、灭火器保养技术要求和方法

灭火器的保养技术要求和方法见表13-2-1。

灭火器的保养技术要求和方法　　　　　　　　　　表 13-2-1

保养内容	技术要求	保养方法
灭火器	1. 根据设计文件规定配置灭火器,摆放应稳固,铭牌应朝外； 2. 外观部件完好无缺陷； 3. 灭火器表面清洁无锈蚀； 4. 电镀件表面无气泡、明显划痕、碰伤等缺陷,贴花应端正、平整、不缺边少字,无明显皱褶、气泡等缺陷； 5. 喷嘴、喷射软管组件、推车式喷枪等零部件的连接应稳固； 6. 灭火器不宜设置在潮湿或强腐蚀性的地点,若必须设置时,应有与设置场所环境条件相适应的防护措施； 7. 灭火器不应设置在可能超出其使用温度范围的场所	1. 根据设计文件规定检查配置位置； 2. 采用目测或主观感受等方法,检查外观部件是否完好,如有缺陷,及时修复或按等效替代原则更换灭火器； 3. 用软布或压缩空气喷枪去除表面灰尘,若有污垢可用潮湿软布清洗,但不能使用有腐蚀性的化学溶剂； 4. 采用目测或主观感受等方法,检查灭火器外表涂层是否无龟裂、明显刮痕、气泡、划痕、碰伤等缺陷； 5. 检查喷嘴、喷射软管组件、推车式喷枪等零部件的连接螺纹是否松动,若松动应使用专用工具旋紧； 6. 检查室外灭火器是否采取与设置场所环境条件相适应的防护措施,若保护构件有损坏,应及时维修或更换
保养周期	根据《建筑灭火器配置验收及检查规范》GB 50444—2008规定,每月应对灭火器进行检查保养。其中在下列场所配置的灭火器应每半个月进行一次检查保养： 1. 候车(机、船)室、歌舞娱乐放映游艺等人员密集的公共场所； 2. 堆场、罐区、石油化工装置区、加油站、锅炉房、地下室等场所	

二、灭火器箱保养技术要求和方法

1. 灭火器箱分类

灭火器箱是专门用于长期固定存放手提式灭火器的箱体。按放置方式可分为置地型和嵌墙型；按开启方式可分为开门式和翻盖式；从外观可观察性可分为透明型、半透明型和不透明型。

（1）置地型灭火器箱

置地型灭火器箱示例如图 13-2-1 所示。

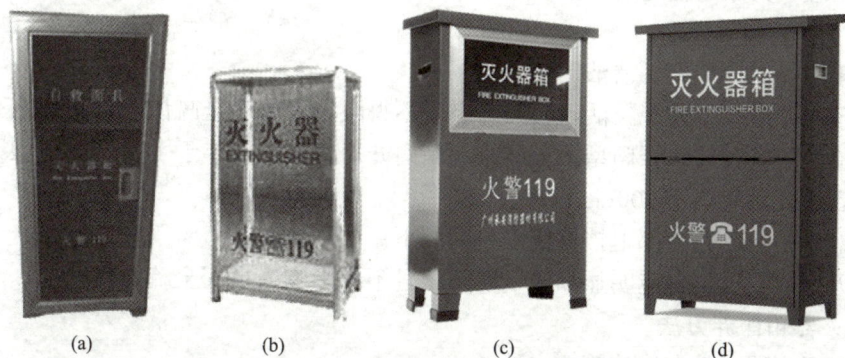

图 13-2-1　置地型灭火器箱示例

（a）透明型开门式置地型自救呼吸器组合类灭火器箱；（b）透明型翻盖式置地型单体类灭火器箱；
（c）半透明型翻盖式置地型单体类灭火器箱；（d）不透明型翻盖式置地型单体类灭火器箱

（2）嵌墙型灭火器箱

嵌墙型灭火器箱示例如图 13-2-2 所示，其结构类型有单体类和组合类。嵌墙型灭火器箱的开启方式仅为开门式。

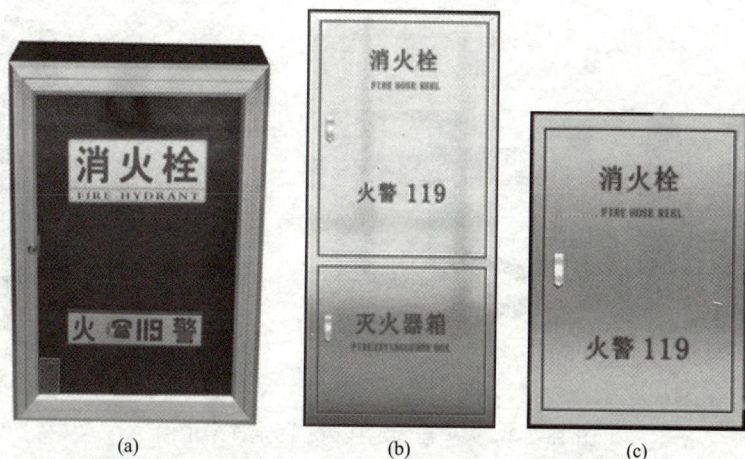

图 13-2-2　嵌墙型灭火器箱示例

（a）透明型开门式嵌墙型单体类灭火器箱；（b）不透明型开门式嵌墙型消火栓组合类灭火器箱；
（c）不透明型开门式嵌墙型单体类灭火器箱

2．灭火器箱保养技术要求

（1）灭火器箱体应端正，不应有歪斜、翘曲等变形现象，箱体各表面应无凹凸不平等加工缺陷。

（2）置地型灭火器箱应能平稳安放，在水平地面上不应有倾斜摇晃。

（3）灭火器箱体焊接或铆接应牢固，不应有烧穿、焊瘤、毛刺和铆印等缺陷，冲压件表面不应有折皱等缺陷。

（4）灭火器箱表面应具有抗腐蚀能力。用不耐腐蚀的金属材料制造的灭火器箱表面应进行涂装处理，其涂层应光滑平整、色泽均匀，无流痕、龟裂、气泡、划痕、碰伤和剥落等缺陷。

（5）箱内应保持干燥、清洁。

（6）箱门开启应方便、灵活，箱门开启后不得阻挡人员安全疏散。除不影响灭火器取用和人员疏散的场合外，开门型灭火器箱的箱门开启角度不应小于175°，翻盖型灭火器箱的翻盖开启角度不应小于100°。

（7）翻开箱盖时，前部上挡板应能自动翻下。

（8）灭火器放置位置应明显和便于取用，且不应影响人员安全疏散。

3．灭火器箱保养方法

（1）用吸尘器或软布清洁箱体内外。

（2）根据箱门或翻盖的开启方式和开启闭合次数要求，检查箱门灵活性，对箱门和翻盖的开启角度进行检查。

（3）对于损坏不可修复的灭火器箱，按原种类型号要求进行更换补充。

三、固定挂钩、固定挂架保养技术要求和方法

1．灭火器固定挂钩、固定挂架形式

灭火器的悬挂安装有固定挂钩和固定挂架等形式，如图13-2-3所示。

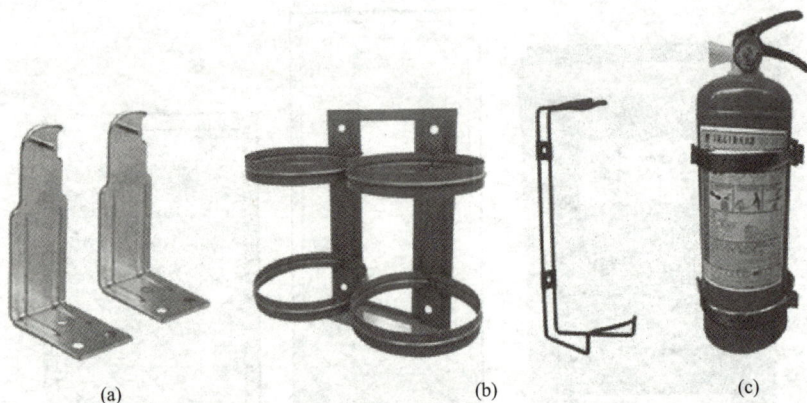

图 13-2-3　灭火器固定挂钩、固定挂架示例

(a) 固定灭火器的挂钩；(b) 固定灭火器的挂架；(c) 固定挂钩安装灭火器示例

2．灭火器固定挂钩、固定挂架保养技术要求和方法

（1）灭火器固定挂钩、固定挂架保养技术要求

1）固定挂钩或固定挂架不应出现松动、脱落、断裂和明显变形。

2）夹持装置应保证可用徒手的方式便捷地取用设置在挂钩、托架上的手提式灭火器。

3）当两具及两具以上的手提式灭火器相邻设置在挂钩、托架上时，应可任意地取用其中一具。

4）当两具及两具以上的手提式灭火器相邻设置在挂钩、托架上时，应可任意地取用其中一具。

5）设有夹持带的挂钩、托架，夹持带的打开方式应从正面可以看到，当夹持带打开时，灭火器不应掉落。

6）挂钩、挂架的安装高度应满足手提式灭火器顶部离地面距离不大于1.50m，底部离地面距离不小于0.08m的规定。

（2）灭火器固定挂钩、固定挂架保养方法

1）用软布或压缩空气喷枪除去挂钩或挂架表面上的灰尘，若有污垢可用潮湿软布清洗，但不能使用有腐蚀性的化学溶剂清洗。

2）检查挂钩或挂架的固定是否出现松动、脱落、断裂和明显变形。

3）检查挂钩、托架的安装高度应满足手提式灭火器顶部与底部离地面距离的要求。

4）检查夹持装置是否能便捷地取用设置在挂钩、挂架上的手提式灭火器。

5）检查固定架的悬挂圈或夹持带的位置是否适当，灭火器置于安装架内时，操作说明应面朝外。对于损坏不可修复的挂钩、挂架按原类型型号要求进行更换补充。

四、落地托架保养技术要求和方法

使用落地托架置地安装灭火器示例如图13-2-4所示。保养落地托架主要检查外观完好和清洁程度。

图13-2-4　落地托架置地安装灭火器示例

2.1.2　灭火器、灭火器箱、挂钩和托架的保养

根据环境条件、使用人员体能和使用场所的性质等因素，灭火器安装设置的形式有：放置在灭火器箱中、悬挂在挂钩（挂架）上、搁置在落地托架上、直接放置在地面上等。为了确保发生火灾时能够在配置的位置方便取得正常可用的灭火器，因此，应对灭火器主体和安装灭火器的配件等进行有计划、定期的维护保养。对经过维护保养的灭火器应做好保养记录。

一、灭火器的检查保养

1. 检查配置位置

根据设计文件规定的安装位置拿取灭火器，若发现灭火器缺失应及时找回或补充。

2. 检查外观部件

采用目测或主观感受等方法，检查灭火器外观部件是否完好，如有缺失，应立即登记，及时修复或更换灭火器。

3. 清洁灭火器表面

外观部件检查合格的灭火器可用软布或压缩空气喷枪去除表面灰尘，若有污垢可用潮湿软布清洗，但不能使用有腐蚀性的化学溶剂清洗。

4. 检查涂层贴花

采用目测或主观感受等方法，检查灭火器外表涂层是否无龟裂、气泡、划痕、碰伤等缺陷；电镀件表面是否无气泡、明显划痕、碰伤等缺陷；贴花是否端正、平整、不缺边少字，无明显皱褶、气泡等缺陷。如发现问题，应及时修复或更换灭火器。

5. 检查组件连接

检查喷嘴、喷射软管组件、推车式喷枪等零部件的连接螺纹是否松动，若松动应使用专用工具旋紧。检查推车式灭火器筒体（或瓶体）与车架连接是否松动，若松动应使用专用工具加固。对车轮进行润滑，必要时加注润滑剂。

6. 检查保护措施

检查室外灭火器的防湿、防寒、防晒等保护措施，若保护构件有损坏，应及时维修或更换。检查在可能超出灭火器使用温度范围场所以及特殊场所中的灭火器保护措施，若保护构件已损坏，应及时修复，或按原设计要求进行更换。

7. 检查取用便捷性

检查灭火器、灭火器箱、固定挂钩、固定挂架和落地托架周围是否存在影响取用灭火器的障碍物和锁具等，若存在应立即清除。

8. 安装放回灭火器

将完成清洁和处理完毕的灭火器按照设计安装设置和方式安装放回，并将灭火器的铭牌朝外。

9. 维修更换补充

当发现灭火器因缺陷被送修造成灭火器空缺的情况时，应及时在原位置更换、补充完好灭火器。

10. 登记检查情况

在相关记录表上准确填写检查情况和检查结论，做好档案备查。

二、灭火器箱的检查保养

1. 清洁箱体内外。取出箱内灭火器，用吸尘器清除箱内灰尘，用软布将箱体表面擦洗干净。

2. 检查箱门启闭。根据灭火器箱门或翻盖的开启方式和开启闭合次数要求，检查其灵活性，必要时对转动部件进行润滑。使用专用量具对箱门和翻盖的开启角度进行检查。

3. 重新放回灭火器。打开灭火器箱，放回取出的手提式灭火器，灭火器提把方向应一致向右。

4. 维修更换补充。对于损坏不可修复的灭火器箱，按原类型型号要求进行更换补充。

5. 登记检查情况。在相关记录表上准确填写检查情况和检查结论，做好档案备查。

三、挂钩、挂架的检查保养

1. 清洁表面灰尘

用软布或压缩空气喷枪除去挂钩或挂架表面上的灰尘，若有污垢可用潮湿软布清洗，但不能使用有腐蚀性的化学溶剂清洗。

2. 检查安装状态

检查挂钩、挂架的固定是否出现松动、脱落、断裂和明显变形等问题，如出现这些问题应加固或重新安装固定。

3. 检查安装位置

检查挂钩、挂架的安装高度，应满足手提式灭火器顶部离地面距离不大于 1.50m，底部离地面距离不小于 0.08m 的规定。

4. 检查取用便利性

多次装卸灭火器，检查夹持装置是否能徒手便捷地取用设置在挂钩、挂架上的手提式灭火器。打开夹持装置的部件应采用灭火器的对比色，且应醒目易识别，打开的方法应从灭火器正面能够明显看出。当夹持装置打开时，灭火器不应掉落。若夹持装置失去作用时，应及时按原型号更换。

5. 检查固定效果

当两具及两具以上的手提式灭火器相邻设置在挂钩、托架时，应检查是否能够任意单独取用其中一具。固定架的悬挂圈或夹持带的位置应适当，当灭火器置于安装架内时，操作说明应面朝外。

6. 维修更换补充

对于损坏不可修复的挂钩、挂架，按原类型型号要求进行更换、补充。

7. 登记检查情况

在相关记录表上准确填写检查情况和检查结论，做好档案备查。

四、落地托架的检查保养

1. 清洁表面灰尘

用软布或压缩空气喷枪除去落地托架表面灰尘，若有污垢可用潮湿软布清洗，但不能使用有腐蚀性的化学溶剂清洗。

2. 维修更换补充

若托架缺失或损坏，按原类型型号要求进行更换、补充。

3. 登记检查情况

按要求填写相关记录表，做好档案备查。

任务 2.2　灭火器的维修

灭火器维修是指为确保灭火器安全使用和有效灭火，对灭火器进行的检查、水压试验、灭火剂回收、零部件更换、再充装、报废与回收处置、质量检验等活动。

2.2.1　灭火器的常见问题

在定期对灭火器进行巡检、维护时，发现其存在表13.2-1、表13.2-2中的缺陷，应及时将灭火器送原生产企业维修部门或由生产企业授权的维修机构进行维修；同时为了不影响灭火器配置场所的总体灭火能力，应按相同类型和不小于原灭火能力做好灭火器临时替代。

一、水基型灭火器和干粉型灭火器常见问题

水基型灭火器和干粉型灭火器常见问题见表13-2-2。

水基型灭火器和干粉型灭火器常见问题　　　　　　　　　　　　　　表 13-2-2

手提式灭火器	推车式灭火器
1. 压力指示器不指示在绿色区域范围； 2. 灭火器筒体、筒底存在变形、机械损伤和锈蚀； 3. 灭火器贴花标识上的产品信息中灭火剂名称及充装量，驱动气体名称及充装量，生产商名称、地址和电话，适用灭火种类及使用方法等内容损坏或模糊不清； 4. 保险装置失效，铅封（塑料带、线封）损坏或脱落； 5. 喷射软管组件龟裂、脱落或连接松动； 6. 阀门开启机构损伤变形； 7. 灭火器已被使用； 8. 筒体有锡焊、铜焊或补缀等修补痕迹； 9. 水基型灭火器达到或超过出厂时间6年未作报废； 10. 干粉型灭火器达到或超过出厂时间10年未作报废	1. 压力指示器不指示在绿色区域范围； 2. 灭火器筒体、筒底存在变形、机械损伤和锈蚀； 3. 灭火器贴花标识上的产品信息中灭火剂名称及充装量，驱动气体名称及充装量，生产商名称、地址和电话，适用灭火种类及使用方法等内容损坏或模糊不清； 4. 保险装置失效，铅封（塑料带、线封）损坏或脱落； 5. 喷射软管组件龟裂、脱落或连接松动； 6. 阀门开启机构损伤； 7. 喷射控制枪阀门开关不灵活或损坏； 8. 灭火器已被使用； 9. 筒体有锡焊、铜焊或补缀等修补痕迹； 10. 喷射控制枪存在明显变形、裂纹； 11. 车轮和车架部件有明显损伤，不能移动自如； 12. 水基型灭火器达到或超过出厂时间6年未作报废； 13. 干粉型灭火器达到或超过出厂时间10年未作报废

二、二氧化碳灭火器和洁净气体灭火器常见问题

二氧化碳灭火器和洁净气体灭火器常见问题见表13-2-3。

二氧化碳灭火器和洁净气体灭火器常见问题　　　　　　　　　　　　表 13-2-3

二氧化碳灭火器常见问题	洁净气体灭火器常见问题
1. 灭火器瓶体存在明显机械损伤和锈蚀； 2. 灭火器贴花标识上的产品信息中生产商的名称、地址和电话、使用方法等标志内容损坏，模糊不清； 3. 保险装置和封记损坏或遗失； 4. 阀门开启机构损坏； 5. 喷射喇叭筒明显变形、破裂或连接松动； 6. 喷射软管龟裂、脱落和连接松动； 7. 刚性喷射管不能旋转或不能固定锁住喇叭筒的喷射角度； 8. 防静电手柄损坏； 9. 灭火器总质量明显减轻，存在泄漏，或超压安全保护装置启动过，或已被使用过； 10. 推车式灭火器车轮和车架部件有明显损伤，不能推（拉）自如； 11. 超过出厂期满5年或首次维修以后每满2年的维修期限未维修； 12. 超过出厂时间12年未作报废	1. 灭火器瓶体存在明显机械损伤和锈蚀； 2. 灭火器贴花标识上的产品信息中灭火剂的名称及充装量，驱动气体名称及充装量，生产商的名称、地址和电话，适用灭火种类及使用方法等标志内容损坏，模糊不清； 3. 保险装置和封记损坏或遗失； 4. 阀门开启机构损坏； 5. 喷嘴存在明显变形、破裂或连接松动； 6. 喷射软管龟裂、脱落和连接松动； 7. 压力指示器不指示在绿区范围内，或已被使用过； 8. 推车式灭火器的喷射枪开关不灵活或损坏； 9. 推车式灭火器车轮和车架部件有明显损伤，不能推（拉）自如； 10. 超过出厂期满5年或首次维修以后每满2年的维修期限未维修； 11. 超过出厂时间10年未作报废

2.2.2　维修灭火器

一、维修水基型灭火器和干粉型灭火器

根据《灭火器维修》XF 95—2015 的要求，水基型灭火器和干粉型灭火器维修流程如图 13-2-5 所示。

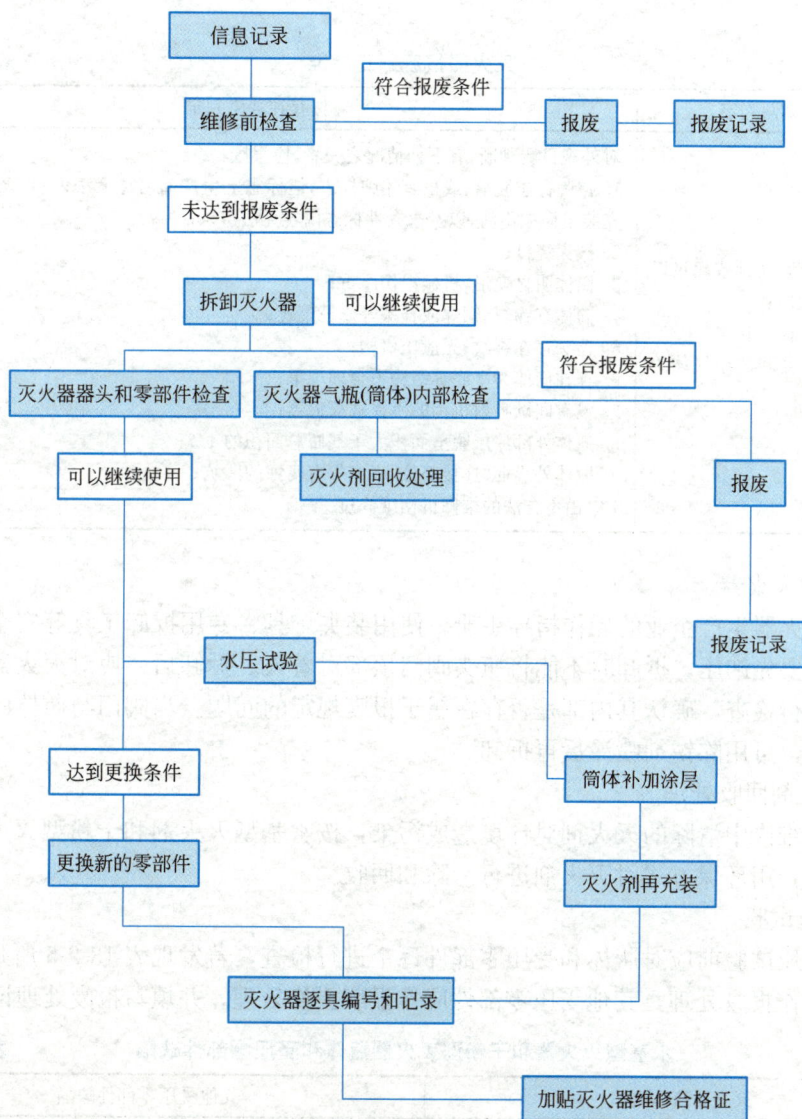

图 13-2-5　水基型灭火器和干粉型灭火器维修流程

1. 填写基本信息

维修灭火器前，首先要对送修的灭火器逐具做好原始信息登记，填写准备好的"基本信息记录单"。"基本信息记录单"至少包括灭火器用户名称、制造厂名称或代号、瓶体生产连续序号（或编号）、灭火器型号、灭火剂的种类和型号、灭火级别和灭火种类、使用温度范围、驱动气体名称、20℃时的工作压力、水压试验压力、生产年份（或制造年月）

以及上次维修合格证上的信息（已维修过的产品）等。

2. 维修前检查

通过目测对灭火器外观和铭牌标志进行维修前检查，判断该灭火器是否满足报废条件，若确认送修的灭火器已符合报废条件的要求，则按报废要求进行处置。灭火器报废判定标准见表13-2-4。并填写"灭火器维修记录单"中的"维修前检查记录"或"报废记录单"。

灭火器报废判定标准　　　　　　　　　　　　　　　　表 13-2-4

按报废期限判定	按存在缺陷判定
自出厂日期算起,达到或超过以下期限时,应报废: 1. 水基型灭火器6年; 2. 干粉型灭火器和洁净气体灭火器10年	对外观目测判断,有下列情况之一者,应报废: 1. 铭牌标志脱落,或虽有铭牌标志,但标志上生产商名称无法识别、灭火剂名称和充装量模糊不清,以及永久性标志内容无法辨认; 2. 被火烧过; 3. 筒体明显变形,机械损伤严重; 4. 筒体有锡焊、铜焊或补缀等修补痕迹; 5. 器头存在裂纹、无泄压机构; 6. 存在筒体为平底等结构不合理现象; 7. 没有间歇喷射机构的手提式灭火器; 8. 瓶体外部涂层脱落面积大于气瓶总面积的1/3; 9. 瓶体外表面、连接部位、底座等有腐蚀的凹坑; 10. 由不合法的维修机构维修过

3. 拆卸灭火器

按原灭火器生产企业的操作指导手册，使用装夹工具、专用拆卸工具等安全拆卸灭火器。拆卸前要先卸压，拆卸时不能将瓶头阀门顶部对着人。拆卸后，应对灭火器气瓶（筒体）内部进行检查，确认其内部是否存在属于报废规定的问题。当阀门与瓶体的连接螺纹生锈难拆时，可用除锈剂喷涂后再拆卸。

4. 灭火剂回收处理

为防止维修中清除的灭火剂对环境造成污染，按水基型灭火剂和干粉型灭火剂的特性和环保要求，用环保方式对灭火剂进行清除和回收。

5. 水压试验

进行水压试验前应对瓶体和受压零部件逐个进行检查，若发现表13-2-5所列缺陷的灭火器瓶体应作报废处理，其他受压零部件应作报废更换处理，并填写报废处理记录。

水基型灭火器和干粉型灭火器瓶体和受压零部件缺陷　　　　　表 13-2-5

灭火器瓶体缺陷	其他受压零部件缺陷
1. 瓶体内部有锈屑,内部表面或内部焊缝接头处有腐蚀的凹坑; 2. 水基型灭火器瓶体内部的防腐层失效(有防腐层时); 3. 瓶体颈圈的连接螺纹有损伤	1. 阀门的阀体和密封弹簧座有明显的裂纹和损伤、阀门顶杆变形、密封弹簧锈蚀、密封部位受损伤等缺陷; 2. 推车式灭火器喷射控制枪有明显的裂纹和损伤; 3. 推车式灭火器喷射软管组件有明显的变形、龟裂、割伤、断裂等缺陷

对确认不属于报废范围的灭火器瓶体或可不更换的阀门、推车式灭火器喷射控制枪、推车式灭火器喷射软管以及瓶体与阀门的连接件等逐个进行水压试验，并填写"灭火器维

修记录单"中的"水压试验记录单"或"报废记录单"。试验方法见《手提式灭火器 第 1 部分：性能和结构要求》GB 4351.1—2005 或《推车式灭火器》GB 8109—2023。经水压试验，判定为不符合要求的灭火器瓶体应作报废处理，其他不符合要求的零部件应作报废更换处理，并填写报废处理记录。

6. 更换新的零部件

除灭火器瓶体不可更换外，其余更换的零部件应按原灭火器生产企业的可更换零部件的明细表，更换与原灭火器生产企业零部件特性一致的零部件，并应经检验合格填写"灭火器维修记录单"中的"更换零部件记录单"。

两种情形零部件需要更换，一是零部件存在缺陷时应作更换，二是一些特定的零部件每次维修时必须作更换，见表 13-2-6。

水基型灭火器和干粉型灭火器零部件需更换情形　　　　　　　　　表 13-2-6

存在缺陷的零部件	必须更换的零部件
1. 在水压试验过程中发现的应报废更换的零部件； 2. 阀门开启机构存在明显损坏； 3. 虹吸管有明显弯折、堵塞、损伤和裂纹等缺陷； 4. 压力指示器：卸压后指针不在零位、指示区域不清晰、外表面有变形和损伤、示值误差不符合《手提式灭火器》GB 4351—2023 中相关要求等； 5. 喷嘴有明显变形、开裂、脱落、损伤等缺陷； 6. 喷射软管有变形、龟裂、断裂、接头脱落等缺陷； 7. 干粉灭火剂主要组分含量和粒度分布等不符合原灭火器生产企业提供的灭火剂特性描述表中的规定要求，含水率、吸湿率、抗结块性（针入度）和斥水性等不符合相关灭火剂标准要求； 8. 喷射控制枪开关不灵活或损坏； 9. 推车式灭火器车轮和车架有明显损伤，不能推（拉）自如，以及固定灭火器瓶体的装置、固定喷射软管和喷射控制枪的装置有损坏等缺陷	1. 灭火器上的密封片、圈、垫等密封零件； 2. 水基型灭火剂

注：若灭火剂的主要组分含量或粒度分布不符合相关国家标准要求，则该灭火器应报废。

7. 灭火剂再充装

进行灭火剂再充装时，应按原灭火器生产企业的操作手册要求进行操作。

（1）再充装的灭火剂应与原灭火器生产企业提供的灭火剂特性保持一致。灌装灭火剂应采用专用灌装设备。灭火剂的充装量和充装密度应符合该型号灭火器的充装要求，并应逐具进行复称确认，做好记录。灭火剂的充装允许误差应符合表 13-2-7 的要求。

水基型灭火器和干粉型灭火器灭火剂的充装允许误差　　　　　　　表 13-2-7

灭火器类型	灭火剂额定充装量	允许误差
水基型	额定充装量（L）	−5%～0
干粉型	1kg	±5%
	>1～3kg	±3%
	>3kg	±2%

（2）按原灭火器生产企业提供的装配图样，采用专用工具先将阀门配件、密封零件和虹吸管等部件组装好，再按规定的装配扭矩要求与瓶体连接密封。

（3）充装驱动气体应采用专用的充灌设备。充装的驱动气体应符合铭牌标志上规定的气体名称和充装压力要求，充气时应根据充装的环境温度调整充装气体的压力。除水基型灭火器外，贮压式灭火器的驱动气体的露点不应高于−55℃。

为充装好的灭火器安装上保险装置，并填写"灭火器维修记录单"中的"维修出厂检验记录单"。

8. 气密性试验操作

将再充装好的灭火器瓶体放入气密性试验槽内逐具进行气密性试验，气密性试验时严防误操作灭火器，试验后填写"灭火器维修记录单"中的"维修出厂检验记录单"。

9. 总体装配操作

对气密性试验合格的灭火器按原灭火器生产企业提供的灭火器装配图样，使用专用工具进行最终装配。总体装配零部件见表13-2-8。对总体装配完毕的灭火器进行称重，记录下总质量。并填写"灭火器维修记录单"中的"维修出厂检验记录单"。

水基型灭火器和干粉型灭火器总体装配零部件　　　　表 13-2-8

手提式灭火器	推车式灭火器
1. 封记； 2. 喷嘴或喷射软管； 3. 原配的其他零部件等	1. 封记； 2. 喷射软管； 3. 喷射控制枪； 4. 推车架及轮子组件； 5. 灭火器瓶体及喷射软管和喷射控制枪的固定部件； 6. 原配的其他零部件等

10. 制作维修标识操作

总体装配完成，逐具确认外观及外部结构检查、总质量检查、气密性试验、充装量检查、水压试验、喷射软管组件水压试验等符合要求后，可对灭火器加贴维修合格证，但合格证不得覆盖原灭火器上的铭牌标志。灭火器维修合格证如图13-2-6所示。

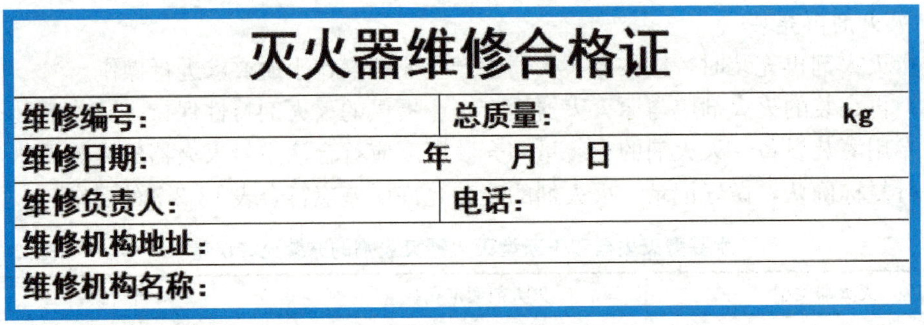

图 13-2-6　灭火器维修合格证

11. 报废处理

报废灭火器应经用户同意后再做处置并做好记录。应将灭火器瓶体和其他零部件拆开并分类进行报废处理。

12. 填写维修记录

保持整个维修流程中各过程的相关记录，以确保维修后灭火器信息的可追溯性。维修记录包括维修前的基本信息记录、维修过程中的记录和灭火器报废记录（表13-2-9）。

水基型灭火器和干粉型灭火器维修过程中的记录和灭火器报废记录　　表 13-2-9

维修过程中的记录	灭火器报废记录
1. 维修编号； 2. 产品型号； 3. 瓶体的生产连续序号； 4. 更换的零部件名称； 5. 用回收再利用的灭火剂进行再充装记录（适用时）； 6. 灭火剂充装量； 7. 维修后总质量； 8. 维修出厂检验项目、检验记录和判定结果； 9. 维修人员、检验人员和项目负责人的签字； 10. 维修日期	1. 维修编号； 2. 产品型号； 3. 报废理由； 4. 灭火器用户确认报废记录； 5. 维修人员、检验人员和项目负责人的签字； 6. 维修日期

二、维修二氧化碳灭火器和洁净气体灭火器

二氧化碳灭火器和洁净气体灭火器维修流程如图 13-2-7 所示。

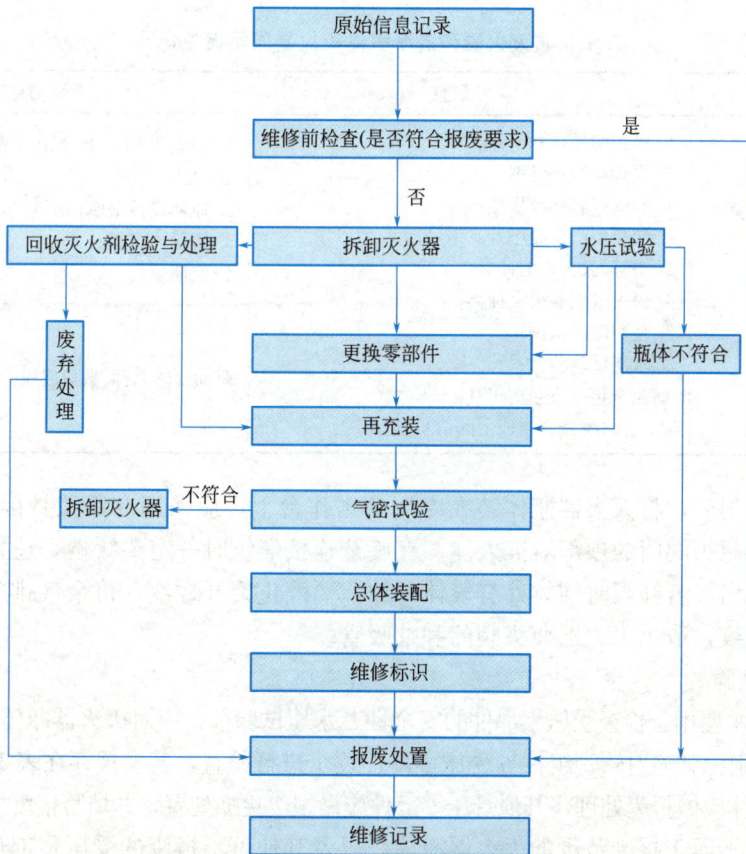

图 13-2-7　二氧化碳灭火器和洁净气体灭火器维修流程

1. 原始信息记录

对灭火器进行维修前，首先要对送修的灭火器逐具做好原始信息登记，进行维修编

号，保证灭火器的生产信息可追溯。记录至少包括表 13-2-10 所列的信息。

2. 维修前检查

在拆卸灭火器前，对灭火器进行检查的目的是判定其是否可经过维修后再配置使用。通过目测方法对灭火器外观和铭牌标志进行检查，若确认送修的灭火器已符合报废规定的要求，则按报废要求进行处置。

3. 拆卸灭火器

拆卸灭火器是对其零部件进行分解检查的第一步。拆卸灭火器时应采用专用的工具，先将灭火器上的喷嘴、喷射管等外部附件卸下（推车式灭火器还包括车架组件等零部件），再对瓶体内的灭火剂进行撤除处置。对于二氧化碳灭火器，灭火剂一般采用直接排空的方法处理，不予回收，若考虑予以回收利用，应采用专用的回收装置进行收集；对于洁净气体灭火器，应采用专用的气体回收装置分类收集灭火剂。对于回收的灭火剂，应分类进行含量和含水率检验，经检验符合相关标准要求的灭火剂可用于再充装，不符合标准要求的灭火剂应送有关的生产企业或环境保护部门进行处置。做好回收灭火剂的名称、数量、检验结果及可用于再充装的数量的记录。

二氧化碳灭火器和洁净气体灭火器原始信息记录　　　　　表 13-2-10

灭火器类型	共性信息	个性信息
二氧化碳灭火器	1. 维修编号； 2. 灭火器用户名称； 3. 制造厂名称或代号； 4. 气瓶生产连续序号或编号； 5. 型号、灭火剂的种类； 6. 灭火级别和灭火种类； 7. 使用温度范围； 8. 水压试验压力； 9. 生产年份或制造年月； 10. 上次维修合格证上的信息（适用时）	1. 最大工作压力（MPa）或公称工作压力（MPa）； 2. 瓶体设计壁厚； 3. 实际内容积； 4. 空瓶质量
洁净气体灭火器		驱动气体名称、数量或压力

撤除灭火剂后，将灭火器瓶体装在专用的工作台上，应采用专用工具拆卸瓶头阀门，拆卸时不能将瓶头阀门的顶部对准人体。在旋开连接螺纹时一定要缓慢，还要观察螺纹处是否有余气泄出，若卸阀时螺纹处有气体释放，要停止旋开螺纹，待余气排放完毕，再完全旋开连接螺纹，取出灭火器瓶头阀门和虹吸管。

4. 水压试验

水压试验主要用于检查受压零部件的安全性。水压试验前，应对灭火器瓶体、阀门、推车式灭火器的喷射枪和喷射软管组件等受压零部件逐个进行检查，若发现存在表 13-2-11 所列缺陷的灭火器瓶体应做报废处理，其他受压零部件应做报废更换处置，并填写报废处置记录。

对于确认不属于报废范围的灭火器瓶体，以及其他不可报废的受压零部件应逐个安装在专用的试验装置上进行水压试验。水压试验压力应按灭火器铭牌标志上规定的水压试验压力值进行，保压时间应不小于 1min。水压试验时不应有泄漏、部件脱落、破裂和可见的宏观变形（喷射软管试验时会产生可见的宏观变形，但卸压后应恢复原状），二氧化碳灭火器的瓶体残余变形率应不大于 3%。填写水压试验记录。

二氧化碳灭火器和洁净气体灭火器瓶体缺陷和其他受压零部件缺陷　　表 13-2-11

灭火器瓶体缺陷	其他受压零部件缺陷
1. 瓶体内部有锈屑或内部表面或内部焊缝接头处有腐蚀的凹坑； 2. 洁净气体灭火器瓶体内部的防腐层失效（有防腐层时）； 3. 瓶体颈圈的连接螺纹有损伤	1. 瓶头阀门的阀体和密封弹簧座有明显的裂纹和损伤、阀门顶杆变形、密封弹簧锈蚀、密封部位受损伤等缺陷； 2. 推车式洁净气体灭火器的喷射枪有明显的裂纹和损伤； 3. 推车式灭火器喷射软管组件有明显变形、龟裂、割伤、断裂等缺陷

经水压试验后，判定为不符合要求的灭火器瓶体应做报废处理，其他不符合要求的零部件应做报废更换处置，并填写报废处置记录。

5. 更换零部件

为再充装和总体装配，备全更换的零部件。除灭火器瓶体不可更换外，其余可更换的零部件应与灭火器原生产企业提供的零部件的特性参数保持一致。零部件经检验合格后方可使用，并应保持检验记录。

零部件需要更换存在两种情况，一是零部件存在缺陷时应更换，二是一些特定的部件每次维修时必须更换，需要更换零部件的见表 13-2-12 所示。

二氧化碳灭火器和洁净气体灭火器零部件更换　　表 13-2-12

存在缺陷的零部件更换	必须更换的零部件
1. 在水压试验过程中发现的应报废更换的零部件； 2. 阀门开启机构：存在明显损坏； 3. 虹吸管：有明显弯折、堵塞、损伤和裂纹等缺陷； 4. 压力指示器（洁净气体灭火器）：卸压后指针不在零位、指示区域不清晰、外表面有变形和损伤、示值误差不符合国家标准中相关的要求等缺陷； 5. 喷嘴（或二氧化碳灭火器喇叭筒）：有明显变形、开裂、脱落、损伤等缺陷； 6. 喷射软管：有变形、龟裂、断裂等缺陷； 7. 橡胶和塑料零部件：有变形、变色、龟裂或断裂等缺陷； 8. 刚性喷射管（二氧化碳灭火器）：不能旋转或不能固定住喇叭筒的喷射角度； 9. 防静电手柄（二氧化碳灭火器）：损坏； 10. 洁净气体灭火剂和二氧化碳灭火剂的纯度、含水率不符合相关灭火剂标准要求； 11. 喷射枪（推车式洁净气体灭火器）：开关不灵活或损坏； 12. 推车式灭火器车轮和车架：有明显损伤、不能推（拉）自如以及固定灭火器瓶体的装置、固定喷射软管和喷枪的装置有损坏等缺陷	1. 灭火器上的密封片、圈、垫等密封零件； 2. 二氧化碳灭火器的超压安全膜片

6. 再充装

二氧化碳灭火器和洁净气体灭火器的再充装应取得特种设备安全监督管理部门的许可。灭火器再充装必须保证气瓶和阀门干燥。用于洁净气体灭火器的驱动气体的露点不应高于—55℃。灭火剂的充装允许误差应符合表 13-2-13 的要求。

二氧化碳灭火器和洁净气体灭火器灭火剂的充装允许误差　　表 13-2-13

灭火器类型	灭火剂充装量	允许误差
二氧化碳灭火器	额定充装量	—5%～0
洁净气体灭火器		

先按灭火器原生产企业提供的灭火器装配图样，采用专用工具先将阀门配件和虹吸管等部件组装好，再与气瓶连接密封；然后，采用专用的气体充灌机，按灭火器铭牌标志上规定的额定充装量进行充装；对充装后的灭火器瓶体应逐具进行复称，确认灭火剂充装量符合要求；对于洁净气体灭火器，应再充装驱动气体；在充装好的灭火器瓶体上安装保险装置，并做好再充装记录。

7. 气密试验

经再充装的灭火器瓶体应逐具进行气密试验，并做好气密试验记录。气密试验合格后，则进行最后总体装配。

8. 总体装配

按原灭火器生产企业提供的灭火器装配图样，使用专用工具进行最终装配。通常需总体装配的零部件见表13-2-14。

对总体装配完毕的灭火器进行称重，并记录下总质量。

二氧化碳灭火器和洁净气体灭火器总体装配零部件 　　　　　　　　表 13-2-14

灭火器类型	手提式灭火器	推车式灭火器
二氧化碳灭火器	1. 封记； 2. 刚性喷射管及固定方位部件或喷射软管组件； 3. 喷射喇叭筒； 4. 防静电手柄； 5. 原配的其他零部件等	1. 封记； 2. 喷射软管； 3. 喷射喇叭筒； 4. 防静电手柄； 5. 推车架及轮子组件； 6. 灭火器瓶体及喷射软管和喇叭筒的固定部件； 7. 原配的其他零部件等
洁净气体灭火器	1. 封记； 2. 喷嘴或喷射软管组件； 3. 原配的其他零部件等	1. 封记； 2. 喷射软管组件； 3. 喷射枪； 4. 推车架及轮子组件； 5. 灭火器瓶体及喷射软管和喷射枪的固定部件； 6. 原配的其他零部件等

9. 维修标识

总体装配完成后，并确认表13-2-15所列的检验项目已逐具检验合格，则可对灭火器加贴维修合格证，但合格证不应覆盖原灭火器上的铭牌标识。

维修逐具检验项目 　　　　　　　　表 13-2-15

序号	检验项目	维修检验 逐具检验
1	外观、外部结构及总质量检查	√
2	灭火器气密性试验	√
3	灭火剂充装量检查	√
4	水压试验	√
5	喷射软管组件水压试验	√

10. 报废处置

灭火器的报废应经用户同意后，再做处置，并做好记录。按拆卸灭火器的方法将灭火器瓶体和其他零部件分拆开，并分类进行报废处置。

11. 维修记录

保持整个维修流程中各过程的相关记录，以确保维修后灭火器信息的可追溯性。维修记录包括：维修前的原始信息记录、维修过程中的记录和灭火器报废记录（表 13-2-16）。

二氧化碳灭火器和洁净气体灭火器维修过程中的记录和灭火器报废记录　表 13-2-16

维修过程中的记录	灭火器报废记录
1. 维修编号； 2. 产品型号； 3. 瓶体的生产连续序号； 4. 更换的零部件名称； 5. 用回收再利用的灭火剂进行再充装记录（适用时）； 6. 灭火剂充装量； 7. 维修后总质量； 8. 维修出厂检验项目、检验记录和判定结果； 9. 维修人员、检验人员和项目负责人的签字； 10. 维修日期	1. 维修编号； 2. 产品型号； 3. 报废理由； 4. 灭火器用户确认报废记录； 5. 维修人员、检验人员和项目负责人的签字； 6. 维修日期

三、灭火器的维修技能

1. 二氧化碳灭火器的维修技能

（1）操作准备

1）技术资料

灭火器原生产企业的装配图样、可更换零部件的明细表以及操作指导手册等技术资料。

2）备品备件

准备 MT/2 ［图 13-2-8(a)］和 MT/5 ［图 13-2-8(b)］两种规格需维修的手提式二氧化碳灭火器以及零部件备件。

3）常备工具

旋具、钳子等。

4）防护装备

安全防护装备，如防砸鞋、安全帽、绝缘手套等。

5）记录表格

"原始信息记录单""灭火器维修记录单"（包括"维修前检查记录单""灭火剂回收记录单""水压试验记录单""更换零部件记录单""维修出厂检验记录单""报废记录单"等）。

（2）操作步骤

1）从获取需要维修的手提式二氧化碳灭火器开始，按图 13-2-7 所示的维修流程进行维修，经过每个操作过程，最终完成灭火器的维修。

2）为了确保维修后的灭火器信息的可追溯性，需要做好维修过程中的相关记录。

① 做好原始信息记录，填写"原始信息记录单"。

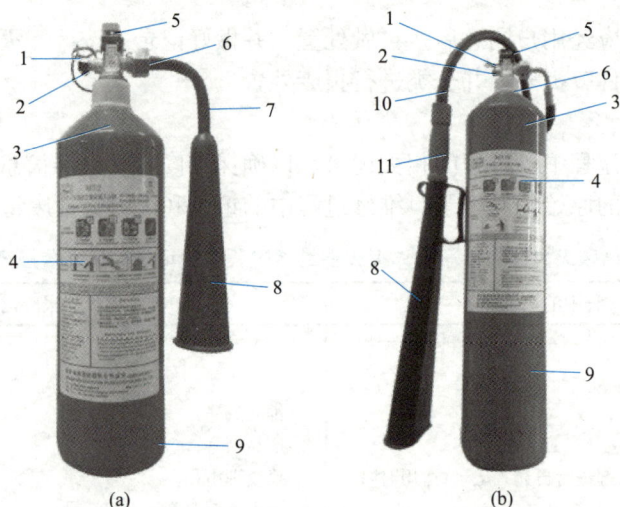

图 13-2-8　手提式二氧化碳灭火器外部结构示例

1-保险装置及封记；2-超压安全保护装置；3-永久性钢印标识；4-贴花标识；5-阀门开启压把；
6-阀门；7-刚性喷射管；8-喇叭筒；9-瓶体；10-喷射软管；11-防静电手柄
（a）MT/2；（b）MT/5

② 通过目测对灭火器外观和铭牌标志进行维修前检查，确认该灭火器是否应报废，并填写"灭火器维修记录单"中的"维修前检查记录单"或"报废记录单"。

③ 拆卸灭火器时，若考虑对二氧化碳灭火剂予以回收利用，应对回收的二氧化碳灭火剂进行含量和含水率检验，并填写"灭火器维修记录单"中的"灭火剂回收记录单"。

④ 在进行水压试验前，应对灭火器受压零部件逐个进行检查，确认是否属于报废的受压零部件，并填写"报废记录单"。经水压试验的受压零部件，逐个填写"灭火器维修记录单"中的"水压试验记录单"或"报废记录单"。

⑤ 按原灭火器生产企业的可更换零部件明细表，为再充装和总体装配备全更换的零部件，并填写"灭火器维修记录单"中的"更换零部件记录单"。

⑥ 充装后逐具进行充装量复称确认，并填写"灭火器维修记录单"中的"维修出厂检验记录单"。

⑦ 将再充装好的灭火器瓶体放入气密试验槽内逐具进行气密试验，并填写"灭火器维修记录单"中的"维修出厂检验记录单"。

⑧ 对总装完毕的灭火器进行称重，并填写"灭火器维修记录单"中的"维修出厂检验记录单"。

⑨ 口述对报废零部件处置的要求。

⑩ 整理维修记录。

（3）维修充装注意事项

由于二氧化碳灭火器和洁净气体灭火器都是由高压液化气体或低压液化气体及驱动气体等压力气体组成的，因此，在维修过程中首先是要保证人身安全，同时要保证经维修后产品的质量，以及要保证气体排放或回收符合环境保护要求。维修充装注意事项：

1）在拆卸灭火器瓶头阀门前一定要先卸压，待余气排放完毕，才能完全旋开连接螺纹，拆卸时不能将瓶头阀门顶部对准人体。当阀门与瓶体的连接螺纹锈住时，不能用硬物捶打，可采用除锈剂喷涂后再拆卸的方式。

2）洁净气体灭火剂应分类回收。

3）受压零部件（洁净气体灭火器的压力指示器除外）应逐个进行水压试验。

4）气密试验时不能误操作灭火器。

5）零部件更换应与原灭火器生产企业提供的零部件的特性参数保持一致，灭火器瓶体不可更换。

6）二氧化碳灭火器和洁净气体灭火器的再充装应取得特种设备安全监督管理部门的许可。

7）对于报废的灭火器瓶体应按《气瓶安全技术规程》TSG 23—2021 的要求采用压扁或者解体等不可修复的方式进行处理，报废的零部件（除灭火剂外）应按固体废物进行回收利用处置；回收的纯度和含水率不符合标准要求的洁净气体灭火剂应送相关的灭火剂生产企业进行处理。

2. 洁净气体灭火器的维修技能

（1）操作准备

1）技术资料

灭火器原生产企业的装配图样、可更换零部件的明细表，以及操作指导手册等技术资料。

2）备品备件

准备 MJ/4（图 13-2-9）规格的需维修的手提式洁净气体灭火器以及零部件备件。

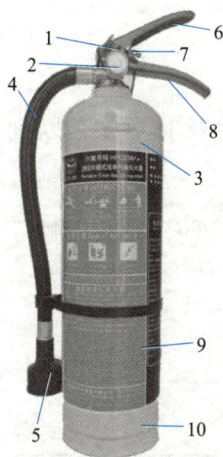

图 13-2-9　手提式洁净气体灭火器外部结构示例
1-阀门；2-压力指示器；3-瓶体；4-喷射软管；
5-喷嘴；6-开启阀门压把；7-保险装置及封记；
8-提把；9-贴花标识；10-永久性标识

3）常备工具

旋具、钳子等。

4）防护装备

安全防护装备，如防砸鞋、安全帽、绝缘手套等。

5）记录表格

"原始信息记录单""灭火器维修记录单"（包括"维修前检查记录单""灭火剂回收记录单""水压试验记录单""更换零部件记录单""维修出厂检验记录单""报废记录单"等）。

（2）操作步骤

1）维修洁净气体灭火器的操作步骤与维修二氧化碳灭火器的操作步骤相同。

2）在充装过程中要熟悉充装驱动气体的操作要求。

（3）维修充装注意事项

1）拆卸灭火器时不能将瓶头阀门对准人体，待余气排放完毕，再完全旋开阀门与瓶体的连接螺纹。

2）当阀门与瓶体的连接螺纹锈住时，不能用硬物锤打，可采用除锈剂喷涂后再拆卸的方式。

3）气密试验时不能误操作灭火器。

4）一旦气体在室内释放，应及时通风。

【随堂练习】

一、单选题

1. 干粉灭火器自出厂日期算起，达到或超过（　　）期限时，应作报废处理。

A. 8 年　　　　　　B. 10 年　　　　　　C. 5 年　　　　　　D. 6 年

2. 灭火器上的压力表有三个区域，当指针处于绿色区域时，表示灭火器处于（　　）状态。

A. 压力过高　　　B. 压力过低　　　C. 正常工作压力　　D. 需要立即更换

二、多选题

1. 下列哪些场所配置的灭火器应每半个月进行一次检查保养（　　）。

A. 歌舞厅　　　　B. 罐区　　　　　C. 办公室　　　　D. 加油站

E. 候车室

2. 灭火器日常检查保养包括内容有（　　）等。

A. 灭火器是否在指定位置容易取用

B. 压力表指示是否在绿色区域

C. 灭火器外表是否有锈蚀或损伤

D. 检查标签以确认维护日期和下次检查日期

E. 确保灭火器的密封性良好，无泄漏迹象

三、判断题

1. 灭火器应定期进行检查，并在达到使用年限后及时更换，以确保其有效性。（　　）

2. 灭火器按驱动灭火剂的动力来源可分为贮压式、贮气瓶式、推车式灭火器。（　　）

四、简答题

请简述水基型灭火器和干粉型灭火器维修流程。

【数字资源】

资源名称	灭火器的类型及选型	灭火器的选择	灭火器的使用	水基型灭火器—使用指南
资源类型	视频	视频	视频	视频
资源二维码				

参考文献

[1] 中华人民共和国住房和城乡建设部.消防设施通用规范：GB 55036—2022［S］.北京：中国计划出版社，2023.

[2] 中华人民共和国应急管理部.火灾自动报警系统施工及验收标准：GB 50166—2019［S］.北京：中国计划出版社，2019.

[3] 中华人民共和国应急管理部.消防应急照明和疏散指示系统技术标准：GB 51309—2018［S］.北京：中国计划出版社，2018.

[4] 国家消防救援局.消防设施操作员（初级）［M］.北京：中国劳动社会保障出版社，中国人事出版社，2023.

[5] 国家消防救援局.消防设施操作员（中级）［M］.北京：中国劳动社会保障出版社，中国人事出版社，2023.

[6] 中华人民共和国应急管理部.建筑防烟排烟系统技术标准：GB 51251—2017［S］.北京：中国计划出版社，2017.

[7] 中华人民共和国住房和城乡建设部.建筑设计防火规范：GB 50016—2014［S］.2018版.北京：中国计划出版社，2018.

[8] 中华人民共和国住房和城乡建设部.常用水泵控制电路图：16D303-3［S］.北京：中国计划出版社，2016.

[9] 中国消防协会.消防设施操作员（初级）［M］.北京：中国劳动社会保障出版社，2019.

[10] 中国消防协会.消防设施操作员（中级）［M］.北京：中国劳动社会保障出版社，2019.

[11] 中国消防协会.消防设施操作员（高级）［M］.北京：中国劳动社会保障出版社，2020.

[12] 公安部消防局.消防安全技术实务［M］.北京：机械工业出版社，2017.

[13] 公安部消防局.消防安全技术综合实力［M］.北京：机械工业出版社，2017.

[14] 公安部消防局.消防安全案例分析［M］.北京：机械工业出版社，2017.